武汉大学哲学学院
教 授 丛 书

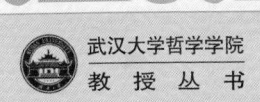

心理学与文化研究

钟年 著

中国社会科学出版社

图书在版编目（CIP）数据

心理学与文化研究/钟年著.－北京：中国社会科学出版社，2013.9
（武汉大学哲学学院教授丛书）
ISBN 978-7-5161-3280-7

Ⅰ.①心… Ⅱ.①钟… Ⅲ.①心理学－文集 ②文化研究－文集
Ⅳ.①B84-53 ②I0-53

中国版本图书馆 CIP 数据核字（2013）第 224107 号

出 版 人	赵剑英	
责任编辑	李　是	
责任校对	韩天炜	
技术编辑	李　建	

出版发行	中国社会科学出版社	
社　　址	北京鼓楼西大街甲 158 号（邮编　100720）	
网　　址	http://www.csspw.cn	
	中文域名：中国社科网　010-64070619	
发 行 部	010-84083685	
门 市 部	010-84029450	
经　　销	新华书店及其他书店	
印　　刷	北京市大兴区新魏印刷厂	
装　　订	廊坊市广阳区广增装订厂	
版　　次	2013 年 9 月第 1 版	
印　　次	2013 年 9 月第 1 次印刷	

开　　本	880×1230　1/32	
印　　张	13.875	
插　　页	2	
字　　数	346 千字	
定　　价	45.00 元	

凡购买中国社会科学出版社图书，如有质量问题请与本社发行部联系调换
电话：010-64009791
版权所有　侵权必究

目 录

跨学科与心理学研究 …………………………………（1）
文化、文化结构与文化心理
　　——从实证学科立场出发对文化学的思考 ………（9）
汉语文语境下的"心理"和"心理学" ………………（49）
人类心理的跨文化研究………………………………（70）
文化心理学的兴起及其研究领域……………………（83）
中国近现代学术中的心理学…………………………（99）
从自我到文化："范跑跑"
事件的传播心理学透视 ……………………………（118）
文化濡化及代沟 ………………………………………（135）
论少数民族文化中的竞赛 ……………………………（148）
生育文化与民俗心理学 ………………………………（158）
居住模式与生育文化 …………………………………（170）
鸡子和宇宙蛋
　　——创世神话中的生殖意象 ……………………（184）
女娲抟土造人神话的复原 ……………………………（194）
数字"七"发微 …………………………………………（203）

天梯考 …………………………………………………… (214)
论中国古代的桑崇拜 …………………………………… (223)
龙与中华文化的多元起源 ……………………………… (238)
论人类起源过程中的若干问题 ………………………… (246)
历史、层累与文化心理 ………………………………… (256)
女性与家庭：社会历史和文化心理的追问 …………… (272)
中国乡村社会控制的变迁 ……………………………… (300)
宗族文化与社区历史
　　——以湖北土家族地区为例 ……………………… (320)
丐帮与丐
　　——一个社会史的考察 …………………………… (338)
巫的原始及流变 ………………………………………… (350)
宗教意识论略 …………………………………………… (358)
试论宗教与民族心理 …………………………………… (367)
试论宗教的文化沟通本质 ……………………………… (380)
人类学视野下的宗教
　　——中国乡村社会控制中的一种力量 …………… (388)
文化越问越糊涂 ………………………………………… (396)
从田野中来 ……………………………………………… (403)
民间故事谁在讲谁在听？
　　——以廪君、盐神故事为例 ……………………… (411)
假设与验证的循环推进
　　——由《乡土中国》和《江村经济》想到中国文化
　　　研究的学术路向 ………………………………… (422)
世界上各民族各文化的相处之道
　　——现代化问题与文化多样性 …………………… (431)

跨学科与心理学研究

进入21世纪以来，心理学在世界上渐成显学，而在中国，对人们心理与行为的关注也日益成为各方共识。心理学界的最新动向之一就是文化心理学的兴起，文化心理学本身即为学科交叉的产物，它关心社会文化对人们心理的影响以及文化与心理之间的关系。文化心理学的学科交叉性质要求它是胸襟开阔的，是可以容纳不同学科背景、不同研究取向的，它应该成为各科学者高谈阔论、众声喧哗的活跃场域。"跨学科与心理学研究"的话题正是对上述思路的探索实践，或许有助于从个体与群体、行为与文化、微观与宏观等角度加深与拓宽对人类的认识。

心理学是研究人的行为与心理活动规律的科学，因此几乎所有人文社会科学都与心理学有着这样那样的关系，自然科学的许多门类也可以与心理学发展出交叉的领域。这就说明心理学的研究如果想做得深入、精准，便应该具有跨学科的背景和视野；同样，其他以人为研究对象的学科，也应该对心理学给以相当的关注。以下笔者想从心理学与历史学、哲学等人文社会学科关系的角度入手，谈谈跨学科与心理学研究的问题。

在历史学研究领域，史学家很早就对心理学研究发生兴趣。

比如，德国的历史学家对时代精神、民族精神的研究。法国年鉴学派的创始人布洛赫专门讲过这样的话"一切历史事实都是心理事实"。中国的大学者梁启超写《历史研究法》时专门谈到——下面我用了一点断章取义的手法——"历史为人类心力所造成……史家最重要之职务在社会心理"，这是梁启超先生在大约一百年前说的话。可见中外史学家都很重视研究人类的心理尤其是社会心理、文化心理。对于史学而言，心理学也做过一些贡献，比如，弗洛伊德（Freud）就做过一些历史人物的研究，他研究过达·芬奇的童年经历；艾里克森（Erikson）——新精神分析学派的代表人物——做过一些历史人物的精神分析。到了今天，已经有不少历史学和心理学之间跨界的学科，比如说心理史学、心态史学和历史心理学。

再来看哲学。哲学与心理学的关系其实不需要论证，因为哲学是心理学的母体，也就是说，心理学是哲学生的"儿子"，心理学创始人冯特（Wundt）本身就是莱比锡大学的哲学教授，此外还有很多心理学家其实也是哲学家，如弗洛伊德、威廉·詹姆斯（William. James）。在心理学诞生之前，心理学的名称叫做心灵哲学，到今天还有一门学科叫哲学心理学。现在两个学科之间的互动还在频繁进行：就哲学对心理学的影响而言，在心理学里面有很多的新的理论流派，实际上都会受到哲学的影响，比如说后现代心理学、超个人心理学、积极心理学、叙事心理学、进化心理学等。心理学也在对哲学产生影响，其中很重要的是生理心理学、认知心理学等方面的成果对哲学的影响。

接着来看文学与心理学的关系。文学是一个容易产生歧义的词，故可以说文学是"文学的创作"，也可以说文学是"文学的研究"，而在这两方面都可以看到心理学的影响。作家里有太多的人在关注和运用心理描写；在研究作品的专家里也有很多人在用心理学的方法做文学批评。文学的很多材料都可以作为心理学的重要材料来用——比如说形象思维。文学对心理学的实践领域也产生了影响：在临床的领域有文学与治疗的话题，现在的很多心理治疗用的是文学和艺术的方法。人们有心理问题的时候，一个可能的解决方式就是拿本唐诗宋词或者好的散文读读，之后就很舒服了，而不用去找心理治疗师。所以有很多文学作品可以起到心理学治疗的效果。另一方面是心理学对文学的影响。譬如，精神分析对文学的研究：弗洛伊德对莎士比亚作品的研究，荣格专门有心理学与文学这样的专著来探讨两者之间的关系。文化心理学的兴起正好为文学和心理学结合提供了一个新的领域。中国文学可以有一个新的透视角度，心理学家也可以看到不同文化中文学对自己研究的启发。文化心理学包括本土心理学在内的很多研究题目最早是文学家提出来的。台湾心理学家杨国枢谈到了本土心理学，其中有一个很重要的问题就是"面子"问题，现在的英文词就是"mianzi"，汉语发音的音译，这个研究很早是文学家在做，最先可以追到鲁迅那里，还有林语堂都谈过中国人的"面子"。

再往下说说社会学与心理学，可以看到这两个学科有一个共同的研究领域，叫做社会心理学。在心理学的核心课程中，是一定有社会心理学的；在社会学的核心课程中，也有社会心理学。记得当年费孝通谈到社会学应该有6门核心课程，其中有一门就是社会心理学，可见社会心理学在两门学科中的重要性。学过心理学史的人都知道，在1908年，心理学界发生了一件很重大的事情，就是两个人同时分别出了都叫做《社会心理学》的书，这两个人，一个叫罗斯（Ross），一个叫麦独孤（McDougall），一个是社会学家。一个是心理学家。他们也奠定了今天所谓的 PSP 和 SSP 两种社会心理学的传统，即心理学的社会心理学和社会学的社会心理学。费孝通在自己的著作《乡土中国》中专门谈到孔德当年在构建学科体系时，对把心理学放在哪里有所困惑，到底是放在社会学上面还是放在社会学下面？费孝通提出了一个方案：心理学像面包一样，是夹着社会学的，即社会学上面也有心理学，那是社会心理学，下面也有心理学，这就更接近生理的心理学。到今天为止，社会学和心理学还有很多的交叉，有研究者的交叉，也有学科的交叉，还有方法的交叉等其他的交叉。如果有机会，应该去重新认识中国的社会学家，中国的社会学家做了很多很好的社会心理学和文化心理学的研究。比如说潘光旦做的很多研究到今天为止都是难以超越的，他翻译了一本书叫《性心理学》，直到今天，中国心理学界还没有做出这么好的成果，书中最有价值的内容还包括潘光旦为这本译著做的十几万字的注，那几乎就是中国的性心理学，到今天中国学界也没有做过。他还研究过冯小青——一个青楼女子的心理状态。费孝通的《乡土中国》可以看作就是文化心理学的作品，他自己也承认，在写这本书时受到了很多心理学的影响，包括美国民族心理学的影响。

还有传播学，它与心理学的关系更是十分密切。从传播学史的角度来看，传播学有四大先驱，即 Lasswell、Lazarsfeld、Lewin、Hovland。这四个人里，Lewin 和 Hovland 是心理学家，另两位分别被视为政治学家和社会学家，但实际上他们皆可算做半个心理学家，因为 Lasswell 是政治心理学的创始人，Lazarsfeld 是经济心理学的创始人。传播学还有一个集大成者 Schramm，他不是心理学出身的，当他想改变自己的学科体系时，专门去读了一个心理学的博士后。Schramm 一辈子和很多心理学家合作过，比如盖洛普，就是后来用心理学研究态度的方法作民意调查的那个盖洛普。当然，传播学也向心理学提出了很多新的问题，比如说互联网，网络让社会心理学发生了很多改变。社会心理学以前讲人际关系的时候，都是说面对面，但是在有了网络之后，关系就变得很复杂了，人们不用面对面就可以在网上谈恋爱，还可以做许多其他事情，就出现很多新的话题需要研究。再如移动电话，它的出现使得心理学的领域发现了很多新的问题。自我传播、人际传播、组织传播、大众传播、网络传播、跨文化传播等很多领域都是心理学和传播学共同研究的领域，包括几个"W"，谁在传播信息、谁在接受信息等这些东西都是两个学科共同关心的，现在它们也有一个联系的纽带叫做传播心理学。

教育学与心理学至今还难舍难分。从心理学的发展史来看，教育领域是心理学最早的应用领域，也是到目前为止最成功的应用领域。在这个领域，产生了心理学几乎是最庞大的一个分支——教育心理学。中国心理学的学科设置是把心理学大致分为基础心理学和应用心理学两大块，但在这两块之外常常还有第三大板块"发展与教育心理学"。形成"三分天下"的第三板块与基础心理学和应用心理学并列虽有些不尴不尬，却仍在清晰地向人们彰显着教育心理学的势力。心理学传入中国以后，心理学的师资就多半放在教育系中，心理学的传播也主要是通过教育学的地盘，至今师范生必修的课程还是教育学和心理学，这两门的各级自学考试通常合并在一起，教育学和心理学一般也被划分在一个学科门类之下。不妨说，心理学为教育学奠定了相当的理论基础，教育学则为心理学提供了大量的研究话题。人之为人，在一定意义上，可以说就是"教"与"学"的问题。对中国人影响最大的《论语》开篇就在讲"学而时习"，在中国流行最广的蒙学读物《三字经》一开头讨论的依然是学习。教育学和心理学一样，都在关心个体的人格塑造、群体的知识获得以及民族的文化传承。

最后看看人类学，在人类学里也可以看到很多心理学的内容。在人类学刚刚创始的时候，产生了进化学派，即古典进化论，古典进化论有一个基本的假设，叫"心理一致性"，这是一个心理学上的假设。再往后，心理学对很多著名的人类学家产生了很深的影响，比如说功能学派的代表人物马林诺夫斯基（Malinowsky），费孝通的老师。马林诺夫斯基本来是一个物理学的博士，他从自然科学进入社会科学领域，是因为读了弗洛伊德的一本书，读完之后觉得写得太好了，就想去验证一下，由此开展他人类学的研究。大概在20世纪二三十年代，还出现了一些和心理学结合的流派，譬如说对文化与人格的研究，它就是用心理学的方法研究人格的问题。在这样的一个话题之下，有一个直到今天文化心理学还在讨论的问题——"国民性"：中国人的国民性、日本人的国民性、美国人的国民性。人类学还产生了一个分支学科叫做心理人类学，对此中国人应该感到自豪，因为心理人类学的创始人是一个华人——许烺光。还有认知心理学对人类学产生影响从而产生了认知人类学，这都是在心理学和人类学之间的一些跨学科的领域。今天还可以看到，跨文化心理学和文化心理学对人类学知识的吸收，现在文化心理学的很多内容都是从人类学移植、借用过来的。以前的心理学更多的讲普适的事物，现在发现其实要讲文化的独特的东西。套用一句话："以前心理学关心的问题是'人的脑子里有什么'，现在心理学关心的问题除了上一个问题之外，我们还要考虑'人的脑子在什么地方'。"

在笔者看来，上面提到的这些学科，从某种意义上说都是心理学。历史学家研究记忆，哲学家研究意识，文学家研究情感，社会学家研究角色，传播学家研究态度，教育学家研究学习，而人类学家研究人格，记忆、意识、情感、角色、态度、学习、人格都是心理学的概念，因此这些学科都可以是心理学。反过来看也是一样的，心理学也是某种意义上的历史学、哲学、文学、社会学、传播学、教育学、人类学。但是各个学科的研究现在却相当隔膜，虽然不少人提出学科交叉，但是实际做的却没有我们的前辈好。学过心理学史的人应该知道，心理学的创始人冯特（Wundt）有一个中国学生，就是大名鼎鼎的蔡元培。他当时在德国跟随冯特学心理学。中国近代学术大师胡适甚至可以说拿了心理学的"双学位"，他在美国康奈尔大学读的专业之一就是心理学。还有一位历史学的前辈朱希祖，是20世纪20年代北京大学史学系的主任，他在历史专业做过一个重要的改革就是把课程改成首先是基础课其次才是专业课，基础课里面他首推社会心理学，而今天的中国各高等院校所设历史学院基本上是不讲心理学的。傅斯年是中央研究院历史语言研究所的创始人，他本人到英国曾专攻实验心理学。朱光潜的博士论文《悲剧心理学》是在一个心理学家的指导下做完的。中国近代学人中这样的例子还有不少。另一方面，心理学的前辈也比现在的心理学家做得好。中华心理学的首任会长张耀翔曾经作过很多历史和文学的心理学研究，譬如中国历史上变态人物的心理学研究；唐钺是学心理学的，当年中国知识界有一个很重要的"科玄论战"，科学派的主将就有唐钺；陆志韦曾经担任过燕京大学的校长，他不仅是心理学家，同时还是一个语言学的专家……上述例子应该引起人们的反思，今天在中国的高等院校等领域的科研与科学中学科交叉上到底是进步了还是退步了？

现在心理学研究有一个很大的危险，就是看不到其他学科，也看不到社会实践。其他学科同样存在类似的问题。笔者认为，所有人文社会学科其实是一家人，因为都是一个学科，都是研究人的学科。只不过我们的角度不一样，我们最后的目标是一样的。I. Wallerstein 等人写过一本书叫做《开放社会科学》(*Open the Social Sciences*)，他们就认为中国学界现在的学科分科不一定合理。学科界限本无意义，追到最初就会发现学科本来是不分的，是后来被人为分成这样的。现在应该弘扬中国人的思维方式。中国人是讲联系的，所有的学科都是有联系的。所有的学科都是"一家人"，没有哪一门学科是最好的，更没有哪一门学科是唯一的，让我们来共同承担一个任务：研究人的使命。

文化、文化结构与文化心理

——从实证学科立场出发对文化学的思考

一 引言：对"文化"的关注

"文化"这样一个词，在当今中国，不仅是学术界，就是在一般的大众群体中，也是人们耳熟能详的语汇。经过了20世纪80年代的"文化热"之后，许多人发现"文化"是一个十分好用的词，它几乎可以与周围的任何社会生活现象嫁接在一起。于是，不仅有"精神文化"、"物质文化"、"制度文化"，有"典籍文化"、"艺术文化"、"高雅文化"，还可以有"口传文化"、"生活文化"、"俗民文化"，更具体更琐碎尚能有"茶文化"、"酒文化"、"烟文化"甚至"厨房文化"、"厕所文化"，等等，不一而足。"文化"似乎成了"万能"的词语后缀或前缀，对"文化"的这种使用或者说滥用，造就了当下汉语世界的一道奇异景观。语言学家曾经指出，每一种语言中都有一些语词，"像魔术师一样，能够变化多端"，它们可以被称"神奇"的语词[①]。不妨说，"文化"大概已经能毫无愧色地跻身于

[①] 陈原：《语言与社会生活——社会语言学札记》，北京：生活·读书·新知三联书店1980年版，第106页。

当代汉语"神奇"语词的行列。

当然,"文化"很早就是某些学科(如人类学)的关键性词汇。人类学家李亦园在其《说文化》一文中指出:

> "文化"(Culture)这个词至少是部分人类学家最基础的、最根本的观念,是人类学家的 Key Concept(关键概念)。……美国人类学家、英国人类学家认为文化是最基础的观念,尤其是在美国,认为社会科学的三个核心科学:心理学的 Key Concept 是 Personality,是人格;社会学的 Key Concept 是 Society,是社会;人类学的 Key Concept 是 Culture,是文化。这是美国式三个最基本的观念:Personality,Society,Culture。所以人类学的基本观念在美国式来说是文化。①

而在学科交叉的领域,各门学科对文化问题的关注或从文化角度展开的研究也如雨后春笋般纷纷涌现出来,形成了诸如文化哲学、文化史、文化社会学、文化心理学、艺术文化学、教育文化学之类的边缘学科,从而使得"文化"一词更跃升为人文科学和社会科学两大领域的关键词。

值得注意的是,近几十年来一大批来自不同领域的学者对文化的集中研究已经构成了对那种将知识分成三大领域(人文科学、自然科学和社会科学)的"三分法"的严峻挑战。华勒斯坦(I. Wallerstein)等人描述道:

> 这一挑战来自于那个被通称为"文化研究"(cultural

---

① 李亦园:《我的人类学观:说文化》,周星、王铭铭主编《社会文化人类学讲演集》(上),天津:天津人民出版社1996年版,第52页。

studies）的领域。当然，文化是人类学家和人文学者早就在使用的一个术语，然而，在他们那里，这个术语通常并不带有现在这种新的、强大的政治冲力。"文化"研究作为一个准学科领域得到了迅猛的发展，它有自己的研究规划、学术期刊、学会和藏书。这一挑战似乎涉及三个主题……这些观点在知识生产的制度化领域产生了巨大的影响。自从科学（一种特定的科学）将哲学（一种特定的哲学）从知识合法性的赋予者的地位上赶走以来的二百年间，这种情况还是首次出现。[1]

"文化研究"的影响在20世纪90年代波及中国学术界，目前已有许多学者转向这一研究领域，有专项的研究课题、丛书出版计划、学术刊物并进入大学课程。

有了以上种种，我们说"文化"是一个大受包括学术界在内的各界人士青睐的词汇当不为过。不过，青睐归青睐，当人人争说文化之时，并不见得有多少人认真思考了"文化是什么"的问题。或者换一种说法，"文化是什么"是个很难说得清道得明的问题，机灵点的人恐怕不愿意去碰它。周作人就曾经用一篇《家之上下四旁》的文章去搪塞《家》的命题作文，因为他知道"家"是一个"大不容易"谈清的问题[2]。与"家"相比，说清"文化"的难度何止增加百倍。记得若干年前，学者庞朴在接受《光明日报》记者采访时透露，他曾向钱钟书请教什么是文化。学贯中西的钱钟书答道："文化到底是什么？本来还清

---

[1] 华勒斯坦等著，刘锋译：《开放社会科学》，北京：生活·读书·新知三联书店1997年版，第68—69页。
[2] 周作人：《家之上下四旁》，引自钱理群编《父父子子》（漫说文化丛书），北京：人民文学出版社1990年版，第36—44页。

楚呢，你一问倒糊涂了！"如此看来，文化或许真是越问越糊涂，取巧的办法，也只好是打打外围战，说些与文化沾边的话题了①。不过，这种打外围战的方法，虽然有助于人们对文化的认识，毕竟不能取代对文化概念的界定。

二 界定"文化"的努力

中国学术界一直没有放弃探索"什么是文化"的努力。需要指出的是，"文化"界定的困难，首先在于它如今已经是汉语中的一个自然词汇，是人人都可以挂在嘴边的，因此每个人都可以有自己常识性的、生活化的理解和认识。"文化是一个日常词，与知识教养意义相近，如我们说某人有文化，即是说他有知识有教养。"② 以致现在还有"文化人"的说法，也是在文化即知识的意义上使用的。在 20 世纪 80 年代"文化热"期间流传甚广的《多维视野中的文化理论》（"世界文化丛书"中的一种）的序言里，田汝康也提到了通常人们使用的"文化"的含义：

> 当前"文化"一词代表着三种不同的内容：一、指一个国家或是民族长期积累下来的精神财富——实际指的就是思想史。二、指与物质文明相对的精神文明——简言之，也就是教养问题，包括了语言、社会风气、道德规范等。三、指区别于经济、科技、教育的文化艺术活动。这三种

---

① 拙文《文化：越问越糊涂》，《民族艺术》1999 年第 3 期。
② 拙文《〈文化之道——人类学启示录〉引言》，武汉：湖北人民出版社 1999 年版。

内容常常被重叠交互使用。①

学者自不会满足于上述对文化的解释,事实上,学术界对"文化"的解释常常是在纠正人们常识性认识的基础上展开的。

对汉语系统中"文化"一词的研究一般采用的是文献考据的方式。例如,学者冯天瑜从"文"和"化"这两个常用词汇的辨析入手,追溯"文"与"化"较早的并联使用(《易传》中"观乎人文,以化成天下")及"文化"正式作为专用名词使用(《说苑·指武》中"凡武之兴,为不服也,文化不改,然后加诛";《文选》中"文化内辑,武功外悠"等)的情形,进而指出:

> 总之,中国古代的"文化"概念,基本属于精神文明(或狭义文化)范畴,大约指文治教化的总和,与天造地设的自然相对称("人文"与"天文"相对),与无教化的"质朴"和"野蛮"形成反照("文"与"质"相对,"文"与"野"相对)。②

强调文化的精神层面,也是今日文化界定中有影响的观点,有时被称为狭义的文化定义。如钱穆在《中国文化史导论》"弁言"开篇即曰:"文明文化两辞,皆自西方迻译而来,此二语应有别,而国人每多混用。大体文明文化,皆指人类群体生活而

---

① 田汝康:"序",第1页,庄锡昌、顾晓明、顾云深等编《多维视野中的文化理论》,杭州:浙江人民出版社1987年版。
② 冯天瑜等:《中华文化史》,上海:上海人民出版社1990年版,第14页。

言。惟文明偏在外，属于物质方面。文化偏在内，属于精神方面。"① 可见古今人们对文化的认识，虽有时代的间隔，还是有其相合相通之处。这大概就是文化的连续性吧。另一方面，文化本就有地域、民族等的差异，对文化的认识不同群体也会有自己的独特性，这些独特性对加深人们对文化的把握或许有所启示。中华文明历史悠久、传统丰厚，梳理几千年来中国人关于文化的思考应当对解决"文化是什么"的问题有特殊的贡献。

近百年来，中国学者在近代西方人文社会科学传入以后，对文化的概念进行了长期的思考，提出了许多有价值的观点。尤其在"五四"前后，这种对文化的关注形成一个高潮，十分引人注目。其中一些论述，为20世纪80年代以来许多文化研究者共同提及②，堪称中国学术界对文化的经典性界定。例如，"文化并非别的，乃是人类生活的样法"（梁漱溟）；"文化是人生发展的状况"（蔡元培）；"文化者，人类心能所开释出来之有价值的共业也"（梁启超）；"文化是一种文明所形成的生活方式"（胡适）等，这些界说虽然简略，但毕竟是中国学术界科学地界说文化的最初努力。

随着中国近代学术的成熟，人们对文化的认识也渐次深入。例如，钱穆在写于1941年的《中国文化传统之演进》中以界定关键词的方式讨论了什么是文化：

---

① 钱穆："弁言"，第1页，《中国文化史导论》，上海：上海三联书店1988年版。

② 参见司马云杰《文化社会学》，济南：山东人民出版社1986年版，第4页；覃光广等主编《文化学辞典》，北京：中央民族学院出版社1988年版，第111—112页；冯天瑜等《中华文化史》，上海：上海人民出版社1990年版，第23—24页；郭齐勇《文化学概论》，武汉：湖北人民出版社1990年版，第9—10页。

> 文化这两个字，本来很难下一个清楚的定义，普通我们说文化是我们的一种生活，各方面的生活总括起来，就可以叫他做文化；这个生活，如果将一个时间性加进去讲，那就是生命。凡是一个国家，一个民族，都有他的生命，这生命就是他的文化，这文化也就是他的生命；如果国家民族有而没有文化，那就等于没有生命；如果他的生命没有意义，或者是没有价值，那也就是说他的文化低下；生命的意义高，价值大，他的文化也就崇高了。因此，所谓文化，必定有一段时间上的意义在内的；换一句话说，所谓文化，是有他的历史意义在内的。文化并不是平面的，而是立体的，这平面，这大的空间，再加上时间性，那就是民族整个的生命，也就是那个民族的文化。①

又如，梁漱溟在1947年发表的《政治的根本在文化》一文中也谈到对"文化"一词的认识：

> 文化不是一个空名词，它一面包括政治、经济乃至一切而说；一面又指贯乎此全部文化中的骨干或根本意义而说。试举眼前事为例，眼前世界上，英美代表着一大文化派系，苏联又代表着另一大文化派系。我们谈到英美文化，就包括其政治、经济乃至一切而说；同时，也就指贯乎其全部文化中的个人本位制度而说。个人本位制度是英美文化的骨干，亦是贯乎英美文化之一根本意义。同样的，说苏联文化，就包括其政治、经济乃至一切而说；同时亦就指贯乎其全部文化中的社会本位制度而说。社会本位制度

---

① 钱穆：《中国传统文化之演进》，蔡尚思主编：《中国现代思想史资料简编》第4卷，杭州：浙江人民出版社1983年版，第374页。

是苏联文化的骨干,亦是贯乎苏联文化之一根本意义。①

钱、梁二氏对文化的认识,都不仅仅是平面的描述,而是试图深入到文化的核心或说根本。无论是钱穆的"历史意义",还是梁漱溟的"本位制度",都是要透过表层,去把握文化的内在性、根本性的东西。

不过,在20世纪50年代以后,对文化的研究有很长时间的中断,经过了大约30年中国学术界才重新思考"什么是文化"这样的问题,并在80年代中期形成了一次"文化热"。"有人曾经做过一个统计,从1949年到1979年的30年间,中国大陆出版的文化学著作只有《中国文化史要论》一种。而在80年代出版的有关文化学、文化哲学、文化人类学、文化心理学、文化社会学、文化生态学、中国文化概念、中国文化史、西方文化史、东方文化史、比较文化学以及地域文化、专题文化研究著作,数以千计。"② 这次"文化热"一方面延续了我国前辈学者对文化的思考,重新检视他们对文化的认识,另一方面参考了域外在"文化是什么"问题上的种种说法,例如,当时为了帮助人们了解世界各国对文化的研究状况,曾选译过英国、法国、日本、苏联、美国等国百科辞书中关于文化和文明的词条。③ 从此以后,我国学术界对文化的定义与日俱增,已经无办法一一列举。

现在回过头去,可以看出在对文化进行研讨的传统中,大

---

① 梁漱溟:《政治的根本在文化》,蔡尚思主编:《中国现代思想史资料简编》第5卷,杭州:浙江人民出版社1983年版,第66页。
② 张岱年、方克立主编:《中国文化概论》,北京:北京师范大学出版社1994年版,第468—469页。
③ 中共中央党校科学社会主义教研室编译:《文明和文化——国外百科辞书条目选译》,北京:求实出版社1982年版。

致有两种学术渊源,一种是实证学科(如人类学、社会学、心理学等)的取向,一种是哲学(如苏联学者提出的哲学中的人学)的取向。不同的研究方式,造成了文化研究中"不同的学术路线:一条可称为'文化人类学——文化学'路线;另一条可称为'哲学人学——文化学'路线"。[1] 20世纪80年代以来的中国学术界对文化的讨论,大体也是沿着这两条路线进行的。不过,这两条学术路线近20年发展得并不均衡,突出表现为实证科学取向的研究相当薄弱。早在人们总结80年代"文化热"时就有人注意到:"在中国学术界近年关于文化的讨论中,参加者多是哲学家、伦理学家、历史学家,却听不见人类学家(民族学家)的声音。"[2] 这种状况一直到今天也没有发生根本的改变。

占主流哲学取向的文化研究,通过思辨去把握文化的概念,常能给人以启发,但仅只有这样一种取向的研究也会造成缺憾。因为面对的是现实生活中活生生的文化,这样一个对象要求要切实的把握,要求有可操作性的界定,否则我们对它便只可远观,而无法进入。作为一个例子,看看一个典型的哲学取向的文化定义,韩民青在比较了不同类型的文化定义后说:"然而,在争执不下的表面背后,同时也存在基本的一致性、共同性。不论哪种关于文化的定义,都承认文化与人类的不可分离性。"[3] 在人类学家马林诺夫斯基(B. Malinowski)的名著《文化论》同名的作品中,韩民青认为应该从人与动物的区别上把握文化概念,指出文化是人的非动物性(或非生理性)的组成部分:

---

[1] 蔡俊生:"序言",第1页,蔡俊生、陈荷清、韩林德编:《文化论》,北京:人民出版社2003年版。
[2] 孟宪范:《中国民族学十年发展述评》,《中国社会科学》1989年第2期。
[3] 韩民青:《文化论》,南宁:广西人民出版社1989年版,第6页。

我们获得了一个关于文化的新概念：文化是人类的有机组成部分。这个新概念与以往关于文化的说法，并不截然对立。传统的文化概念一直是与人类有着密切关系的，至今还未出现过与人类不搭界的文化概念。新文化概念比传统文化概念更深入地揭示了人与文化的关系：传统文化概念认为文化与人类的关系是外在并存关系，而新文化概念则认为文化与人类是部分与整体的内在关系。这是新旧两种文化概念的最根本区别。①

问题是，用人类来界定文化，会遇到什么是人类的追问，回过头来，只好又说人类是具有文化的比动物更高级的存在物，这便难免陷入循环论证。更重要的是，当面对存在于人类社会中的文化（包括时间上的古今与空间上的中外）时，依然不知道从何入手去展开分析和讨论。

三　研究的可能进路

那么，在对"文化是什么"的把握上应该选取何种学术进路呢？蔡俊生在新近一部同样命名为《文化论》的著作中，谈及这个问题时说：

> 仅就文化理论的形成而言，虽然理论界走上了"哲学——人学——文化学"的路线，可是，国外引进的文化研究成果和国内已经起步的实证文化研究又都在召唤着"文化人

---

① 韩民青：《文化论》，南宁：广西人民出版社1989年版，第16页。

类学——文化学"的学术路线。①

因此,这部《文化论》基本上采取的就是"文化人类学——文化学"的学术路线。只不过在这本书中,蔡俊生等人在谈及文化界定时说:"现在我们可以给文化下一个完满的定义了:文化是由共识符号系统载荷的社会信息及其生成和发展。"② 这样一个有相当程度抽象的定义,还是与作者自己所主张的学术路线有差距。

正如本文前面所说,由于文化是日常生活中的自然语汇,人人都可以使用它,因此人人也都可以有自己对文化的理解。不过,值得我们重视的是,人们对文化的认识从何得来。从理论上说,每个人对文化的认识、对了解文化的真实面貌都是有价值的,但不同人的文化认识显然在价值上并不相同。不妨说,进行文化研究还是要讲点资格的,否则,文化研究就成了自由论坛,人人都可以上去天马行空地讲一通自己的感想和体会。那么,这资格是什么呢?我们认为,因为文化是人类社会中实际存在的、是活生生的,所以,对"文化是什么"的研究,就需要从实际出发,需要积累大量的文化个案研究实践。没有丰富的文化研究个案作为基础,是不大可能在"文化是什么"的问题上有所创获的。在此,人类学、社会学、心理学等实证学科的研究特点能提供较多的启示,也就是说,应该采取实证与假说循环推进的学术进路。

在这里,以社会学家、人类学家费孝通为例,讨论一下文化研究的资格和可能的学术进路。在费孝通的众多作品中,有

---

① 蔡俊生:"序言",第2页,蔡俊生、陈荷清、韩林德编:《文化论》,北京:人民出版社2003年版。
② 蔡俊生、陈荷清、韩林德:《文化论》,北京:人民出版社2003年版,第31页。

一本薄薄的加上前言和后记也不过6万来字的《乡土中国》①，这本书篇幅虽小分量却不轻，问世半个多世纪以来一直为研究中国社会文化的学者所珍视，它是人们公认的费孝通的代表作之一。从性质上看，《乡土中国》是一本谈论中国社会结构、文化格式的书，更是一本探讨中国国民性、中国人文化心理的作品。②费孝通之所以能写出这样一部经典性著作，关键在于他有在中国各地开展实地调查（即人类学中所说的fieldwork——田野工作）的经验，有《江村经济》③等一系列记录中国人生活原貌的实证性研究成果。

据费孝通自己回忆，他所做过的实地调查，仅说在写作《乡土中国》前的，大约就有读书期间进行的北京地区的社会调查、刚结婚后和妻子王同惠一起进行的广西大瑶山的民族调查、后来养伤期间进行的江苏农村调查以及由英伦返国后和云南大学的同事们共同开展的内地农村调查。这些调查形成了《花蓝瑶社会组织》、《江村经济——中国农民的生活》、《禄村农田》、《易村手工业》、《玉村商业和农业》等成果，先后在国内外出版发行。④也正是在费孝通做实地调查的同时，还有不少志同道合的学友在中国的其他地区及社会的其他领域中踏踏实实地开展的实证研究。这些研究有杨庆坤的"山东的集市系统"、徐雍舜的"河北农村社区的诉讼"、黄石的"河北农民的风俗"、林耀华的"福建的一个氏族村"、廖泰初的"动变中的中国农村教育"、李有义的"山西的土地制度"、郑安仑的"福建和海外地

---

① 费孝通：《乡土中国》，北京：生活·读书·新知三联书店1985年版。
② 拙文《人类心理的跨文化研究》，《中南民族学院学报》1996年第1期。
③ 费孝通著，戴可景译：《江村经济——中国农民的生活》，南京：江苏人民出版社1986年版。
④ 费孝通：《乡土中国》，北京：生活·读书·新知三联书店1985年版，第89—90页。

区移民的关系问题"等①。上述研究在选题上的广泛性，直到今天仍令人称羡，而更值得重视的是，这些对中国社会文化的研究都采用的是实地调查的方式。

费孝通的导师马林诺夫斯基在为学生费孝通的《江村经济》作序时谈及："（费孝通）还希望终有一日将自己的和同行的著作综合起来，为我们展示一幅描绘中国文化、宗教和政治体系的丰富多彩的画面。对这样一部综合性著作，像本书这样的专著当是第一步。"② 费孝通没有让导师失望，《乡土中国》就是他将自己的和同行的著作综合起来的一种努力。这种努力是相当成功的，其成功的原因，正在于《乡土中国》里的议论是建立在费孝通以及他的同行踏踏实实调查的基础上的。当然，从理论发展的历程来看，《乡土中国》并不是最终的结论，而只是达到一定认识水平的假设，它还需放回到实际社会生活中去验证。作者自己也是这样认识的，他称该书中的描写为"观念中的类型"（Ideal Type），但这不是虚构，而是存在于具体事物中的普遍性质，是通过人们的认识过程而形成的概念。作者指出：

> 这个概念的形成既然是从具体事物里提炼出来的，那就得不断地在具体事物里去核实，逐步减少误差。我称这是一项探索，又一再说是初步的尝试，得到的还是不成熟的观点，那就是说，如果承认这样去做确可加深我们对中国社会的认识，那就还得深入下去，还需要花一番工夫。③

---

① 布·马林诺斯基："序"，第6页，费孝通著，戴可景译：《江村经济——中国农民的生活》，南京：江苏人民出版社1986年版。
② 同上书"序"，第4页。
③ 费孝通："旧著《乡土中国》重刊序言"，第3页，《乡土中国》，北京：生活·读书·新知三联书店1985年版。

费孝通是这样说的，也是这样做的。他对中国社会进行了长期的追踪研究，以期由此把握活生生的中国文化，譬如对江村社会文化变迁的追踪调查即长达半个多世纪，前后共访问20余次。他在自己的一生中，只要条件许可，就要到实地去走一走、看一看，用他本人的话说，他这一辈子，是"行行重行行"。[1]

坚持实地调查，是许多实证学科尤其是人类学的学科传统。在人类学界，没有实地调查经历的人是没有资格高谈理论问题的，实地调查简直就可视做人类学者获取研究资格的成年式(initiation)[2]。英国著名人类学家塞利格曼打比方说："田野调查工作之于人类学就如殉道者的血之于教堂一样。"[3] 在中国的人类学界，坚持实地调查同样也是每个从业人员必须遵守的行规，做出过出色田野工作的学者名单可以数出一大串。只不过在同一个时代的学者当中，费孝通的实地调查无论是时间之长还是成果之多都是最为突出的一个罢了。正因为如此，专门研究费孝通学术思想的学者常常将实地研究作为费孝通学术生涯中首要的特点加以总结[4]。

有了实地调查的基础，形成的看法就会比较接近社会文化的真实面貌，再把这看法拿到更广阔的田野中去验证，由此得出更加符合社会文化真实面貌的结论。这就是科学研究里的假设和验证的方法，人类的认识也就是这样循环推进的。还是回

---

[1] 费孝通：《行行重行行》，宁夏人民出版社1992年版；费孝通：《行行重行（续集）》，北京：群言出版社1997年版。

[2] 中根千枝著，聂长林等译：《亚洲诸社会的人类学比较研究》，哈尔滨：黑龙江教育出版社1989年版，第10—11页。

[3] 威廉·A.哈维兰著，王铭铭等译：《当代人类学》，上海：上海人民出版社1987年版，第21页。

[4] 刘豪兴：《费孝通社会学思想》，北京大学社会学人类学研究所编：《东亚社会研究》，北京：北京大学出版社1993年版，第233—241页。

到费孝通那里去，他从大瑶山和江村起步，逐步扩大民族调查和农村调查的范围，80年代以后又从农村进入城市，用他的话说是将研究对象提高了一个层次。随着研究范围的扩大、眼界的开阔，他对中国文化的认识也在加深。费孝通在《乡土中国》开篇，讲到中国社会的基层，现在他意识到仅研究基层还不能把握中国文化的全貌。在新近发表的一篇反思性文章中，费孝通写道：

> 农村不过是中国文化和社会的基础，也可以说是中国的基层社区。基层社区固然是中国文化和社会的基本方面，但是除了这基础知识之外还必须进入从这基层社区所发展出来的多层次的社区，进行实证的调查研究，才能把包括基层在内的多层次相互联系的各种社区综合起来，才能概括地认识"中国文化和社会"这个庞大的社会文化实体。[①]

写了一大篇与费孝通及其《乡土中国》和《江村经济》有关的话，无非是要说明科学研究应遵循"假设—验证—假设—验证"的反复过程来推进，而假设的基础又应该是踏踏实实地调查。没有实地解剖过若干社会文化个案的人，最好不要匆忙构筑自己关于"文化是什么"的理论体系。当然，对实地调查也不应理解偏狭，因为要完整把握中国文化，既要了解其现状，也要了解其历史。以时间为标识来划分研究工作，可以有共时性（synchronic）的研究和历时性（diachronic）的研究，二者均不可偏废。人类学、社会学、心理学等学科的研究主要是共时性的，关注的是当下人们的文化。历史学、考古学等学科的研究

[①] 费孝通：《重读〈江村经济·序言〉》，《北京大学学报》1996年第4期。

是历时性的,关注的是以往人们的文化。历史的"田野"是人们对过去的所有"记忆",包括文字、图画、实物、口碑等等,对这些"记忆"的实证性研究就是历史学者的"实地调查"。从世界潮流上看,人类学等学科已经意识到过去对历史重视不够的缺憾,正致力于建立有清晰时间背景的民族志写作。费孝通也结合自己的经验教训指出:

> 至少我认为今后在微型社区里进行田野工作的社会人类学者应当尽可能地注重历史背景,最好的方法是和历史学者合作,使社区研究,不论是研究哪层次的社区都须具有时间发展的观点,而不只是为将来留下一点历史资料。真正的"活历史"是前因后果串联起来的一个动态的巨流。①

反过来说,人类学、社会学、心理学的研究方法和成果对历史研究也是大有裨益的,近年兴起的文化史、社会史、心态史研究中就引入了人类学、社会学、心理学的方法,而人类学、社会学、心理学的一些研究成果也能使人们在破除某些历史定势上得到启发。倡导"实地调查"的历史研究与现实研究携起手来,将是中国文化研究获取进步的重要保证,也会为最终解决"文化是什么"的问题奠定坚实的基础。

四 人类学的贡献

还是在前面提到的那本《多维视野中的文化理论》的序言

---

① 费孝通:《重读〈江村经济·序言〉》,《北京大学学报》1996年第4期。

里，田汝康在介绍了通常人们使用的"文化"含义的三种内容后紧接着指出："本书所选择的文章虽包括了上述三种内容，却不尽与上述活动有关。因为它们都是从文化学的观点出发，把文化当成一个科学术语——特别是社会学、人类学的术语，来加以剖析的。"① 田汝康本人有人类学的学术背景，因此在他看来，文化学中对"文化是什么"的研究，应该是从人类学、社会学等实证学科的角度切入的。

应该承认，在对文化概念的界定和把握上，人类学家是走在了前面。学术史的回顾告诉人们，对文化问题关注时间最久、研究成果最多的是人类学家。前文引述了李亦园对学科关键词的解说，"按说人类学的关键词应该是人类，但在人类学家眼中，人类被视为是拥有文化的动物，这就将文化推到了前台"②。人类学最重要的分支文化人类学（cultural anthropology）就是从文化的角度研究人类所习得的各种行为的学科，它研究人类文化的起源、发展变迁的过程和世界上各民族各地区文化的差异，试图掌握人类文化的性质及演变规律。一直到今天，对文化概念的最自觉的认识和最有影响的界定多半是由人类学家作出的，因此，检视一番人类学家有关"文化"的看法，对于我们讨论"文化是什么"的问题应该是十分有益的。

人类学中对文化概念的自觉界定起码有 100 多年的历史。通常在人类学界追溯到最早的文化定义是英国的著名的人类学家泰勒（E. B. Tylor）作出的，他在 1871 年出版的《原始文化》一书中写道：

---

① 田汝康："序"，第 1 页，庄锡昌、顾晓明、顾云深等编：《多维视野中的文化理论》，杭州：浙江人民出版社 1987 年版。

② 拙文"引言"，第 10 页，《文化之道——人类学启示录》，武汉：湖北人民出版社 1999 年版。

> 文化（culture），或文明（civilization），就其广泛的民族志意义来说，是包括全部的知识、信仰、艺术、道德、法律、习俗以及作为社会成员的人所掌握和接受的任何其他的才能和习惯的复合体。①

在这个定义中，泰勒凸显了文化的项目或曰构成（知识、信仰、艺术等），注意到了文化的共享性和习得性，更重要的是指出了文化的整体性，这一点为后世多数人类学家所赞同。有学者这样评述泰勒的文化定义：

> 这里有三个方面必须着重强调一下，即（一）"文化"是由作为社会成员的人获得并掌握的东西，因而必须明确地同本能的生物学遗传或先天性行动方式区分开来。是超有机存在的；（二）"文化"是与个人无关的、进行社会性承前继后的东西，因而"文化"也是超个人的存在；（三）"文化"不是简单、孤立诸要素杂乱无章的堆砌物，而应作为诸要素复杂的纵横交错所产生的统一的总体 an integral whole 予以把握的结构性的东西。这些要点为泰勒以后的许多文化科学者所继承，发展更趋完善。②

正由于这些原因，泰勒的定义被视做最经典的文化定义，是今天无论什么人在讨论文化概念时都"轻易绕不过去"的。

在泰勒之后，不断有人提出新的文化定义。这其中值得一

---

① 泰勒著，连树声译：《原始文化》，上海：上海文艺出版社1992年版，第1页。
② 水野佑：《"文化"的定义》，庄锡昌、顾晓明、顾云深等编：《多维视野中的文化理论》，杭州：浙江人民出版社1987年版，第370页。

提的是人类学中功能学派的创始人马林诺夫斯基（B. Malinowski）在其《文化论》中对文化的界说：

> 文化是指那一群传统的器物，货品、技术、思想、习惯及价值而言的，这概念实包容及调节着一切社会科学。①

在1944年马林诺夫斯基去世两年后由美国北卡罗来纳大学出版的马氏遗著《科学的文化理论》中，对文化的界定有了一些调整："它显然是一个有机整体（integral whole），包括工具和消费品、各种社会群体的制度宪纲、人们的观念和技艺、信仰和习俗。无论考察的是简单原始、抑或是极为复杂的文化，我们面对的都是一个部分由物质、部分由人群、部分由精神构成的庞大装置（apparatus）。人借此应付其所面对的各种具体而实际的难题。"②略作对照我们就会同意，"马氏所下的'文化'定义与十九世纪人类学大师泰勒于一八七一年所下的定义，大致相符"③。但是，在表层相似之下，我们也应该注意到其差别，马氏"和前一代社会人类学家的差别不在所认定文化的内容，而在对文化的基本看法"④，马氏"把文化看做满足人类生活需要的人工体系……是为人们生活服务的体系"⑤，用他自己的话说，

---

① 马林诺夫斯基著，费孝通译：《文化论》，北京：中国民间文艺出版社1987年版，第2页。

② B. 马林诺夫斯基著，黄剑波译：《科学的文化理论》，北京：中央民族大学出版社1999年版，第52—53页。

③ 宋光宇：《蛮荒的访客——马凌诺斯基》，台北：允晨文化实业股份有限公司1982年版，第52页。马凌诺斯基为Malinowski的另一译法。

④ 费孝通：《从马林诺斯基老师学习文化论的体会》，周星、王铭铭主编：《社会文化人类学讲演集》（上），天津：天津人民出版社1996年版，第13页。

⑤ 费孝通：《重读〈江村经济·序言〉》，《北京大学学报》1996年第4期。

就是"文化在本质上是一种功用性装备"①。

到1952年，美国人类学家克罗伯（A. L. Kreober）和克拉克洪（C. Kluckhohn）讨论文化概念时，便已罗列出160余种由人类学、社会学、心理学等学科的学者所下的有影响的文化定义。经过他们的分析，这些定义按其着重点大致分为6类：列举描述性的、历史性的、规范性的、心理性的、结构性的、遗传性的。在评述了上述各类定义之后，克罗伯等人作了一个综合性的文化定义：

> 文化是各种显型的或隐型的行为模式，这些行为模式通过符号的使用而习得或传授，构成包括人造事物在内的人类群体的显著成就；文化的基本核心包括传统的（即由历史衍生及选择而得的）观念，特别是与群体紧密相关的价值观念；文化体系既可被看做人类活动的产物，又可视为人类作进一步活动的基本条件。②

这里将文化确定为行为模式，显然是受了心理学中行为主义（Behaviorism）的影响；谈到显型和隐型，则可以窥见精神分析和结构语言学的影子；强调传统的观念，又表现出对历史的尊重。这个定义因其综合的性质，也因克罗伯等人在人类学界的地位，产生了巨大而且长久的影响。

克罗伯和克拉克洪提出的文化定义已经有半个世纪了，在这50年间，人类学界不断还有新的界定提出，这其中格尔兹

---

① B. 马林诺夫斯基著，黄剑波译：《科学的文化理论》，北京：中央民族大学出版社1999年版，第132页。

② 唐美君：《文化》，载芮逸夫主编《云五社会科学大辞典·人类学》，台北：台湾商务印书馆1971年版，第17页。

(Clifford Geertz) 在其著作《文化的解释》中对文化的看法是难以忽略的。格尔兹写道：

> 总之，我所坚持的文化概念既不是多所指的，也不是模棱两可的，而是指从历史沿袭下来的体现于象征符号中的意义模式，是由象征符号体系表达的传承概念体系，人们以此达到沟通、延存和发展他们对生活的知识和态度。①

在这个定义中，"与近40年来的多数人类学家一样，格尔兹把文化界定为一个表达价值观的符号体系；也与诸如特纳、道格拉斯等象征人类学者一样，格尔兹把文化主要当成一个象征的宗教体系"②。这个定义对前人的继承也是明显的，我们把"从历史沿袭下来的体现于象征符号中的意义模式"与克罗伯等人"文化的基本核心包括传统的（即由历史衍生及选择而得的）观念"相比较，便不难发现其相通之处。

考察人类学界的文化定义还应该注意世界上最流行的人类学教科书中的看法，这些教科书往往由知名的人类学家编写，而受其影响者成千上万，在很大程度上支配着一批又一批人类学新生力量的文化研究。例如，美国人类学家恩伯夫妇（Embers）指出："大多数人类学家认为，文化包含了后天获得的，作为一个特定社会或民族所特有的一切行为、观念和态度。"③另一位美国人类学家哈维兰（W. H. Haviland）写道："文化是

---

① 克利福德·格尔兹：《文化的解释》，上海：上海人民出版社1999年版，第103页。
② 王铭铭：《想象的异邦——社会与文化人类学散论》，上海：上海人民出版社1998年版，第250页。
③ C. 恩伯、M. 恩伯著，杜杉杉译：《文化的变异——现代文化人类学通论》，沈阳：辽宁人民出版社1988年版，第29页。

社会成员所共享的一整套规范或准则,当社会成员依其行动时,所表现出的行为会在其他人认为合适的和可以接受的范围之内。"① 这类界定,将文化与社会、群体及其成员联系在一起,关注文化的实践性(在行为或行动中),从而具有很强的操作性。

中国人类学界也有不少对文化的考释,限于篇幅,这里主要介绍一下人类学家李亦园的文化观。李亦园将文化视为一个民族所传承下来的生活方式,包括可观察的文化(observable culture)和不可观察的文化(unobservable culture)两大部分。可观察的文化共有物质文化、社群文化、表达文化三类。他从英国哲学家罗素的名言"人类自古以来有三个敌人,其一是自然,其二是他人,其三则是自己"说起,指出可以将这段话延伸而说明可观察的文化,于是,文化包括了:(1)物质文化或技术文化。人类因克服自然并借以获得生存所需而产生,包括衣、食、住、行所需之工具以至现代科技。(2)社群文化或伦理文化。因营社会生活而产生,包括伦理道德、社会规范、典章制度律法等等。(3)精神文化或表达文化。因克服自我心中之困境而产生,包括艺术、音乐、文学、戏剧以及宗教信仰等等。但是,文化除了这三类可观察的文化之外,还有关于文化内在结构的不可观察的文化,所谓内在的结构,就是文化的文法(cultural grammar),或者说是文化的逻辑,它是用来整合三类可观察的文化,以免它们之间有矛盾冲突的情况出现。这种不可观察的文化法则或逻辑就像语言的文法一样,构成一个有系统的体系,但经常是存在于下意识之中,所以是不可观察,

---

① W. H. Haviland, *Cultural Anthropology*, Orlando, Harcourt Brace & Company, 1996, p. 32.

或不易观察的①。这样一个对文化的看法，既照顾到人类文化的诸种面向，也考虑了人类文化的不同层次。由于这种看法是李先生从其长期人类学实践中提升出来的，所以很容易运用到现实的文化研究中。

五 进入文化结构

从文化界定的发展看，人们越来越不满足于对文化的平面化罗列排比，而是试图进入文化的深层，把握其本质，这已经涉及文化结构的问题。在中国大陆20世纪80年代出版的《文化学辞典》中，"文化结构"条下的释义为："指文化的架构。此架构的意义有二：（1）不同的文化元素或文化丛之间具有一定秩序的关系；（2）文化结构由文化特质、文化丛、文化区、文化模式等概念构成。"② 在稍后出版的《简明文化人类学词典》中将"文化结构"解释为"文化体系内各部分之间的关系"③。该条目的进一步解说与上述《文化学辞典》大致相同。

其实，大陆这两种辞书的释义是移植于台湾1971年出版的《云五社会科学大辞典》，该辞典《人类学》分册对"文化结构"（cultural structure）的解释是：

"文化结构"是指文化的架构，这个架构意义有二：1 视为是不同的文化元素或文化丛之间具有一定秩序的关

---

① 李亦园：《文化的图像》（下），台北：允晨文化实业股份有限公司1992年版，第193—196页。
② 覃光广等主编：《文化学辞典》，北京：中央民族学院出版社1988年版，第138页。
③ 陈国强主编：《简明文化人类学词典》，杭州：浙江人民出版社1990年版，第89页。

系，2 视为是由文化特质（culture trait）、文化丛（culture complex）、文化区（culture area）、文化模式（culture pattern）诸概念构成的。①

这里的第二层意义主要是美国人类学中的一种分法，起源于博物馆中对物质文化的研究，本文不打算多说，主要谈第一层。第一层意义讲关系，是人们在一般意义上对结构的认识，也是这里要重点讨论的。

首先，看看通常人们对"结构"的认识。在我们权威的工具书中，对"结构"是这样界定的：

> 事物系统的诸要素所固有的相对稳定的组织方式或联结方式。两个以上的要素按一定的方式结合组织起来，构成一个统一的整体，其中诸要素之间确定的构成关系，就是结构。②

由此看来，首先是分类，一个事物或系统有无结构可言先得看它能否分成不同的要素；其次是层次性的关系，即这些要素不是随意组合的，而是相互间有特定的组合方式。所以，分类，加上关系，就构成了结构。

本文关心的是文化结构。说到文化结构问题，人们自然很容易想到人类学中的结构主义，这是与著名人类学家列维－斯特劳斯（C. Levi-Strauss）联系在一起的学术思潮。"列维－斯特

---

① 管东贵、芮逸夫：《文化结构》，芮逸夫主编：《云五社会科学大辞典·人类学》，台北：台湾商务印书馆1971年版，第46页。

② 《中国大百科全书·哲学卷》，北京：中国大百科全书出版社1987年版，第358页。

劳斯的结构人类学的真正含义是，人类丰富的社会—文化现象、人类的所有行为，都可以从隐藏在行为背后的层次去寻找根源。这个所要寻找的层次，就是结构。它是一种基本的关系，反映的是文化意识形态在内涵上的对立与统一，是一种既互相冲突又同时并存的关联①。

这种结构主义的全部内容是什么呢？被认为是最理解列维-斯特劳斯结构主义思想的英国人类学家利奇（E. Leach）总结道：

> 基本上是探索这样的一些事。我们看到的周围世界，是由我们的意识来领悟的。我们感觉器官的操作方法，和大脑思考、整理和解释进入它的刺激方式，使我们觉察到的现象具有了我们所赋予它们的属性。人脑这种整理过程的一个很重要特征是，我们要把我们周围的时间和空间的连续统一体切割成段。也就是说，我们把环境看作由大量被分门别类的各别事务组成，把时间阶段看作由各别事件的顺序组成。同样，作为人，当我们制造人工产品时（指所有的人工产品），例如设计礼仪或书写以往的历史，我们就会模仿我们的自然界，也就是说，用我们想象的分割和排列自然界物品的同样方法，去分割和排列我们的文化产品。②

列维-斯特劳斯本人曾受到精神分析心理学的很大影响，"列维-斯特劳斯还进一步将模式分为'意识模式'（Conscious

---

① 王铭铭：《想象的异邦——社会与文化人类学散论》，上海：上海人民出版社1998年版，第51—52页。

② 埃德蒙·利奇著，王庆仁译：《列维-斯特劳斯》，北京：生活·读书·新知三联书店1985年版，第21—22页。

Model)与'无意识模式'（Unconscious Model）两大类。所谓意识模式，就是社会成员能够意识到的人类社会或文化的表层结构。……所谓无意识模式，也就是较深地隐藏在社会文化的表面现象背后，没有真正被该社会成员所意识到的深层结构。这种结构是无法直接观察到的，它深深地植根于人们的心灵之中，而且在社会文化现象背后真正起决定性的作用。"[①]

说到无法直接观察的深层结构，我们很容易联想起前文介绍的李亦园的文化观。李氏将文化分为可观察的文化和不可观察的文化两个层次，而文化研究真正追求的是后一个层次：

> 这一层次的文化才是人类学家所真正追求的。从可观察的一面来看，文化是一套具体的东西，并可分属不同领域，彼此并不相统属，交互相关。但在不可观察的层次中，文化是一套共有的意义象征系统，它存在于人们的头脑中，指引着人们的行为，同时勾连着各各互异的文化领域，形成一套和谐的整体。[②]

对于这一层次的文化，李氏也认为是经常处于下意识之中，所以才是不可观察的。

对文化结构的分析当然不是结构主义的专利，早在1938年吴文藻写的《论文化表格》一文，介绍功能学派的马林诺夫斯基将文化分为三因子和八方面的观点，就指出"三因子在大体上代表了文化的结构"，他还提到美国的人类学家博厄斯

[①] 和少英：《社会—文化人类学初探》，昆明：云南民族出版社1997年版，第122—123页。

[②] 李亦园：《人类的视野》，上海：上海文艺出版社1996年版，第107页。

（F. Boas）等人也有类似的三分法①。吴文藻进一步解说了这种三分法：

> 现在先就三因子逐一加以分析，借以明了三者的连环性。实地研究员欲明了三者间错综的关系，可依下列三层申述之：（一）物质因子如同社会和精神因子一样，在任何个别的文化体系上，应占有绝对平等的地位，不因其为物质的而即居于低等的地位。（二）社会因子介于物质和精神因子之间，向为一社会的文化骨干，也可以说是了解文化的全盘关系的总关键。（三）精神因子针对物质和社会因子而言，乃是二者的上层结构，所以也是文化的核心。②

在分类详细说明之后，他还就三因子之间的种种复杂关系进行了深入的论述。

到了20世纪80年代以后，更多的学者注意到文化结构的问题。例如，刘伟在1988年出版的《文化：一个斯芬克斯之谜的求解》中将文化分为两大类，第一大类文化是"知识系统"，又细分为三：1. 宗教、哲学；2. 语言、文学、艺术；3. 各门实证自然科学、社会科学。第二大类文化是"心理系统"，也细分为三：1. 民族精神；2. 社会心理；3. 个体心理。作者画了一个图表，紧接着作了一个涉及文化结构的说明：

> 该图所表示的是一个由显型构造到深层构造的文化架构。就两大系统来讲，知识系统是显型层次，或者称显型

---

① 吴文藻：《吴文藻人类学社会学研究文集》，北京：民族出版社1999年版，第195页。
② 同上书，第196页。

构造；心理系统是文化架构中的潜在层次，或者称深层构造，它较知识系统有着更深远、持久的影响力。每一系统内部的排列也呈现出不同的层次。如就心理系统而言，个体心理较社会心理易于测定，社会心理又较民族精神易于掌握；民族精神不仅建立于同一个社会的无数个体心理之上，而且建立于多个前后相继的社会的普遍心理之上。①

另一位作者刘云德也在1988年推出的《文化论纲——一个社会学的视野》一书中设专章讨论了"文化要素"，他将文化要素分为价值观、规范、意义和符号、物质文化四大类，而其中价值观是文化的核心。他写道：

> 文化的其他要素实际上都是围绕价值观这一核心展开的。他们要么是价值观的具体化和外化，如规范；要么是价值观的表现形式，如符号和意义体系；或者是价值观的物质载体，如物质文化。②

文化诸要素所处的位置，或是核心，或是边缘，可见作者眼中的文化也是有结构的。

在大陆学界各种对文化结构的看法中，冯天瑜的观点影响较大。在其流传甚广的《中华文化史》的"导论"中，专辟一节讨论了文化结构问题。作者从"文化是主体与客体在人类社

---

① 刘伟：《文化：一个斯芬克斯之谜的求解》，北京：人民出版社1988年版，第36页。

② 刘云德：《文化论纲——一个社会学的视野》，北京：中国展望出版社1988年版，第40页。

会实践中的对立统一物"① 的视角剖析文化结构：

> 从文化形态学角度，宜于将文化视作一个包括内核与若干外缘的不定型的整体，从内而外，约略分为几个层次——由人类加工自然创制的各种器物，即"物化的知识力量"构成的物态文化层……由人类在社会实践中组建的各种社会规范构成的制度文化层；由人类在社会实践，尤其是人际交往中约定俗成的习惯性定势构成的行为文化层……；由人类在社会实践和意识活动中长期絪蕴化育出来的价值观念、审美情趣、思维方式等主体因素构成的心态文化层，这是文化的核心部分。②

作者还对上述文化诸层次做了简略的图示，并进而讨论了"文化的浅层结构"、"文化的深层结构"、"显型文化"、"隐型文化"等概念。

此外，还有一些学者对文化结构的各种特性进行了探讨。例如，郭齐勇在《文化学概论》中就对文化结构的层次性（等级性）、开放性、动态性、可分性与不可分性进行了一一梳理，他最后总结道：

> 总起来说，我们对文化结构的认识需要动态地把握，需要具体地、历时态地加以考察，否则，死板地划分一些元素、子系统，机械地确定它们之间的关系，甚至当作个体行动者的认知系统来分析，或者强调文化的整体性、全盘性、稳定性，或者强调文化的部分性、分疏性、变迁性，

---

① 冯天瑜等：《中华文化史》，北京：上海人民出版社1990年版，第30—31页。
② 同上。

都可能失之偏颇。①

这类讨论，使人们在对文化进行结构分析时，依然能保持较为清醒的头脑。

六　文化结构的核心——文化心理

从前面对文化结构的各种讨论中不难发现，大家对文化的要素、层次、关系等问题的意见虽有不同，但是对文化结构的核心的认识，却惊人的相似。不管是强调观念、意识、精神，还是突出心理系统、价值观、心态文化，大致归纳起来，就是人类的文化心理。其实，追到中国学术界最早的文化定义，在梁启超那里就有"人类心能"的说法，而梁启超心目中的文化史研究，主要是对心理、人格的"精研"，因为在梁先生看来，"凡史迹皆人类心理所构成，非深入心理之奥以洞察其动态，则真相未由见也"②。

人类学中的结构主义，想要把握的，也是潜藏在结构深层的人类文化心理。"列维-斯特劳斯的探索，是想建立'人类心理'的普遍真理。……当列维-斯特劳斯想深入'人类心理'时，他抓住了无意识心理结构问题。"③ 有学者在评述结构主义的文化研究时说：

> 结构主义用乔姆斯基称之为"深层结构"的方法去解

---

① 郭齐勇：《文化学概论》，武汉：湖北人民出版社1990年版，第238页。
② 梁启超：《中国历史研究法》，上海：华东师范大学出版社1995年版，第153页。
③ 埃德蒙·利奇著，王庆仁译：《列维-斯特劳斯》，北京：生活·读书·新知三联书店1985年版，第132—133页。

释人和文化。这些"深层结构"是心灵活动的原则，它是无意识的，但结构主义试图去发现这种深层结构，而且至少在人类学和社会学中去说明它是文化现象的真正基础。在企图去发现这些行为的集体的和无意识的决定者时，结构主义在社会科学中所起的作用类似于精神分析学在个体心理学中所起的作用，社会科学与个体心理学都要求对那些影响我们的过程给予一些新的了解，给予一种比较深一层的洞察，但是，在结构主义和精神分析学出现以前，我们对这些过程所知甚少。①

在结构主义人类学之前，还是在前文提及的《论文化表格》一文中，吴文藻也曾指出文化的三因子中精神因子是文化的核心，而在精神因子中，吴氏还进一步划分了层次："精神现象实包括了三层，即语言、心理及价值。语言系精神的外表，心理与价值则为其内心"②。精神既是文化的核心，文化研究的重点当然是精神现象：

> 总括地说，一切精神现象都是心理现象。凡关于生活习惯的情操态度，或关于发明发见的心思才智，以及思想和信仰等等质素，都是最显著的心理形式。我们根据"心理即是精神"的解释，可以说文化的来源是个人的，故其本质乃是心理的。③

---

① C. R. 巴德考克著，尹大贻译：《莱维-施特劳斯——结构主义和社会学理论》，上海：复旦大学出版社1988年版，第2页。
② 吴文藻：《吴文藻人类学社会学研究文集》，北京：民族出版社1999年版，第198页。
③ 同上书，第199—200页。

作者紧接着介绍了美国民族心理学的研究："所以美国现代眼光深远的学者，常以'人格与文化'对比的问题，促起国人的注意。这种眼光，在我们看来，是有重大的意义的。"①

冯天瑜在其著作中也将"心态文化层"置于文化的核心部分，并进一步作了区分，指出对其开展研究的重要意义：

> 这里所谓的"心态文化"，大体相当于"精神文化"或"社会意识"这类概念。而"社会意识"又可区分为社会心理和社会意识形态两个层次。……对心态文化中"社会心理"和"社会意识形态"这两个层次加以区分，并认识到社会心理是社会意识形态赖以加工的原材料，对于文化研究具有特殊的启示意义……（只有）认真研讨社会心理与社会意识形态之间的辩证关系，才有可能真正认识某一民族、某一国度精神文化的全貌和本质。②

在实地研究中发现，不要说一个民族、一个国家，就是范围不大的地域性群体，欲深入了解其文化，也要进入心态文化层。例如，在生育文化的调查研究中，就从文化心理氛围（cultural psychological climate）入手，梳理文化的、传统的、风俗的等方面的力量作用于个体行为的心理机制，以达到最终把握生育文化的目的③。

一直致力于文化学研究并在世界文化学研究领域享有盛誉

---

① 吴文藻：《吴文藻人类学社会学研究文集》，北京：民族出版社1999年版，第201页。
② 冯天瑜等：《中华文化史》，上海：上海人民出版社1990年版，第31—32页。
③ 拙文《人类生育、社会控制与文化心理氛围——从民族志材料出发对生育文化的讨论》，《民族研究》2003年第3期。

的黄文山①,从20世纪三四十年代起就撰写了大量的文化学著作,晚年更出版《文化学体系》系统阐述其文化观。在其《文化学的方法》中,黄文山指出人们对文化与心理的关系,有种种论说——

> 其中有一点,为史学家、社会学家、人类学家所不否认的,这就是:文化到底是属于心理的层次的。一种物件,一种信仰,一个制度,当它们由一个部族或民族传播到其他部族或民族时,如果单从外部的媒介去观察,而不从内部的心态去体认,则文化的一切真相不会暴露出来。②

所以在方法上需要引入心理学:"文化现象,以内部状态为最重要,故心理、统形的方法,值得重视。"③

心理为文化的核心以及文化心理的研究应当为文化研究的重点,对此多数人已经有较为一致的认识。但人类的心理现象极为复杂,类似于对文化心理这样的高级心理现象的把握,更较感觉、知觉、记忆等初级心理现象的研究难上许多倍。我们面临的问题是,如何进入这个文化的深层。科学心理学的创始人冯特(W. Wundt)对此就有清醒的认识,他认为心理学应该包括两部分,一是研究上述初级心理现象的个体心理学,一是以人类共同生活方面复杂精神过程为研究对象的民族心理学。冯特后来曾花了近20年的时间,用分析和研究语言、艺术、神

---

① 参见怀特对黄文山的介绍。怀特著,曹锦清:《文化科学——人和文明的研究》,杭州:浙江人民出版社1988年版,第390页。

② 黄文山:《文化学的方法》,庄锡昌、顾晓鸣、顾云深等编《多维视野中的文化理论》,杭州:浙江人民出版社1987年版,第12—13页。

③ 同上书,第79页。

话、宗教、社会风俗习惯等社会历史产物的方法,专门研究民族心理学①。可惜冯特区分两种心理学的想法虽然不错,却没能发展出适当的方法,因而其民族心理学的研究未获成功。对于方法上的困境,黄文山也曾感叹道:"文化学注重'文化心态'的研究,但心态的正确把握,因为'文化心理学'还没有发达,所以也就特别困难。"②

不过,冯特、黄文山们所面临的困境在今天已经得到很大程度的排除。在心理学领域,近20年来最引人注目的变化之一就是文化心理学(cultural psychology)的兴起,有人指出,这是一门与普通心理学、跨文化心理学、心理人类学、民族心理学都有联系又有所不同的新的心理学分支,它的飞速发展,表明它的时代可能已经来临③。从文化心理学的立场看,文化对人的影响有三个层次:

> 第一个层次表现在对人们可观察的外在物品的影响上,如不同文化中人们的服饰、习俗、语言等各不相同。第二个层次表现在对人们价值观的影响上,不同文化下人们的价值观有差异,这正是目前许多跨文化研究的理论基础;文化影响的第三个层次表现在对人们潜在假设的影响上,这种作用是无意识的,但它却是文化影响的最终层次,它决定着人们的知觉、思想过程、情感以及行为方式。④

---

① 高觉敷主编:《西方近代心理学史》,北京:人民教育出版社1982年版,第133页。
② 黄文山:《文化学的方法》,庄锡昌、顾晓明、顾云深等编《多维视野中的文化理论》,杭州:浙江人民出版社1987年版,第23页。
③ R. A. Shweder, 1990, Cultural psychology—What is it? In W. Stigler, R. A. Shweder, &G. Herdt (eds). *Cultural Psychology*. Cambridge University Press.
④ 侯玉波:《社会心理学》,北京:北京大学出版社2002年版,第257页。

与文化影响的三个层次相对应,人们对文化的研究也有三个层次。文化人类学的研究属于探索文化影响的第一个层次;跨文化心理学(cross-cultural psychology)对文化影响的探索属于文化研究的第二个层次;而文化心理学的产生使得我们有可能从第三个层次认识文化的影响,这一层次正是不可观察的文化的深层。

文化心理学还是一个正在发展中的学科,对于其研究内容的认识尚未完全统一,下面是一个常为人们引用的界定:

> 文化心理学研究文化传统和社会实践如何规范、表达、改造、变更人类的心理,即文化对心理、行为的影响、塑造。这种影响和塑造导致精神、自我和情绪上的文化多样性而不是人类心理的一致性。文化心理学关心的问题有主体与客体、自我与他人、心理与文化、个人与情境、对象与背景、实践者与实践等等的相互作用、共生共存及动态地、辩证地、共同地塑造对方的方式。[1]

由此可见,文化心理学是一门研究活生生的社会实践的学科,它所关心的最基本的问题,是下列这些与现实紧密相连的内容:"什么是文化?什么是族性(ethnicity)?文化与心理过程如何联系?人类心理怎样影响人类文化?怎样运用文化心理学去理解和处理实际生活中的文化冲突与族际紧张?"[2]文化心理学在研究

---

[1] R. A. Shweder, 1990, "Cultural psychology—What is it?" In W. Stigler, R. A. Shweder, &G. Herdt (eds). *Cultural Psychology*. Cambridge University Press.

[2] Kaiping Peng, 2000, *Readings in Cultural Psychology*, Wiley, Custom Services, p.3.

方法上有许多拓展。在研究中,"文化普遍性"(etic)方法和"文化特殊性"(emic)方法是思考的基础①。在具体研究方法上,最初的研究者采用观察、访谈、民俗分析等方法分析文化的差异及其对人们的影响,现在这些方法仍在使用,但新的方法越来越多地被用在文化心理学的研究中。

比观察分析更进一步的是价值调查法(value survey methods)。这种方法是用问卷调查的方法对比不同文化中人们在思想、信念与价值观上的差异:

> 文化心理学中的价值调查法有四种形式:分别是排序法(ranking)、评价法(rating)、态度量表(attitude scale)以及行为场景法(behavioral scenario methods)。通过比较这四种方法在中美跨文化研究中的成效,Peng 等人发现排序法和评价法容易受到不同文化下人们对某些问题的理解差异的影响,所以得到的结果与专家评判有着较大的差异;由态度量表得到的结果与专家的评判差别不大;而行为场景法得到的结果有效度最高。因此,Peng、Nisbett 等人对东西方文化的研究基本上以这种方法为主。②

随着文化心理学的进一步发展,其他的方法也开始被采用。Morris、Peng 等采用文化启动研究(cultural priming study)的范式来研究中国人和美国人在归因上的不同,他们借鉴了 Heider 的策略(他通过向被试呈现一些与社会和文化现象无关的动物图片来让不同文化中的人反应),以鱼群为启动刺激,探讨中国

---

① Kurt Pawlik 和 Mark R. Rosenzweig 主编:《国际心理学手册》,上海:华东师范大学出版社 2002 年版,第 466 页。

② 侯玉波:《社会心理学》,北京:北京大学出版社 2002 年版,第 257 页。

人与美国人的归因倾向。这种设计避免了具体的人与事可能引起的偏见、偏向，能获取文化差别的较纯净的测量，其有效性得到了人们的充分肯定，很可能启动试验在揭示内隐的文化差异方面是其他方法所无法相比的①。

文化心理学的研究已经取得了丰硕的成果，其涉及的领域包括文化与基本心理过程（如行为的生理基础、知觉、认知、记忆、意识、智力）、文化与发展、文化与自我、文化与人格、文化与性别、文化与健康、文化与情绪、文化与语言、文化与社会行为等方面。在与中国文化、中国人相关的研究领域，文化心理学也获得了一些初步结论，例如，中国人的整体思维（Holistic thinking）的问题，海内外学者的联合研究发现，中国人的思维方式包含着五个认识与评价维度，这五个维度分别是：

> 联系性（中国人习惯用联系的眼光看问题，承认世界的普遍联系性）、变化性（认为任何事物都是不断变化发展的，没有不变的人物和事物）、矛盾性（承认矛盾是中国人认识论的基础，矛盾普遍存在于万事万物之中）、折中性（折中是中国人处理矛盾时常用的方法，中国人总是避免极端选择）、和谐性（中国人不愿意与人冲突，尽可能与人在外表上一致）。②

这样一些观点，以前也有人讲过，譬如哲学家、文学家，但是文化心理学的结论是在进行了大量量表测试后，通过统计分析得出的，是有着实证基础的。可以说，文化心理学的方法，为

---

① 参见朱滢主编《实验心理学》，北京：北京大学出版社2000年版，第491—497页。

② 侯玉波：《社会心理学》，北京：北京大学出版社2002年版，第257页。

人们深入文化底层、把握文化心理提供了坚实的保证。

七 余论：文化学应该有自己的基础

最后，结合前面的讨论，简单总结一下对文化学研究的看法。在一般人类学辞书中，对文化学（culturology）的解释是："怀特提出来的一个名称，用来指对文化的科学研究，但是这个名称并没有被广泛接受。"[1] 怀特（L. A. White）是美国人类学家，以《文化科学》一书闻名，积极提倡文化学的研究并建构了文化学的学术谱系。为此，他与包括中国在内的文化学提倡者进行了广泛的联络。对于他的文化学观念受到反对一事，他曾经很羡慕地谈到中国的情况：

> 对于诸如文化学一类的新术语，汉语显然比英语更易于适应。"culturology（文化学）"在汉语中是 Wen Hua（Culture 文化）Xue（science 科学）。"culturology"和"science of culture"这两个词在汉语中是同一术语，因此，它们所结合似乎不会使中国学者感到刺耳或伤他们的感情。[2]

确实，中国的文化学发展得比美国要好。"五四"以后，李大钊等人就曾提出过"文化学"的概念，黄文山、陈序经、钱穆等人则做过系统的研究，分别出版了以"文化学"为名的著作。到了20世纪80年代，文化学更是在中国轰轰烈烈地开展起

---

[1] Charlotte Seymour-Smith, Macmillan Dictionary of Anthropology, 1987, London and Basingstoke, p. 69.

[2] 怀特著，曹锦清译：《文化科学——人和文明的研究》，杭州：浙江人民出版社1988年版，第390页。

来，从事文化研究的许多学者都称呼自己的学术为"文化学"。同时文化学也成为一种方法，所以在中国学界常常能听到人们说用文化学的方法研究某种问题或现象。如此看来，中国有中国自己的文化学传统，学人们完全有可能在这一块领地作出超越西方学术的贡献。

但是，也要思考一下文化学在西方学术界不那么风行的原因。大概最主要的原因是，文化学研究的对象是现实的，但文化学本身似乎缺乏实证的基础，似乎主要是在做一些理论的思辨。此外，文化学缺乏自己的学科基础，翻看一下国内的文化学概论性著作不难发现，大家在对文化学理论发展进行回顾时，实际上基本是对文化人类学理论的回顾。这样一来，文化学与文化人类学就没有了界限，人们会想，已经有发展完备的文化人类学了，为什么还要生出来一个文化学。

中国的文化学研究实际上也存在着上述问题，就是实证基础的缺乏。这个问题在前文中已有较多陈述，因为中国学界在对文化学的对象"文化"进行界定时就表现出太多哲学的倾向。这样的倾向有它的长处，但在具体研究中面对实际问题时，却会有难以着手的困惑。吴文藻在介绍马林诺夫斯基的文化三分法时说：

> 这三分法在研究方法上较为客观。文化的三因子各有其经验入手法，例如：物质底层可由器物下手，社会组织可由制度下手，精神生活可由语言下手。凡器物，制度和语言的现象，都是纯粹客观的实在体，可观察得到，捉摸得住，并可予以客体的保存。[①]

[①] 吴文藻：《吴文藻人类学社会学研究文集》，北京：民族出版社1999年版，第196页。

这就是实证研究的好处，这也是中国学术界较为缺乏的传统。

在人文社会科学领域，各国有各国的历史传统及现实语境，因此各国可以有自己特色的学术。西方学术界的文化学不发达，并不构成中国不发展文化学的理由，相反倒可能是中国文化学独树一帜的契机。不过，结合前面的讨论，我们不太主张专门的、纯理论的、缺乏实证基础的文化学。理想中的文化学，应该是结合某一领域的，以该领域的实证研究为基础的。本文讨论了人类学、心理学对文化研究的可能贡献，就是想将人类学、心理学等实证学科的力量引入文化学研究中。发展文化学，无非是走"古为今用"、"洋为中用"的路子，充分汲取前人和他人对人类文化现象有价值的认识和思考。需要强调的是，立足点是"今"和"中"，要踏踏实实地由研究具体的文化现象起步，例如，空间上的地域文化、时间上的历史文化，还有物质文化、制度文化、心态文化。这样，我们可以有文化地理学的文化学、文化史的文化学、文化人类学的文化学、文化心理学的文化学、文化社会学的文化学等。一些文化研究著作中的典范，如马林诺夫斯基的《文化论》、本尼迪克特的《文化模式》、怀特的《文化科学》、格尔兹的《文化的解释》等等，都是从实证而来，或以人类学研究为基础，或以心理学研究为基础。如果我们也有了一大批这样以实证为基础的文化研究成果，再加以文化哲学的抽象提炼，当能发展出我们自己风格鲜明、前景广阔的文化学。

汉语文语境下的"心理"和"心理学"

对词语的辨析、考释是古已有之的事情。在中国古代，有所谓考据学的研究，在西方，则有所谓经典学的研究（classical studies）。20世纪以来，德国学者舍勒（M. Scheler）、韦伯（M. Weber）、曼海姆（K. Mannheim）等人对知识、思想与社会文化关系的研究以及法国学者福柯（M. Foucault）的《词与物》、《知识考古学》和英国学者威廉姆斯（R. Williams）的《关键词：文化与社会的术语》等作品，更引发人们在一个宏阔的背景下去认识词语——既考虑词语与语境或上下文（context）的关系，也考虑词语形式及意义随着社会文化变迁而发生的更动，同时还包括对词语背后所牵涉的民族、种族、阶级、性别等等因素的追问。

本文所要考察的词语是"心理"和"心理学"，这是两个在当今社会使用频率很高的词汇。当然，本文不是要给这两个词下定义，因为对它们的界定就是在心理学学科领域内也依然聚讼纷纭、莫衷一是，更不用说在一般的社会领域了。下面所要进行的工作，主要是对汉语文中上述词汇的来源及其流变的求索，并结合中外知识的发展，考察词语所折射出的观念及其演化，以及词语作为符号、象征与意识形态、历史情境、权力结构之间的纠葛。这一目标的完满达成其实有相当的难度，正如一位学者在谈及威廉姆斯关键词梳理工作的启发时提到的："所不同的是，晚清以降，中国的许多关键词的语源是双重的，既有汉字的语源，又有外来语的语源，这些概念的翻译过程显然较之威廉姆斯追溯的语源更为复杂。在这样的条件下，语言的翻译、转义和传播过程将更形错综交织，作为一种总体的生活方式的文化的形态也更加丰富而混乱，中国的关键词的梳理也更加困难。"[①] 本文的写作，只能算是一个初步的尝试。

一　词语的来源及流变

"心理"一词，是由"心"和"理"这两个汉字组成的，其中最关键的当然是"心"字。在权威辞书《汉语大字典》中，"心"是一个多义词，在一个音项下共列有 15 个义项[②]。另一部权威辞书《汉语大词典》在"心"字下列有 13 个义项[③]。这些义项可以让人们大致了解汉语世界中对"心"的种种认识，从众多的义项入手，实不难写出一部关于中国人释"心"的厚重著作。

在上述工具书中，"心"的第一个义项都是心脏。《说文解字》释"心"曰："心，人心，土藏，在身之中。"如《素问·痿论》："心主身之血脉。"又古代以心为思维器官，故后来沿用为脑的代称。如《孟子·告子上》曰："心之官则思。"《荀

[①] 汪晖：《关键词与文化变迁》，黄平等主编：《当代西方社会学·人类学新词典》，长春：吉林人民出版社 2003 年版，第 233 页。

[②] 汉语大字典编辑委员会：《汉语大字典》（缩印本），武汉：湖北辞书出版社 1995 年版，第 948—949 页。

[③] 汉语大词典编辑委员会、汉语大词典编纂处：《汉语大词典》卷 7，上海：汉语大词典出版社 1991 年版，第 369—370 页。

子·解蔽》:"心者,形之君也,而神明之主也。"但更多的情形下,中国人谈"心"不是指一种身体器官而是指人的思想、意念、情感、性情、品行等等。"中国人言心,则既不在胸部,亦不在头部,乃指全身生活之和合会通处,乃一抽象名词。"① 如《易·系辞上》:"二人同心,其利断金。"《诗·小雅·巧言》:"他人有心,予忖度之。"《吕氏春秋·精谕》:"纣虽多心,弗能知矣。"大量由"心"组合成的汉语词汇,如心心相印、心有灵犀、心口如一、心不在焉、心中有数、心甘情愿、心平气和、心灰意冷、心忙意乱、心花怒放、心神不定、心悦诚服、心旷神怡、心怀鬼胎、心照不宣、心领神会等等,都是在这样的意义上使用的。

汉语文中的"理"也是一个多义字。《说文解字》释"理"曰:"理,治玉也。从玉,里声。"这里的"理"字是一个带动词词性的字。而在"心理"这一词汇中的"理"字,应该取"道理、法则"之义,是一个带名词词性的字。《广雅·释诂三》曰:"理,道也。"如《易·系辞上》:"易简而天下之理得矣。""心"和"理"的这种搭配方式,与"物理"、"生理"、"天理"、"伦理"、"法理"等词语大致相似。

"心"和"理"组合在一起成为"心理",在汉语文中已有相当长的历史。刘勰《文心雕龙·情采》中即有"是以联辞结采,将欲明理;采滥辞诡,则心理愈翳"的句子,这里"心理"的意义,指的就是心中包含的情理,就是人们的思想感情。此外,"心理"还是中国古代哲学中的概念。宋代哲学家陆九渊提出"心即理也"的哲学命题,明代哲学家王守仁进一步发展了这些思想,提出"心外无物、心外无事、心外无理"。王守仁

---

① 钱穆:《现代中国学术论衡》,长沙:岳麓书社 1986 年版,第 70 页。

《传习录》卷中:"此区区心理合一之体,知行并进之功,所以异于后世者,正在于是。"这里的"心理",说的是心与理,即主观认识与抽象原则。近代以来,随着西方文化的传入,"心理"被用做西文 mind 的对译词,指的是感觉、知觉、记忆、情绪、思维、智力、人格等人们内心的活动过程及个体特征。不难看出,今人所说的"心理"一词从形式和意义上皆与传统有相当大的继承关系。

而"心理学"一词则是在近代才出现的组合词,用来指称在西方形成的一门近代学科,这门学科在英文中写做 psychology。当然,对心理学是"舶来品"还是土生土长的"国粹"有不同看法,例如,中华心理学会第一任会长张耀翔就写过《中国的世界第一——心理学》的文章,认为中国的老子等人对心理学的许多领域有精彩论述,较西洋心理学的发端者苏格拉底、亚里士多德还早,因此心理学的发源地当在中国[1]。不过,在西方心理学传入中国前,汉语中毕竟没有"心理学"这个词汇,较为妥帖的做法是把老子等人的论述称作心理学思想。正如高觉敷所说:"我国古代思想家的心理性命之说是心理学思想,不即等于心理学。"[2]

心理学思想的历史可以追溯到很久以前,例如中国的先秦时期和西方的古希腊时期,但心理学作为一个专门术语却是在1502年才出现的。当时一个塞尔维亚人马如利克首次用 psychologia 这个词发表了一篇讲述大众心理的文章。过了70年以后,德国人哥克又用这个词出版了《人性的提高,这就是心理学》

---

[1] 张耀翔:《感觉、情绪及其他——心理学文集续编》,上海:上海人民出版社1986年版,第12—13页。

[2] 高觉敷主编:《中国心理学史》,北京:人民教育出版社1986年版,第1页。

一书，这是最早记载的以心理学这一术语发表的书①。早期心理学的性质，大约可称之为哲学心理学的研究，而近代意义上科学心理学的诞生，则是在又过了 300 年之后由德国人冯特（W. Wundt）大力促成的。"1879 年，在他入莱比锡的四年之后，冯特乃创立了世界上第一个心理学实验室，这几乎是心理学家谁都知道的一回事。"②"冯特是把心理学作为一门正式学科的'奠基者'，也是心理学史上被称为心理学家的第一个人。"③ 从此以后，psychology 便作为近代科学体系中一门学科的名称而广泛使用。

中国人接触西方心理学已有 100 多年的历史，最初遇到的是西方的哲学心理学。19 世纪中期，中国第一批赴美国留学生（如容闳）就修过心理方面的课程。中国对西方科学心理学或新心理学的了解则是从 20 世纪初清政府兴办新教育制度开始的，当时各种学堂章程中规定设立心理学课程④。一门新学科的进入必然涉及对学科名称以及关键概念的翻译，中国人在翻译 psychology 时尝试过不同的名称，例如"心灵学"、"灵魂学"、"精神学"等。留美归国的颜永京就曾将心理和心理学称为"心灵"和"心灵学"，他在翻译海文（J. Haven）的《心灵学》一书的序言中写道："盖人为万物之灵，有情欲、有志意，故西土云，人皆有心灵也，人有心灵，而能知、能思、能因端而启悟，能喜忧，能爱恶，能立志以行事，夫心灵学者，专论心灵为何，

---

① 崔丽娟等：《心理学是什么》，北京：北京大学出版社 2002 年版，第 20 页。
② E. G. 波林著，高觉敷译：《实验心理学史》，北京：商务印书馆 1981 年版，第 365 页。
③ 杜·舒尔茨著，沈德灿等译：《现代心理学史》，北京：人民教育出版社 1981 年版，第 56 页。
④ 高觉敷主编：《中国心理学史》，北京：人民教育出版社 1986 年版，第 342—344 页。

及其诸作用。"他又谈到翻译中选择心理学名称和心理学用语之难:"许多心思,中国从未论及,亦无各项名目,故无称谓以述之,予姑将无可称谓之字,勉为联结,以新创称谓。"① 另外又有"心学"一词,原本指的是以陆九渊、王守仁为代表的宋明理学的一个流派,也就是所谓良知之学。王守仁《〈陆象山先生全集〉叙》:"圣人之学,心学也。"在中国近代翻译史上影响极巨的严复曾用此词翻译"心理学",他在《原强》中写道:"人学又析而为二焉:曰生学、曰心学。生学者,论人类长养孳乳之大法也。心学者,言斯民知行感应之秘机也。"② 这种译法,与前述"心灵学"等不同,乃是利用汉语中的现成词汇注以新的内涵。还有"行为学"的名称,这是在美国行为主义心理学影响下,留美归来的郭任远提出的主张③。

psychology最终没有选择"心学"、"心灵学"、"灵魂学"、"精神学"等名称,而用了"心理学"这三个字,与中国新的学科体系建立时受日本的影响有关。据有关专家考证,"心理学"是一个汉语外来词,是从日文心理学shinrigaku借用而来,日文中该词是对英文psychology的意译④。"'心理学'一词,在日本最早见于1878年西周的译作《心理学》(爱般氏,即海文著《心灵哲学》)。"⑤ 在中国"心理学"一词的正式使用则大约

---

① 颜永京:"序",海文著,颜永京译:《心灵学》,转引自高觉敷主编:《中国心理学史》,北京:人民教育出版社1986年版,第348页。

② 严复:《原强》,刘梦溪主编:《严复集》(编校者欧阳哲生),石家庄:河北教育出版社1996年版,第542页。

③ 潘菽、荆其诚:《心理学》,《中国大百科全书·心理学卷》,北京:中国大百科全书出版社1991年版,第2页。

④ 刘正埮、高名凯、麦永乾、史有为编:《汉语外来词词典》,上海:上海辞书出版社1984年版,第373页。

⑤ 车文博:《日本心理学史》,《中国大百科全书·心理学卷》,北京:中国大百科全书出版社1991年版,第303页。

在20世纪初年①②。研究中国心理学史的学者指出："由于清末教育制度的改革，主要仿照日本，所用教科书也有许多是翻译日本的教科书，所以这个时期大都翻译日本的心理学，自编的心理学也主要参考日本心理学的内容，译、著者也多是留日学生。当时大学堂或师范学堂还聘来不少日籍教员。"③ 据统计在1900—1918年间出版的30本心理学著作（清末20本、民初10本）中，翻译日本心理学（日本根据西方心理学编辑）的9本，根据日本心理学编译或编辑的8本，根据日本教员口授笔记整理成教科书的3本，取材于英、美、德、日心理学编辑的5本，原著为美国心理学由日文重译的2本，原著为丹麦心理学由英文重译的1本，翻译法国心理学的1本，编著（根据经验编著的儿童心理学）1本④。当年日本心理学对中国的影响，从这份出版物清单上一见便知。正因如此，有学者在讨论东西方心理学发展史的时候曾设专节叙述"日本在东西方心理学融合和统一中的桥梁作用"⑤。

这里要补充讨论的是，心理学的研究对象在中文中最终称为"心理"，恐怕与这门学科的名称较早地被确立为"心理学"有关。如前所述，心理学的研究对象在中文中曾被称做"心灵"、"灵魂"、"精神"等。马文驹提供的资料表明，清末民初之时对此的叫法还有"心"、"心意"、"心象"（这是对 mental

---

① 高觉敷主编：《中国心理学史》，北京：人民教育出版社1986年版，第342—251页。
② 燕国材：《中国心理学史》，杭州：浙江教育出版社1998年版，第627—632页。
③ 高觉敷主编：《中国心理学史》，北京：人民教育出版社1986年版，第344页。
④ 同上书，第346页。
⑤ 陈录生：《东西方心理科学发展史稿》，开封：河南大学出版社1998年版，第174—178页。

phenomenon 的翻译）等①。但较早地选择了"心理学"这个译名，对"心理"这个称呼"一统天下"肯定十分有利。在构词法上，心理学与数学、文学、物理学、地理学、生物学、历史学、社会学、政治学、人类学等相似，即由"研究内容"加上"学"字组合而成。最通俗的解释就是，"心理学"是研究"心理"的"学问"。

二 "心理学"还是"脑理学"

虽然在中国将 psychology 翻译为"心理学"已有百余年历史，按照语言学中"约定俗成"的做法，这个译名应当有牢不可破的"合法性"地位，但还是不断有人对"心理学"这个名称提出质疑。有位研究者曾对中国大陆的一些著名心理学家做过采访，询问为什么把西方的 psychology 翻译为"心理学"。他所得到的最多的回答是"翻译错了"：这些学者告诉他，因为我们的前辈不知道"脑"的作用而误用"心"来代替脑的功能，所以就出现了翻译 psychology 时的误解与误用②。

推测这些心理学家认为"翻译错了"的原因，大概与中国心理学中对心理活动产生根源的认识有关。在中国学过心理学的人大多都会记得"心理是脑的机能"的说法。曹日昌主编的曾长期拥有权威地位的《普通心理学》一书对前述误解与误用问题有一段描写："在古代长时期内，人们以为人的心理活动的器官是心脏，因为人平时可以感到自己心脏的跳动，人在不同的精神状态下（如激动和平静）可以感到心脏活动的差异。但

---

① 马文驹：《清末民初心理学译著出版中的若干问题》，《江西师范大学学报》（哲学社会科学版）1984 年第 1 期，第 39—46 页。
② 申荷永：《中国文化心理学心要》，北京：人民出版社 2001 年版，第 18 页。

是由于事实和经验的积累，人们逐渐认识到心理活动不是跟心而是跟脑联系着了。"① 该书在回顾关于脑和神经系统知识的增长时引用弗·恩格斯、弗·伊·列宁等人的话作为总结："马克思列宁主义经典作家们总结了人类经验和科学研究的成果，指出：'我们的意识和思维，不论表面上如何像是超感性的东西，但它们是物质的、肉体的器官即头脑的产物。''心理的东西意识等是物质（即物理的东西）的最高产物，是叫做人脑的这样一块特别复杂的物质的机能。''思维是发展到高度完善的物质的产物，即人脑的产物，而人脑是思维的器官。'"② 如此看来，"心理学"倒似乎是叫做"脑理学"更恰当了。钱穆便如此看待西方传来的心理学，"故西方人之心理学，依中国观念言，实只能称为物理学、生理学，或竟可称之为脑理学"③。

产生心理活动的物质基础确实是脑，但这并不等于说一定要把"心理学"改称"脑理学"。在汉语语境中讨论起来，"脑理学"到可能更像一门研究大脑生理解剖的学问。这里的问题是，批评"心理学"翻译错了的人实际上将中文的"心"与英文的 heart 都做了狭隘的理解，把它们完全与人体器官中的心脏对等起来。本文前面对汉语中"心"字的考察已经表明，"心"是一个含义十分丰富的字，远非"心脏"这一解释所能涵盖。在中国人的日常语言实践中，人们已十分习惯对"心"字做心理学意义上的理解。

英文的 heart 也是一个多义词。Heart 指人的心脏，但也用来指涉及人类心理层面的心情、心境、心意、内心、感情、精神等。例如，说一个人是"好心人"，可以用 a man with a kind

---

① 曹日昌主编：《普通心理学》，北京：人民教育出版社1980年版，第6页。
② 同上。
③ 钱穆：《现代中国学术论衡》，长沙：岳麓书社1986年版，第86页。

heart,"心情轻松愉快"可以说 with a light heart,"心情沉重"可以说 with a heavy heart,"让人伤心"是 break a person's heart,"关心某事"是 have sth. at heart,"改变主意"是 a change of heart,"全心全意地爱某个人"时可以向对方表白："I love you with all my heart."不过，在英文中另外有一个词 mind，其涵义正与今天汉语中的"心理"相应，而与具体的人体器官没有什么关系，这是一种语言文化差异的表现。心理学所关注的内容，主要便是这个 mind。当在汉语中大致说心理学是研究心理的一门学问时，在英文中就可将 psychology 简单地界定为 the study of the mind。

　　心理学的发展曾经大大得益于生理学（或曰生物学），美国著名心理学家墨菲（G. Murphy）在谈及科学心理学的诞生时指出："到十九世纪，这种文学和哲学的心理学经历了深刻的变化，这主要是由生物学的进步引起的，它在概念和方法两个方面都有很多地方受惠于生物学。"[①] 心理学今后的发展同样需要生理学作为自己的强援，但心理学毕竟不是生理学，生理学的研究也不能取代心理学。在心理学界，"一个视心理学为社会科学的人不认为有必要使心理学建立在生理学的基础上并因而在他的解释中不是生理还原论者……许多非社会的心理学家也不认为有必要使心理学建立在生理学的基础上"[②]。从这层意义上说，心理学就是"心理学"，而不应该是"脑理学"。

[①] 加德纳·墨菲、约瑟夫·柯瓦奇著，林方、王景和译，《近代心理学历史导引》，北京：商务印书馆1980年版，第1页。

[②] J. P. 查普林、T. S. 克拉威克著，林方译，《心理学的体系和理论》上册，北京：商务印书馆1983年版，第29页。

三 名与实的分野

不过，名与实的对应是个很复杂的问题。从历史情境来看，即使词语的形式没有发生变化，词语的意义也可能随着时代而变化。就心理学而言，近百年来的历史时段尤其值得注意，心理学的重大变化几乎都生发于其间，这是心理学作为一门新进学科的重要特点。从表面形式上看，心理学并没有改名换姓城头易帜，但从实质内容上说，心理学已经突飞猛进，非复昔日"吴下阿蒙"了。

心理学的这种发展状况是造成局外人时感迷惑的一个原因。我国台湾心理学家张春兴曾谈到："'心理学'这个名称常被人误解；被人误解的原因，主要是因为在历史演变中，多次都是旧瓶装入新酒的方式，只换内容，不改名称，因而不能使人望文生义，不能确知'心理'二字的涵义。"[1] 张氏说的主要是西方心理学（这是目前心理学的主流）的变化，确实，当人们对西方心理学的发展史略加回顾，便不难感受到这种变化的脉动。此外，从空间上看，不同国家和地区的心理学在对心理学内涵的把握上也有很大不同[2]。虽然大家都在研究心理学，但对于 psychology 究竟应该研究些什么内容，实在是人言人殊、各执一词。

西方心理学中名实不符的情形在中国并没有引起多大的困惑。如前所述，中国人最终选择了"心理"而非"灵魂"、"精神"、"行为"等来指称这门学科的研究对象。在中国人的认识

---

[1] 张春兴：《现代心理学——现代人研究自身问题的科学》，上海：上海人民出版社1994年版，第3页。

[2] 管连荣：《四十国心理学概况》，济南：山东教育出版社1985年版。

中,"心"或"心理"的涵义是丰富的,但同时又是大家公认的。这些涵义包括:心是主体意识;心是天地万物的本原或本体;心是心理活动或心理状态;心是道德伦理观念[①]。由此可见,"心"或"心理"在汉语中是包容性很强的词汇。"心的涵义多样、广泛,对它的解释仁者见仁,智者见智,但不是浑沌模糊,概念不清,而是赋予心以多种含义,这些含义本身是清晰的。虽然各家各派对心的解释有歧义,但是对上述四种解释基本上是认同的。"[②] 正是"汉字意义的丰富性及清晰性,保证了中国人在对"心理"和"心理学"认识上的稳定性。

在西方,人们对心理学认识的变化轨迹要曲折得多。西文的"心理学"来源于希腊文,Psychology 是由 psyche 和 logos 两部分组成的。其中 psyche 的含义是"灵魂"或"呼吸",logos 的含义是"对某事的研究或调查"[③]。合起来就是对"灵魂的研究",难怪中国人在最初的翻译中曾将 psychology 译作"灵魂学"。后来心理学的对象由灵魂改为心灵(mind),成了研究心灵的学问,或称心灵哲学(philosophy of mind)。到19世纪初,德国的赫尔巴特(J. F. Herbart)才首次提出心理学是一门科学[④]。科学心理学诞生后,受到关注的是意识(consciousness)问题,其后又有无意识(unconscious)概念的提出。当行为主义大行其道之时,心理学的研究对象变成"行为"(behavior)。再往后,心理学纠正独重"行为"的偏向,又找回了"心理",

---

[①] 张立文主编:《心》,北京:中国人民大学出版社1993年版,第4—5页。

[②] 同上书,第5—6页。

[③] J. S. Nairne, *Psychology*: *the Adaptive Mind*. Pacific Grove: Brooks/Cole Publishing Company, 1997, 7.

[④] 潘菽、荆其诚:《心理学》,见《中国大百科全书·心理学卷》,北京:中国大百科全书出版社1991年版,第1页。

心理学被界定为是对行为与心理的科学研究①。在此界定中，"心理"（mind）主要指主观经验的内容和过程，如感觉、思维、情绪等，行为（behavior）则主要指可以直接测量的外在行动，如运动、交谈、体态等②。用张春兴的话说，现代心理学已经是"内外兼顾"了。

由心理学的对象可进而讨论心理学的学科性质，如果说前者是"内外兼顾"，后者就是"文理并重"。有意思的是，这里的"内外兼顾"和"文理并重"均可以在中文语境对"心"的理解中找到根据。研究中国人心范畴的学者发现，心范畴具有主体与客体相统一的结构、主体与本体相统一的结构、心理与气相统一结构等特质③。新儒家的代表梁漱溟正是在继承传统的意义上指出"心理学在一切学术中间原自有其特殊位置也。心理学天然该当是介居哲学与科学之间，自然科学与社会科学之间，纯理科学与应用科学之间，而为一核心或联络中枢者。它是最重要无比的一种学问，凡百学术统在其后"④。中国的心理学者也多是如此认识心理学的。潘菽较早地指出心理学是一门介乎社会科学和自然科学之间的中间学科、跨界学科⑤。此后，大多数心理学工作者都接受了这种看法⑥。有人还结合人学概念进一步作出阐述，认为人学可分人的自然科学、人的社会科学

---

① 张春兴：《现代心理学——现代人研究自身问题的科学》，上海：上海人民出版社1994年版，第3—4页。

② J. S. Nairne. *Psychology: the Adaptive Mind*. Pacific Grove: Brooks/Cole Publishing Company, 1997, 7.

③ 张立文主编：《心》，北京：中国人民大学出版社1993年版，第18—23页。

④ 梁漱溟：《人心与人生》，上海：学林出版社1984年版，第4页。

⑤ 潘菽：《关于心理学的学科性质问题》，见《潘菽心理学文选》，南京：江苏教育出版社，1987年版，第176—178页。

⑥ 高觉敷主编：《中国心理学史》，北京：人民教育出版社1986年版，第397页。

和人的精神科学，指出"尽管心理学基本上属于人的精神科学，但不宜简单地把心理学归入自然科学或社会科学，确切地说，心理学是一门介乎自然科学与社会科学之间的中间学科、边缘学科、交叉学科"①。这类说法可以得到心理学史研究的支持。美国著名心理学史家波林（E. G. Boring）在其大著《实验心理学史》中，回顾近代心理学建立时专门用两大部分（占全书1/3 的篇幅）讨论"近代心理学在科学内的起源"和"近代心理学在哲学内的起源"，用以说明心理学本身就具有自然科学和社会科学两方面的遗传基因②。在另一部有影响的心理学史著作《现代心理学史》中，著者对心理学历史的讲述也是从"哲学对心理学的直接影响"、"生理学对心理学的直接影响"这两大标题开始的③。

四　社会文化脉络下的中国心理学

所谓社会文化脉络，说的便是心理学所处的语境。理解"心理学"的复杂性，还表现在它与社会文化的关系上。现代学科体系就是社会文化的产物，是在近几百年中被逐步建构起来的，因此每一门学科都摆脱不掉社会文化的影响。心理学由于其研究对象的特殊性以及学科性质的边缘性，使得它与社会文化间的关系尤为盘根错节、千态万状。而在中国，意识形态、历史情境、时代精神、权力结构乃至语言文字诸种因素的加入，

---

① 车文博：《二十世纪西方心理学发展的轨迹及其未来的走向》，《社会科学战线》1995 年第 5 期，第 29—43 页。
② E. G. 波林著，高觉敷译：《实验心理学史》，北京：商务印书馆 1981 年版，第 365 页。
③ 杜·舒尔茨著，沈德灿等译：《现代心理学史》，北京：人民教育出版社 1981 年版，第 56 页。

则让"心理"和"心理学"成了比在其原产地更难说得清、道得明的话题。下面就简略讨论一下中国心理学（主要是中国大陆）在认识上曾经遭遇的困境以及中国人的思维方式在这方面的作用。

首先是意识形态的约制。中国心理学长期受意识形态的影响甚大，主要表现在与唯物主义和唯心主义之间的归属、划界等问题上梳理不清。在很长一段时间内，这是中国心理学著述中要首先加以辩白的问题。例如，曹日昌主编的《普通心理学》第一章第一节的标题就是："对心理现象的理解——唯物主义与唯心主义的斗争。"① 但即便如此，心理学也难逃厄运，其名称中的"心"字让人很容易联想到唯心主义。心理学因为沾了个"心"字，在长期讲究唯物唯心分野的中国，遂成语言禁忌（taboo）的牺牲品。"多年以来，在我国往往把心理学视为唯心主义的东西，因此一直未被重视，某些方面甚至成为禁区。"② 在20世纪下半期的中国，就有多起对心理学的批判运动，甚至由于取消而造成中国心理学的中断，例如，1958年由北京师范大学发起的"批判心理学的资产阶级方向"的运动、1965年姚文元在报纸上对心理学的攻击、"文化大革命"期间对心理学的彻底取消等③。潘菽在纪念中国心理学会成立60周年的文章中总结"基本经验教训"，第一条就涉及意识形态问题："首先，在学习过程中曾有这样一种论调，说'有马克思主义就不需要心理学'，这是一种错误的取代论，它实际上是取消了心理学，

---

① 曹日昌主编：《普通心理学》，北京：人民教育出版社1980年版，第6页。
② 夏镇夷："前言"，见严和骎主编：《医学心理学概论》，上海：上海科学技术出版社1983年版。
③ 高觉敷主编：《中国心理学史》，北京：人民教育出版社1986年版，第388—391页。

取消了心理学对我国社会主义建设应有的贡献。"①

其次是科学主义的影响。心理学是作为一门科学被建立的，近代中国接受心理学也是把它作为理科看待的。这样的做法和看法自然没错，但问题是心理学领域发展出了排他的科学主义（scientism）观念。"科学主义心理学坚持自然科学的定位，主张以实验、实证、定量研究的方法来探究人类的心理和行为。经验化、客观化和数量化是科学主义心理学的基本原则，其哲学基础是实体还原论、机械决定论和逻辑实证主义。"② 于是，非实验、非实证、非定量的研究均被主流心理学所拒斥。科学主义在中国心理学中同样有明显表现，并且与中国国情相结合，又渲染上本土社会文化的色彩。这里恐怕有个原因，即近代以来国人痛感科学传统的缺失，所以有"五四"时期对"赛先生"的大力引进。在此历史背景下，中国心理学唯恐被人批评"不科学"。此外，是不是还有这样的含义，在意识形态的约制下，理科相对"安全"一些。但是，这种做法的弊端也是显而易见的。心理学本是一门综合性、横跨文理的学科，却因此被局限在相对狭窄的领域中。

再次是大众常识的局限。这或许与中国人对"心"的认识有关，汉语中常常将"心"与"物"对应相提并论，中国传统哲学中这也是一对经常被提及的范畴。二者给人的感觉差异极大，"物"是实在的，"心"是玄虚的。人们通常会觉得心理学的问题十分玄虚，熟悉历史的人会将心理学与心学玄谈之类拉上联系。另一方面，中国人在"心"出问题时往往不善于体会，而更倾向于在感觉到"实在"的"物"的层面找原因。病理心

---

① 潘菽:《潘菽心理学文选》，南京：江苏教育出版社1987年版，第377页。
② 陈京军、陈功:《科学主义心理学的危机》，《自然辩证法研究》2002年18（4）：第31—34页。

理学家发现，同样是心理出了问题，"美国人较会诉说精神症状和心理问题，而中国人则较易于诉说身体症状。这种差别显然与社会－文化背景的不同直接有关"①。与此相关，中国人对心病不太容易接受，日常语言中骂人"有病"就是指的心病。大众对"心"与心理学的这些理解，自然也会影响到心理学在中国的发展。

由此可见，意识形态、时代精神、大众常识等构成了历史语义之外影响中国人认识"心理"和"心理学"的重要因素。当然，上述情形在近年已有很大变化。与此相应，在心理学自身的问题方面，大家也有了一些思考，并展开有意义的讨论。潘菽在《近代心理学剖视》一文中曾指出近代心理学先天不足，患有"意识模糊"、"人兽不分"、"心生混淆"三种严重病症②。对于心理学中存在的问题及未来心理学的发展，陈立曾写有《平话心理学向何处去》的文章。陈立重点对当前心理学中的科学主义倾向进行了反思，他认为只认同"实证主义的科学方法"的学院派心理学已暴露出其致命的缺陷，很可能会将心理学引入缺乏意义、没有生机的境地③。

回望世界心理学界，有所谓两种心理学或心理学中两种文化的说法。一些西方心理学家认为，科学主义心理学的盛行和对它的不满，已造成心理学中两种文化的分裂，即"科学"与

---

① 张伯源、陈仲庚编著：《变态心理学》，北京：北京科学技术出版社1986年版，第93页。

② 潘菽：《潘菽心理学文选》，南京：江苏教育出版社1987年版，第231—241页。

③ 陈立：《平话心理科学向何处去》，《心理科学》，1997年第3期，第385—389页。

"人文"两种文化倾向的冲突[1]。这种状况引起许多心理学家的忧虑。值得一提的是,近年在心理学领域内文化心理学(cultural psychology)的兴起,这是一门与普通心理学、跨文化心理学、心理人类学、民族心理学都有联系又有所不同的新的心理学分支[2]。事实上,早在20世纪以前,许多学者就提出,要想全面深入地认识人类的心理现象,恐怕需要两种不同规范的心理学。一是人们熟悉的自然主义的心理学,它把心理现象看成由感觉、观念、联结、反射或感觉运动图式组成的结构来进行分析;一是人们不太熟悉的"第二心理学"(second psychology),它把高层次的心理现象看做由语言、神话以及个体生活于其中的社会实践所形成的实体来展开描述。第二心理学很难指望得出普世性的结论,因为高级心理过程是受文化塑造的,在不同社会中这些心理过程会有不同表现。文化心理学就是"第二心理学"[3]。进一步说,不仅高级的心理过程会受到社会文化因素的影响,就是心理学者所研究的问题、所建立的理论以及所采用的方法,都脱离不了社会文化因素的制约。对此,我国台湾心理学家杨国枢从知识社会学(sociology of knowledge)的立场结合心理学史已作了充分论述[4]。而台湾心理学界近年所倡导的本土心理学(indigenous psychology),以及他们所谈论的广义或狭义本土心理学、民族心理学、文化心理学、民俗心理学、常识

---

[1] 叶浩生:《西方心理学中的两种文化的分裂及其整合》,《心理学报》1999年第3期,第349—356页。

[2] R. A. Shweder. *Cultural psychology—What is it*? In J. W. Stigler, R. A. Shweder, &G. Herdt (eds). *Cultural Psychology*. Cambridge University Press. 1990, 1—43.

[3] S. H. White. Foreword. in M. Cole, *Cultural Psychology: A once and future discipline*. The Belknap Press of Harvard University Press, 2000, 12.

[4] 杨国枢:《心理学研究的中国化:层次与方向》,张人骏编《台湾心理学》,北京:知识出版社1988年版,第55—85页。

心理学等等，都与"第二心理学"密切相关①。"第二心理学"的崛起，是心理学界对科学主义倾向不满意的结果，也为纠正这种偏向贡献了一种有益的思路。

为什么要提到"第二心理学"，因为这种心理学的运思取向与中国人的思维方式颇有契合之处，正可由此解读中文语境下的"心理"与"心理学"问题。文化心理学家近年研究发现，在注意和知觉模式上，中国人更关注环境、更喜欢探究事物间的关系；在解释模式上，中国人会将注意力集中到包括环境在内的更广阔的时空脉络②。一批多年研究中国人心理的学者将自己的著作命名为《世道人心》，他们在"序"里写道："'世道'与'人心'原是中国人惯用的词汇，世道指一般的社会生活或风尚，人心则指人们的心理倾向或心理活动。用更浅白的现代话语来说，世道就是社会，人心就叫心理；世道人心也可以说是现今人们所称的'社会心理学'。"③"世道人心"确实是一个表达中国人对心理认识的好词，我们想补充的是，"世道人心"也是一种思维方式，它强调结合"世道"来认识"人心"，也就是考虑社会文化背景来审视"心理"和"心理学"。钱穆先生讲中国心理学时特意拈出"天地良心"一词，认为"无此天地，无此良心。非此良心，亦将非此天地"④。说的也是要结合"天地"（时空脉络）来把握人心。由此可见，汉语的字词便在生动地提示着人们中国人独特的思维方式，而中国人对"心理"

---

① 杨国枢：《我们为什么要建立中国人的本土心理学》，见杨国枢主编《本土心理学研究》，台北：桂冠图书公司1993年版，第6—88页。

② R. E. Nisbett. *The Geography of Thought: How Asians and Westerners Think Differently…and Why.* New York: The Free Press. 2003, pp. 44—45.

③ 何友晖、彭泗清、赵志裕：《世道人心——对中国人心理的探索》，北京：北京大学出版社2007年版，第1页。

④ 钱穆：《现代中国学术论衡》，长沙：岳麓书社1986年版，第71页。

和"心理学"的理解也是结合"世道"、"时势"等因素在进行的。

如前所述,对"心理"和"心理学"这样名称的选择,与中国的文化传统以及中国人的思维方式是有密切联系的。同样,心理学在中国的命运,又与中国人对它名称的理解不无关联。按照"第二心理学"的观点,不同的社会文化情境可能会导致不同风格的心理学。"心理学"虽然是对西文 psychology 的翻译,但二者之间不可能完全画等号,中国人眼里的"心理学"和西方人眼里的 psychology 不可能没有差别。譬如,钱穆在谈论中国心理学时就认为:"中国人言心,则与西方大异。西方心理学属于自然科学,而中国心理学则属人文科学。"[①] 又如,汉字的特点,使中国人见到"心理学"三个字是可以"望文生义"的,而西方人恐怕就很难从 psychology "望文"生出与中国人相同的意义来。我们应该感念先辈创制了声形多彩的汉字,更应该感念先辈在文字中注入的丰富意义。一个族群的思维会在其语言文字上烙下斑斑印迹,而语言文字确立后又会影响到后来者的思维。

总之,中国人的文化传统和思维方式影响到对"心理"和"心理学"名称的选择,而名与实的互动或曰语言、思维、实践之间的纠缠又使得心理学在中国有着独特的发展轨迹。考察了中文语境下的"心理"和"心理学",可以看出中文以及中文背后所蕴含的思维方式自有其独特精妙之处,很值得我们认真总结和体味。一位关心中国文化心理学的学者谈到:"无论如何,我们都不能因为引进了西方的'psychology',接受了西方的'mind',而丢弃或忽略了自己的'心'。唯有'心'与

---

① 钱穆:《现代中国学术论衡》,长沙:岳麓书社1986年版,第80页。

'脑'的结合才会产生真正的心理学的智慧,也才能够有真正的人性的思维。……(当代心理学)所缺少的正是一颗'心'。而中国文化的心理学中所蕴含的也正是这种'心'的意义。"①汉语的包容力或曰涵括力是很强的,尽管在心理学的发展过程中心理学的研究对象有灵魂、意识、心理、行为等诸多变化,但汉语"心理学"的称呼还是可以较好地含纳这些内容,这或许正是汉语的优势所在。更重要的是,中国人的思维方式倾向于将"人心"放到宏阔的社会文化脉络中考量,这提示着人们中国心理学对当代心理学可能作出的贡献。当然,我们不妄自菲薄,也不是要妄自尊大,每一种文化都会有自己的局限,也可能有自己的优长,相互补充的心理学应该是更好的选择。我们不是说要用中国心理学去取代西方心理学,我们只是认为,当包括中国心理学在内的各种文化传统的心理学都能够有其良好发展空间的时候,心理学恐怕才能称得上是人类的心理学。

---

① 申荷永:《中国文化心理学心要》,北京:人民出版社2001年版,第225页。

人类心理的跨文化研究

一 早期的文化与人格研究

在20世纪20年代以前,人类学家关心的问题是文化的进化或对某个民族早期文化的重构,对文化中的心理问题很少注意。随着研究的深入,人们逐渐发现个人在文化中的作用(文化存在表现于个人的行为中,文化规则又经由个人传递下去),因此,要深入理解人类文化,就不得不触及文化中个人的心理层面。另一方面,科学的心理学自1879年由冯特(W. Wundt)建立后,进展迅速,影响日彰,这自然波及发展中的人类学。

在早期心理学的诸种理论中,人类学家对精神分析最感兴趣。精神分析学者重视人格问题的研究,强调早期经验在人格形成过程中的关键作用。而人类学家则想弄清个人是如何接受文化的,文化又如何经过个人传到下一代,这样,他们就在心理学的人格研究领域找到了自己的兴趣点。于是,文化与人格(culture and personality)研究的思潮便孕育而成。

这方面的大规模研究工作是在美国人类学的舵手博厄斯(F. Boas)门下展开的。博厄斯很早就倡导对文化中个人行为的研究,在他的学生中,萨丕尔(E. Sapir)在进行语言研究时便注意到人类的各种无意识行为，因此呼吁人类学与心理学联姻；后来成为民族心理学派主将的本尼迪克特（R. Benedict）与米德（M. Mead），在做学位论文时，就大量运用了心理学的理论观念与分析方法，而米德本人更是在修完心理学硕士课程后转入人类学的；作为博厄斯继任者的林顿（R. Linton），以哥伦比亚大学为阵地，引进卡迪纳（A. Kardiner）等精神分析学家，正式开始了人类学与心理学的合作。

林顿与卡迪纳等人经过共同研讨，形成了早期文化与人格研究中的一些基本概念。最著名的是他们二人提出的基本人格类型（basic personalitytype），"是指一个社会（或文化）中的每个成员在人格方面所共同具有的元素"[1]。卡迪纳认为，社会中大多数成员具有共同的人格面貌，原因是这些人具有共同的早期经验。林顿认为，基本人格类型使得社会成员在涉及他们共同的价值时，能产生情感上的一致反应。

与基本人格类型相关，卡迪纳提出了制度问题。此处制度指的是"在一定的社会中得到传递、认可，一旦违反或越轨就将给个人和集团造成障碍的思考和行为的模式"[2]。他将制度分为两大类，一是初级制度（primary institutions），包括有关育儿方式的文化侧面，如哺乳和断乳的方式、排泄训练、性的教育、家庭结构和规模等；另一个是次级制度（secondary institutions），包括宗教、民间传说、神话、艺术、禁忌等。而基本人格则是初级制度和次级制度间的中介、联系物，社会的初级制度塑造了其成员的人格特征，即基本人格，而次级制度又是基本人格

---

[1] 《云五社会科学大辞典·人类学》，台北：台湾商务印书馆1971年版，第204页。

[2] 绫部恒雄著，周星等译：《文化人类学的十五种理论》，贵阳：贵州人民出版社1988年版，第81页。

的反映或投射。

制度问题的提出使育儿方式（child rearing）在文化与人格研究中的地位被突出出来，林顿等人经过大量研究形成如下推论："1. 个人的早年经验对其人格有着持续性的影响，特别是对其心理投射系统（projective systems）的发展。2. 相似的早年经验会使受其影响的人产生类似的人格形态。3. 虽然社会中有许多不同的家庭，每个家庭中的儿童教养方式都不至于完全相同，但是社会中的任何一个成员都会受其文化的影响而有类似的儿童教养方式。4. 每个社会受文化影响的儿童教养方式均与其他社会不同"①。

从文化与人格的研究中又发展出国民性或曰民族性的研究（national character studies）。在第二次世界大战中，出于想了解盟国及其敌人的动机和态度以获得战略优势的需要，这类研究在大范围内得到促进。所谓国民性或民族性，"是指在文明国家内通常的人格类型（the average personality type）。据 Robert Redfield 所下的定义是'一个民族（people）的民族性，或它的人格类型，乃是见于该社会中的一般人的类型'"②。这个概念，与基本人格类型颇多相通之处，因而学者们在进行国民性探讨时，仍然采用了文化与人格研究中的基本假设和方法。

二战中国民性研究最负盛名的成果是本尼迪克特所作的对日本国民性的研究报告（即《菊花与军刀》）。在战争结束前，美国便着手制定战后对德、日的政策。因为同属西方文化圈，故美国对德国较了解，但对日本在战争中的许多表现却大惑不

---

① 转引自许烺光著，张燕等译《文化人类学新论》，台北：联经出版公司1979年版，第39页。
② 《云五社会科学大辞典·人类学》，台北：台湾商务印书馆1971年版，第92—93页。

解,至于战后如何管理日本,更是茫然无措。本尼迪克特受委托完成的这份报告指出:日本投降后美国不能直接统治,而应保存并利用日本原有的组织机构。战后美国政府的对日政策正与这份报告相符。

在《菊花与军刀》中,本尼迪克特注意到日本国民性的双重性,即既有温柔善良的一面,也有凶狠残暴的一面。她分别以菊花和军刀作为这两种性格的代表,认为这实际上是一件事的两个方面。她运用了其文化模式(culture pattern)理论来分析深藏于日本人外显行为之中的日本文化诸模式,通过对义务与人情、恩与责任、义务与义理的比较,考察了日本人的价值体系,得出日本文化是不同于欧美罪感文化的耻感文化的结论。对于日本国民性的成因,她从日本人的育儿方式上进行了探讨①。

《菊花与军刀》于1946年整理出版,受到知识界的欢迎。此书1948年译成日文,一纸风行,在日本学界反响强烈。日本民族学会出版的《民族学研究》在1949年曾以一期的全部篇幅刊登讨论此书的文章。日本学者对此书大为欣赏,他们指出:"关于本书首先要谈的是著者令人惊叹的学识能力。尽管著者一次也没有到过日本,但她搜集了如此众多和非常重要的事实。虽然这些事实是些一目了然的日常的事情,可著者正是依据这些事实栩栩如生地描绘出日本人的精神生活和文化的全貌。"②

但在欣赏的同时,日本学者也指出了《菊花与军刀》一书的缺陷,例如,没有考虑存在于日本人集团内部由于阶层、职业、年龄等因素产生的差别;主要以明治时代移居美国的日本

---

① 本尼迪克特著,孙志民等译:《菊花与军刀》,杭州:浙江人民出版社1987年版。

② 川岛武宣:《评价与批判》,见本尼迪克特《菊花与军刀》(中译本)附录。

人为对象进行研究,未注意从明治时代到现在的变迁;太简单地依赖于模式化的精神分析性解释,在历史的思考和政治学经济学的分析方面,有很多缺欠之处;把作为理想类型的"应该是这样"的事情,和现实生活中实际存在的事情混同在一起①。

这种批评,不仅对本尼迪克特的日本国民性研究是适用的,它也指出了同类研究的通病。在50年代对早期文化与人格研究及国民性研究的反思中,一些学者提出诘问:育儿方式或濡化方式对人格影响到底有多大程度?某一个或几个民族的研究结论能否概化为普遍的行为理论?一种文化是否只有单一的人格结构?尤其是一个现代国家,文化十分复杂,内部差异极大,且在不断变迁,能否只用一二个标签标明其国民性?

针对以上问题,人类学家在50年代以后的研究中对概括国民性的热情逐渐降低,开始重视微观的研究。而为了研究方法的科学性,跨文化比较(cross-cultural comparison)的技术得到广泛运用。例如,1953年出版的《儿童教养与人格》一书,便是怀廷(J. Whiting)和柴尔德(L. Child)运用默多克(G. P. Murdock)在耶鲁大学建立的"人类关系区域档案"(Human Relations Area Files)中的几十个不同地区的民族志材料所做的跨文化比较研究。这个研究具有四个显著的特征:"1. 它关心文化如何透过文化而整合的过程。2. 它倾向于验证所有社会的人类行为之一般假设,而不是对某个社会之深度了解。3. 它使用了统计学的相关法(correlational method)来验证假设。4. 它以心理分析理论为假设的主要来源,而以一般行为理论的

---

① 祖父江孝男著,季红真译:《简明文化人类学》,作家出版社1987年版,第120页。

概念去构作假设。"① 怀廷等人又以此研究为契机，领导了规模宏大的"六文化计划"（Six Culture Project），这项计划自50年代发动，对其资料的分析延续了二三十年，对心理人类学研究产生了深远影响。同时，心理学的发展也促使人类学家开展反省。如动机与行为的研究，证明二者间并不是单一对应的关系，而是有许多个别的差异。因此，相似的行为背后可能有不同的人格结构。受此启发，人类学家开始注意同一社会中的不同人格类型，即由阶层、团体、年龄、性别等因素导致的人格差异。

二 中国"国民性"的探讨

早期的国民性研究固然存在着许多缺陷，但不同民族间性格的差异却是客观存在的事实。这种差异甚至可以追溯到极为久远的年代，正如卡尔·马克思所说，在"历史上的人类童年时代"，各民族的独特性就表现出来，因此"有粗野的儿童，有早熟的儿童"，还有"正常的儿童"②。譬如，中华文化所特有的重视天人和谐的民族精神，就可以在人类最早的口头创作——神话中发现其踪影③。

一个国家或民族因外力压迫而感到危机时，最容易对自己的国民性、民族性开展反省，中国近代以来屡遭外国列强入侵正提供了对国民性反思的条件。20世纪初，一批有识之士将中国与世界强国比较，发现差距，求其原因，认为不外乎国民性的不同。当时，很多人认为中国人是一盘散沙（鲁迅即称中华

---

① 许木柱：《心理人类学研究晚近的发展趋势》，台湾《思与言》第13卷5期，1976年。
② 《马克思恩格斯选集》第2卷，第114页。
③ 拙文《天人和谐——中国古神话透露的信息》，《东方》1994年第2期。

为"沙聚之邦"），非改造国民性不足以振兴。辛亥革命时期，孙中山提出"心理建设"，也是意图从治疗国人性格上的病态入手而立国强邦。在这一时期关于中国国民性的议论中，以鲁迅先生的见解最为深刻，影响也最大。早在日本留学时，鲁迅就开始思考三个互相关联的问题："一、怎样才是最理想的人性？二、中国国民性中最缺乏的是什么？三、它的病根何在？"[①] 鲁迅当时认为，"欧美之强"，"根柢在人"，"人立而后凡事举"，"人既发扬踔厉矣，则邦国亦以兴起"[②]。因此，鲁迅一生便以立人、改造国民性为己任。鲁迅的议论，主要偏重在民族劣根性上，其"意在复兴，在改善"。他的《狂人日记》、《阿Q正传》等作品就是在批判中国人落后的国民性。鲁迅在其一系列著述中，无情地剖析了国人自私、狭隘、守旧、愚昧、迷信、散漫、浮夸、自欺、奴性、崇洋诸种心态，对中国国民性做了较全面的清理。

更为系统的对中国国民性的探讨是由人类学家、心理学家和社会学家作出的，从事这项工作的有费孝通、许烺光等。费孝通在1943年至1944年赴美国访问期间，不断为国内一家周刊撰写访美随感，此即后来成书的《初访美国》。在这些随感中，费孝通自觉不自觉地站在中国文化立场上去观察美国文化和美国的国民性，他认为，"中国和西方文化上的基本差别在于，西方不断追求，中国满足现状"[③]。他访问了米德，他们的话题涉及文化与人格的问题。而费孝通在编译米德《美国人的性格》一书时，更明确表示了要研究中国人的性格的愿望："我们必须

---

① 许寿裳：《亡友鲁迅印象记·办杂志、译小说》。
② 鲁迅：《坟·文化偏至论》。
③ 戴维·阿古什著，董天民译：《费孝通传》，北京：时事出版社1985年版，第92页。

用科学方法把我们中国人的生活方式,在这生活方式中所养成的观念,一一从我们的历史和处境中加以说明。……这一本《美国人的性格》不过是这项工作所做的微小的准备。"①

果然,一年后费孝通完成了《乡土中国》一书,该书认为,"从基层上看去,中国社会是乡土性的",而要了解这社会,应首先把注意力放到乡下人身上,因为"他们才是中国社会的基层"②。这本书是为了回应米德的《美国人的性格》而作的,费孝通指出:"这两本书可以合着看,因为我在这书里是以中国的事实来说明乡土社会的特性,和 Mead 女士根据美国的事实说明移民社会的特性在方法上是相通的。"③

许烺光是另一位致力于中国国民性研究的学者,他对中国、美国、印度、日本等国国民性的研究使他获得了世界性声誉。"纵观当代人类学界,国民性研究的最积极的倡导者应该首推许烺光。尽管同行们对这一领域已缺乏兴趣,但他依然在进行着执著的研究。"④ 40 年代初,他从英国获博士学位回国后,在云南时就曾写出《祖荫下:中国的文化与人格》等研究中国国民性的著作。

许烺光赴美后,又于50年代初推出《美国人与中国人:两种生活方式比较》的力作。他在分析了中美两国艺术、两性、婚姻、儿童养育、英雄崇拜、宗教、政治和经济等领域的生活方式后,总结道:"中国人和美国人的生活方式大约可以被简化

---

① 费孝通:《美国与美国人》,北京:生活·读书·新知三联书店1985年版,第215页。
② 费孝通:《乡土中国》,北京:生活·读书·新知三联书店1985年版,第1页。
③ 同上书,第97页。
④ V. 巴尔诺著,周晓虹等译:《人格:文化的积淀》,沈阳:辽宁人民出版社1988年版,第283页。

为两个相对的系列：首先是，美国方式强调个人，即一种我们称之为个人中心的特征，这与中国强调个人在其同伴中的恰当地位及行为的情境中心适成对照。第二种基本对比是美国生活方式中的情绪重心与中国深思熟虑的趋向适成对照。"[1] 在坚持国民性研究的同时，许烺光也注意了对研究方法的不断完善。例如，他吸取了霍贝尔（A. Hoebel）在法律制度比较研究中的"基本假设法"，又在亲属研究中提出"二人关系"（dyad）的概念，并以此入手推论中国及其他大而复杂国家的国民性[2]。他还建立了心理社会稳态（Psychosocial Homeostasis）的理论来分析中国人的性格[3]。他深信国民性研究终将在人类学领域复兴。

中国国民性研究的最新趋向是科际综合，即联合心理学、人类学、社会学等学科的力量协同攻关。这方面有代表性的成果是台湾心理学家杨国枢和人类学家李亦园合编的《中国人的性格》。这是一次历时一年的科际综合性讨论，参加者有心理学家、人类学家、社会学家、史学家、哲学家、精神医学家等，其研究有问卷式调查，有对行为的观察，有文化经典的研讨，有对民间故事的分析，试图从多角度多层面揭示中国人的性格[4]。

---

[1] 许烺光著，彭凯平等译：《美国人与中国人：两种生活方式比较》，北京：华夏出版社1989年版，第12—13页。

[2] 转引自许烺光著，任鹰等译《文化人类学新论》，台北：联经出版公司1979年版，第8、9章。

[3] 马塞勒等著，任鹰等译：《文化与自我——东西方人的透视》，杭州：浙江人民出版社1988年版，第39—41页。

[4] 李亦园、杨国枢编：《中国人的性格》，台湾"中央"研究院民族学研究所专刊乙种第4号，1974年。

三 文化与变态行为

虽然有许烺光这样坚持开展国民性研究的学者，大多数人还是觉得去归纳一个民族的性格是件吃力不讨好的事情，于是，人们的注意力转移到一些较具体的行为上，其中对变态行为（abnormal behavior）的跨文化研究就是引起学者兴趣的一个课题。研究变态行为的核心问题是如何对它予以界定，对人类学家来说，关心的是变态行为在不同文化中有没有统一的标准。

美国的博厄斯学派是主张文化相对观的，本尼迪克特认为："无论哪一方面的行为，它们在不同文化中的标准都千差万别，乃至竟如正反两极。"[1]

如此说来，变态行为的标准在不同文化中也是不同的。这种情况确实存在。例如，妇女袒胸露背，在一些西方国家被认为是正常行为，但在伊斯兰国家就会被认为是过分暴露，是一种异常行为（裸露癖）。又如在中国古代传说中，常有某女子男装到学堂念书或赴京赶考一举成名的描写，这被视做求知或上进的合理行为而加以赞颂，但在有的国家中，这种举动却有可能被看成是异性装扮癖。

不同的社会文化环境会造成一些独特的变态行为。例如，中国东南沿海地区过去有一种谓之"缩阳症"（koro）的心理异常，一些当地人相信，男人的精子是身体的精华，房事过多，就会严重损害身体，当他们受到严重的心理挫折和打击时，就

---

[1] 本尼迪克特著，张燕等译：《文化模式》，杭州：浙江人民出版社1987年版，第44页。

会害怕阳具缩小,甚至会缩入体内因而丧命①。

类似缩阳症的独特变态行为,人们还发现过一些,较著名的如极地歇斯底里(Arctic hysteria)、拉塔尔病(Latch)、萨卡病(Saka)、比普罗库特病(Piblokto)、亚霍克病(Amok)、温德科病(Windigo)②。学者们经过研究发现,这些独特的变态行为在很大程度上是受特定文化影响的。

中国医学工作者所做的跨文化精神病学(cross—cultural psychiatry)研究也发现文化背景对变态行为的影响。他们调查了云南德宏州5个县112个自然村的2.7万余人,发现傣族的精神病比较少,景颇族的精神病相对较多,而阿昌族中精神发育不全者较多,这与各族所处的自然社会环境及文化传统有关③。此外,不同的文化背景也造成了精神病患者症状的差异。如我国桂北红瑶地区精神病患者的症状之一就是整日嘟囔着鬼师念的经文,鬼神观念的深入人心,使变态行为也带上了宗教的色彩④。

国外的有关研究也证实不同的文化对变态行为的表现形式有极大的影响。譬如,就幻觉(hallucination)的内容而言,一般都是患者在自己的社会文化环境中经历过的,变态行为"可以从病人过去的全部生活经历中找出它的深刻根源"⑤。有人调查发现,在巴西的巴伊亚地区,受过教育的中产阶级精神病患

---

① 张伯源、陈仲庚编著:《变态心理学》,北京:北京科学技术出版社1986年版,第93页。

② 祖父江孝男主编,季红真译:《简明文化人类学》,北京:作家出版社1987年版,第143—147页。

③ 万文鹏:《试论跨文化精神病学》,《医学心理学文集》第1辑,1979年。

④ 拙文《广西融水红瑶婚姻、家庭及习俗心态调查·心理特点》,《广西民族研究参考资料》第7辑,广西壮族自治区民族研究所,1987年编印。

⑤ 张伯源、陈仲庚编著:《变态心理学》,北京:北京科学技术出版社1986年版,第91页。

者会有受电流影响的幻觉，而社会地位较低下的患者却无此幻觉，因为他们没有接受过关于电的知识。在非洲一些地区的调查也得到同样的结果①。

这样一来，文化的差异便对变态行为的分布产生了影响。一般认为，文明程度越高，社会越复杂，人们的紧张情绪也随之增加。例如，都市化的过程使人口过分集中，导致拥挤、噪声、贫富两极分化、歧视和犯罪等，这都可造成人们的紧张状态。一些学者在纽约的调查发现，大都市的中心区人们的紧张情绪更为常见，心理异常的比例也较大②。阶层的差异也影响心理异常的分布，在美国和中国台湾等地的研究证实：下层社会中，精神分裂症的发病率较高；而在上层社会中，躁狂抑郁症的发病率较高③。

文化因素也使得不同地区不同民族对待心理异常的态度存在差异。在东方国家，人们倾向于把心理疾患说成是生理疾患；而在西方国家，人们有了不舒适的感受会很快联想到是不是心理上的毛病。在美国，一个人有个心理医生是十分自然和必要的事，而在我国，人们常把有心理疾患看作是一件羞耻的事，多数人在找心理医生时遮遮掩掩。另一方面，"就像文化引起特有的紧张一样，文化也能提供消除紧张的机制"④。一些发达国家有受过系统训练的专职医师来治疗心理变态，而在没有专职精神科医生的国家和地区，社会文化系统往往也发展出独特的治疗手段。有研究者在与非洲巫医一道工作后，从命名过程、

---

① V. 巴尔诺著，周晓虹等译：《人格：文化的积淀》，沈阳：辽宁人民出版社1988年版，第538页。
② 同上书，第90页。
③ 同上书，第563页。
④ 同上书，第573页。

医生的个性、病人的期望、治疗技术等方面经比较后得出结论，认为巫师同精神病学家治病使用的是同样的机制和技术，而且都获得同样的效果①。

不过，变态行为受文化制约只是问题的一面，因为文化毕竟只是判定变态的指标之一。"与那些认为变态性存在着跨文化变异的人相对应，最近的一些研究人员相信他们有证据表明，在精神病问题上存在着相当程度的跨文化一致性。"② 变态心理学家也指出："比较严重的精神异常，如系统的幻觉、妄想、严重的精神和行为的障碍等，无论在什么样的社会文化背景下都可能被确诊为病态。"③ 对于文化到底在多大程度上决定变态行为的问题，还需要做进一步的研讨，就目前掌握的资料看，"精神病症状既有跨文化的共同模式，也有地方性的文化差异。"④

从跨文化的角度对人类心理的观察、剖析，无论是称做跨文化心理学、民族心理学或心理人类学，都是一方极具价值的研究园地。我国学术界有过对民族性、国民性研究的传统，民族学、心理学亦曾长期开展对民族心理素质的探讨，我们目前所应该做的，就是要加强各学科间的联合，尽力吸收域外最新研究成果，更为深入细致地检视中国人心理的各个层面，同时在广泛比较的基础上，形成有自己特色的理论体系。

---

① C. 恩伯、M. 恩伯，杜杉杉译：《文化的变异》，沈阳：辽宁人民出版社1988年版，第486页。

② 同上书，第460页。

③ 同上书，第95页。

④ V. 巴尔诺著，周晓虹等译：《人格：文化的积淀》，沈阳：辽宁人民出版社1988年版，第561页。

文化心理学的兴起及其研究领域

一 当文化相遇时

人类是自然的产物,是动物界中的一分子。但是,人类却是一种特殊的动物,这集中表现在人类的社会文化性上。在人类的各种行为中,我们都不难找出其自然生物性的渊源,同时也能看到其社会文化性的痕迹。

就拿最普通的吃喝来说吧,从生物的立场看这是进食,是补充能量的必要手段,当然是自然的过程。但在人类身上,吃喝的行为却与其他动物有着极大的不同。先来看看吃,人类学家基辛(R. M. Keesing)在其《文化人类学》的开篇就讲述了一个关于吃的故事:"一个保加利亚主妇设宴招待她美国丈夫的一些朋友,其中有一个亚洲学生。当客人们吃完他们盘里的菜以后,她问有没有谁还想要第二盘,因为对一个保加利亚女主人来说,如果没有让客人吃饱的话,那是很丢脸的事。那位亚洲学生接受了第二盘,然后又接受了第三盘——使得女主人忧心忡忡地又去厨房里准备了下一盘。结果,那位亚洲学生在吃第四盘的时候,竟撑得摔倒在地板上了;因为在他的国家里,宁愿撑死也不能以拒绝女主人招待的食物来侮辱女主人。"① 在这样一个例子中，能明确感受到，正是吃的文化性。同样，人们不难找到喝的文化性的例子，譬如中国的茶，饮茶与其说是在满足人们生理上解渴的需要，不如说是在满足人们文化上品味的需要。研究茶文化的专家告诉我们，茶是"健康之饮"，更是"灵魂之饮"，"作为中国人精神世界的一个投影的中国茶文化，既是物质的，又是精神的，是以物质为载体的精神现象，是在物质生活中渗透着的明显的精神内容"②。与茶联系在一起的茶艺、茶道、茶礼等等，凡亲身领教过的人都知道，那里所饮的完全就是文化。

我们可以将基辛的故事形象地表述为"当文化相遇时"，不同的文化碰到一起，便会产生许多有趣的"故事"。我们不妨从熟悉的事物说起。譬如"华夏"这个名称，就是文化相遇的时候某些群体的自称，相对于"华夏"，其周围的文化则是"四夷"——蛮夷戎狄。华夏是先进、开化的人群，四夷是后进、蒙昧的人群，回忆一下《山海经》对周边人群的妖魔化的想象，就不难明白这一点。这种抬高"我群"（we-group）、贬抑"他群"（they-group）的做法是普遍性的。古时的希腊人，自称 Greek，将周围的其他人称为"蛮族"，而 Greek 的含义正是"高贵的人"。又如生活在北极的爱斯基摩人，因为 Eskimos 是他称，原意为"吃生肉的人"，强烈要求改用自称"因纽特"，但是 Innute 的含义是什么呢？在他们的语言里，这是指"唯一的人"。

---

① 基辛著，甘华鸣、陈芳、甘黎明译：《文化·社会·个人》，沈阳：辽宁人民出版社1988年版。
② 余悦：《茶路历程》（中国茶文化丛书），北京：光明日报出版社1999年版。

与抬高"我群"贬抑"他群"的倾向相关，是人们常常站在自己文化的立场思考问题。当文化相遇时，人们会自觉不自觉地由这一立场去理解他人。在一些实例中，可以看到东方人和西方人在交往中对对方行为的误解。例如，美国人（西方）和日本人（东方）在交谈后产生不满，美国人认为日本人很狡猾，因为日本人在交谈的时候眼光游移，或朝地面，或朝左右，就是不与你对视。如果说"眼睛是心灵的窗户"，日本人不让你看到他的眼睛，岂不是心里有鬼么？可同样是在这种交谈后，日本人对美国人也产生不满，认为美国人太粗鲁，因为美国人在交谈的时候眼睛直勾勾地盯着你看，这不是完全不懂礼貌么？其实，这类文化上的误解不仅发生在大的文化区之间，就是同一大类文化内部也会存在。第二次世界大战期间，美国军队驻扎英伦三岛，与当地居民发生了一些摩擦，美国著名心理人类学家米德（M. Mead）受命前去调查。米德最后发现，造成摩擦的原因是文化因素。美国大兵在与英国姑娘的交往中抱怨她们太保守，而后者则觉得美国大兵很放肆，大家都在个人层面上找问题而没有关注文化层面。米德指出，即便是说同一种语言，即便是同一种文化来源，大家在分离一两百年之后，也会发展出不同的文化风格来。

那么，文化的背后又是什么呢？在上述例子中，关于吃的故事的当事人担心的是丢脸、没面子，在茶文化里提到的是"灵魂"和"精神"，其他例子中涉及的还有民族自我中心主义（ethnocentrism）、刻板印象（stereotype）、文化偏见（prejudice）、民族性（national character）等等，这些都属于人类心理活动的范畴。所以，文化的背后是心理。我们在分析历史上人们对"文化"的界定时也发现，大多数文化定义在谈及文化结构或文化分层问题的时候，都承认文化的底层或曰文化的核心是心理。① 例如，在美国人类学家克罗伯（A. L. Kreober）和克拉克洪（C. Kluckhohn）评述文化概念时提出的那个影响深远的综合性文化定义中就指出："文化的基本核心包括传统的（即由历史衍生及选择而得的）观念，特别是与群体紧密相关的价值观念。"②观念不就是心理么？文化学（culturology）的提倡者黄文山先生说得更清楚："文化到底是属于心理的层次的。一种物件，一种信仰，一个制度，当它们由一个部族或民族传播到其他部族或民族时，如果单从外部的媒介去观察，而不从内部的心态去体认，则文化的一切真相不会暴露出来。"③ 所以，我们如果想对人类的文化有一个深入的了解，就必须深入地了解人类的心理。换句话说，对文化问题展开心理学的研究，是我们面临的一个迫切任务。

需要说明的是，对文化问题的心理学研究正在国际学术界蓬勃开展。在心理学领域，近20年来最引人注目的变化之一就是文化心理学（cultural psychology）的兴起，有人指出，这是一门与普通心理学、跨文化心理学、心理人类学、民族心理学都有联系又有所不同的新的心理学分支，它的飞速发展，表明它的时代已经来临④。有学者认为，从文化心理学的立场看，文化对人的影响可以区分为三个层次："第一个层次表现在对人们可观察的外在物品的影响上，如不同文化中人们的服饰、习俗、

---

① 拙文《文化、文化结构与文化心理——从实证立场出发对文化学的思考》，《人文论丛》（2003年卷），武汉：武汉大学出版社2003年版。
② 唐美君：《文化》，芮逸夫主编：《云五社会科学大辞典·人类学》，台北：台湾商务印书馆1971年版。
③ 黄文山：《文化学的方法》，庄锡昌、顾晓明、顾云深等编：《多维视野中的文化理论》，杭州：浙江人民出版社1987年版。
④ R. A. Shweder. *Cultural psychology—What is it*? [A] In . W. Stigler, R. A. Shweder, &G. Herdt（Eds）. *Cultural Psychology* [C]. Cambridge University Press. 1990.

语言等各不相同。第二个层次表现在对人们价值观的影响上，不同文化下人们的价值观有差异，这正是目前许多跨文化研究的理论基础；文化影响的第三个层次表现在对人们潜在假设的影响上，这种作用是无意识的，但它却是文化影响的最终层次，它决定着人们的知觉、思想过程、情感以及行为方式。"[1] 与文化影响的三个层次相对应，人们对文化的研究也有三个层次。文化人类学的研究属于探索文化影响的第一个层次；跨文化心理学（cross-cultural psychology）对文化影响的探索属于文化研究的第二个层次；而文化心理学的产生使得人们有可能从第三个层次认识文化的影响，这一层次所关注的正是文化的深层。

人类文化的一个重要表现就是多样性，以文化为研究主题的文化心理学恐怕也难免带上多样化的色彩。所以，说文化心理学可以包容跨文化心理学、心理人类学、民族心理学、普通心理学、文化人类学的各类相关研究。目前，在文化心理学领域有不同的研究取向，不同学科背景的学者对这门学科的界定有各异的表述，一个较为经典的说法是："文化心理学研究文化传统和社会实践如何规范、表达、改造、变更人类的心理，即文化对心理、行为的影响、塑造。关心的问题有主体与客体、自我与他人、心理与文化、个人与情境、对象与背景、实践者与实践等等的相互作用、共生共存及动态地、辩证地、共同地塑造对方的方式。"[2] 而我们发现，不仅学科背景会影响到对文化心理学的理解，文化背景也会使人们的理解体现出各自的特点。

有句老话叫做"望文生义"，确实，在不同的文化语言环境

---

[1] 侯玉波：《社会心理学》，北京：北京大学出版社 2002 年版，第 257 页。
[2] R. A. Shweder. Cultural psychology—What is it? In . W. Stigler, R. A. Shweder, &G. Herdt (eds). *Cultural Psychology*. Cambridge University Press. 1990.

下人们"望文"所生出的理解不会相同。我们不妨看看在汉语言文化情景里对"文化心理学"可能产生的意义。以我们的思维方式和语言特性,"文化心理学"起码可以从三个层面来理解:首先,这是对"文化心理"的研究。正如有学者提到个体心理、群体心理、民族心理、社会心理这些概念一样[1],也可以提出"文化心理"的概念,事实上,目前许多心理学的邻近学科例如社会学、人类学乃至文学、历史学、哲学等都是在这个层面上展开研究的。其次,是对"文化"的心理学研究。文化是人类学的关键词,心理学可不可以来研究?在"开放社会科学"(open the social sciences)的时代,什么名词概念都可能被其他学科重新检视,"文化是什么"已经成为当今文化心理学首要考虑的问题之一[2]。最后,是对"文化"与"心理"之间关系的研究。这个层面关心的是文化如何影响人类心理、人类心理又如何作用于文化等问题。当前许多文化心理学家就是从这个层面尤其是文化对心理的影响方面展开讨论的。以上三个层面的理解,也许还不能囊括文化心理学研究的所有取向,但我们认为这些都应该是文化心理学家的任务。文化心理学应该是一门有胸怀、有气度、能包容的学科,在这个领域内,各种研究取向、各类研究方法、各门学科的学者都不应受到排斥。

二 文化心理学发展的内在理路

文化心理学的兴起,是由多种因素促成的。我们可以先来

---

[1] 沙莲香主编:《社会心理学》,北京:中国人民大学出版社2002年版,第2页。

[2] Kaiping Peng, *Readings in Cultural Psychology*, Wiley, Custom Services. 2000, p. 3.

看看其外部的原因。例如，在美国这样一个多民族多种族混居的国度，多元文化并存一直是人们必须时时面对的问题；在"全球化"（globalization）过程中文化与文化、族群与族群间的频繁接触，引发人们对于各种地方性知识（local knowledge）的关注；20世纪后期所出现的意识形态终结论，与此相应的是文化之间的冲突被凸显出来，其中有国人熟悉的亨廷顿（S. Huntington）的"文明冲突论"；更近一些的例子还可以提到美国"9·11"事件发生后人们对文化问题的普遍关注。不过，我们更应该讨论的是文化主题在心理学内部的学术发展理路。

还是在冯特（W. Wundt）当年创建科学心理学的时代，冯特本人就对心理学的领域做了大致的二分。一个是个体心理学或曰实验心理学，研究的是人类心理更靠近生理一端的内容；另一个是民族心理学，研究的是人类心理更靠近社会文化一端的内容[1]。冯特在其生命的最后20年倾全力做的事情就是建构民族心理学的体系。他在这方面写出了三种著作：一是从1900年3月至1919年9月写成的10大卷《民族心理学——对于语言、神话和道德的发展规律的探讨》；二是1912年出版的《民族心理学纲要》；三是在1912年出版的题名为《民族心理学诸问题》的论文集一册。他的10卷本《民族心理学》一书，第1、2卷论述语言，第3卷论述艺术，第4、5、6卷论述神话和宗教，第7、8卷论述社会，第9卷论述法律，第10卷是冯特个人对文化和历史的总看法[2]。从内容上很容易看出冯特的民族心理学受到人类学（欧洲大陆称做"民族学"）的莫大启发，我们认为，这一点应该补充到心理学史的教科书里，也就是说，

---

[1] 高觉敷主编：《西方近代心理学史》，人民教育出版社1982年版，第132—133页。

[2] 同上书，第16页。

科学心理学的创始人冯特的成就既受到了生理学、哲学的影响，也受到了人类学的影响。对于冯特的民族心理学，以往的评价是不成功，似乎是浪费大好时光，有些类似于以前对爱因斯坦晚年设想统一场论的评价。但是，近年随着文化心理学的兴起，人们开始重新审视冯特晚年的工作，认为他的工作在开创"第二心理学"方面有重要的贡献。

所谓"第二心理学"（second psychology）是相对于人们熟悉的科学心理学而言的。事实上，早在20世纪以前，许多著名的学者就提出，要想全面深入地认识人类的心理现象，恐怕需要两种不同规范的心理学。一是人们熟悉的自然主义的心理学，它把心理现象看成由感觉、观念、联结、反射或感觉运动图式组成的结构来进行分析；一是人们不太熟悉的"第二心理学"，它把高层次的心理现象看做由语言、神话以及个体生活于其中的社会实践所形成的实体来展开描述。第二心理学很难指望得出普世性的结论，因为高级的心理过程是受文化塑造的，在不同的社会中这些心理过程会有不同的表现[1]。冯特的民族心理学就是"第二心理学"，文化心理学也与"第二心理学"密切相关。因此，有人提出将冯特晚年的心理学翻译为"民族心理学"是个错误，应该径直称为"文化心理学"。

将冯特的"民族心理学"翻译为"文化心理学"毕竟只是一家之言。从名称上看，人们一般认为，在1969年，DeVos和Hippler最先提出了"文化心理学"，虽然当时这个名称下所开展的研究主要是文化与人格的关系，与"文化与人格"（culture and personality）和"心理人类学"（psychological anthropology）

---

[1] S. H. White, *Foreword*, in M. Cole. *Cultural Psychology: A once and future discipline* [M]. The Belknap Press of Harvard University Press. 2000.

的研究近似①。不过，我们最近发现，"文化心理学"名称的提出可能比这早得多。由后人编辑出版的美国著名人类学家萨丕尔（E. Sapir）的《文化的心理学：课程讲义》②，是萨丕尔20世纪20年代中后期在芝加哥大学的讲稿。据编者介绍：1928年，萨丕尔在一次与出版商的会谈后写信给出版商，允诺写一本叫做《文化的心理学》（The Psychology of Culture）的书，篇幅大概是10万余字，内容是他几年来以同样的标题在芝加哥大学给研究生开设的课程。虽然这本书后来因为种种原因没有写成，但事隔多年，一位有心的编辑从当年萨丕尔的学生那里搜集到几份珍贵的课堂笔记，经整理后终于完成了萨丕尔的心愿。值得注意的是，这本书的书名就是"文化心理学"（psychology of culture），在行文中还用到了 cultural psychology，这与今天"文化心理学"的拼写方式完全一样。

萨丕尔是人类学家，与本尼迪克特（R. Benedict）、米德等师出同门，都是20世纪前期人类学中民族心理学派的代表人物。萨丕尔在进行语言研究的时候注意到人类的各种无意识行为，因此呼吁人类学与心理学联姻。后来人类学家林顿（R. Linton）以哥伦比亚大学为基地，引进卡迪纳（A. Kardiner）等精神分析学家，正式开始了人类学与心理学的合作，形成了"文化与人格"的研究领域。这一研究领域在第二次世界大战前后又发展出民族性或曰国民性的研究（national character studies），人们所熟知的研究日本国民性的《菊花与军刀》就是此期的成果。二战以后，跨文化比较（cross—cultural comparison）的技术得到广泛运用，这方面研究的最终结果是促成了许烺光

---

① 余安邦：《文化心理学的历史发展与研究进路》，《本土心理学研究》，第6期，台北：桂冠图书公司1996年版。

② E. Sapir, *The psychology of culture* [M]. Mouton de Gruyter. 1994.

等人提倡的心理人类学。随着心理学领域内"认知革命"(cognitive revolution)的发生，人类学领域内认知人类学(cognitive anthropology)的研究也日渐成熟起来①。

相比起来，在对文化与心理这类问题的研究方面，人类学家似乎比心理学家更为敏感。萨丕尔著作的内容主要是人类学的，但是他却愿意使用"文化心理学"这样的名称。而多数心理学家在文化问题上的认识是模糊的，一直以为自己的研究结论是跨文化普适的。目前国际文化心理学研究的领军人物、美国著名社会心理学家尼斯贝特(R. Nisbett)讲述过一次亲身经历：在1980年，他与人合写了一本讨论人类认知过程、思维特性的书，并谨慎地命名为《人类的推理》(Human Inference)，杰出的认知人类学家安德拉德(Roy D'Andrade)阅读了该书后告诉尼斯贝特说，他认为这是一部"不错的民族志"(good ethnography)，尼斯贝特对此说法感到震惊和沮丧。但现在，尼斯贝特完全同意安德拉德的观点，即在单一文化中进行的研究存在局限。心理学家如果不选择研究跨文化心理学，他们就可能选择成为民族志学者。②

心理学内部对文化问题的忽视与其自然科学化有相当大的关系。冯特所建立的心理学的两翼，其中研究人类心理更靠近生理一端的个体心理学或曰实验心理学得到蓬勃发展，而另一翼即带有社会和文化色彩的民族心理学却慢慢被人遗忘。"对许多人来说，只有建立在生理学乃至化学基础上的心理学才具有

---

① 这方面研究的详细情形可参见拙文《人类心理的跨文化研究》，《中南民族学院学报》，1996年第1期。

② R. E. Nisbett, K. Peng, I. Choi, &A. Norenzayan. *Culture and systems of thought: holistic versus analytic cognition* [J]. Psychological Review. 2001. Vol. 108, No. 2, pp. 291—310.

科学的正当性（scientifically ligitimate）。因此，这些心理学家力图'超越'社会科学，把心理学变成一门'生物'科学。结果，在绝大多数大学里，心理学都将其阵地从社会科学系转移到自然科学系。"① 所以，在很长一段时间里，心理学与其母体学科哲学渐行渐远，与人类学的关系更是无人提起，在心理学的传统中只剩下了生理学。

当然，心理学内部也不是没有对文化的清醒认识。例如，在20世纪20年代中期至30年代苏联曾形成以维戈茨基（Lev Vygotsky）及其同事和学生为代表的社会文化历史学派（Social-Cultural-Historical School）。该派对人的高级心理功能进行了长期的研究，反对西方心理学中排除人的意识的研究倾向。他们认为人的高级心理功能并不是人自身所固有的，而是在与周围人的交往过程中产生和发展起来的，是受人的文化历史所制约的。于是，人类心理与动物心理的一个重大差异，就是人类的心理历程具有一个文化中介。可惜的是，自二战以后世界心理学的中心移到美国，其他国家的心理学研究成果很少能进入美国心理学家的视野。直到20世纪70年代末，维戈茨基等人的研究才逐渐被介绍到美国并产生日益扩大的影响。如今，维戈茨基的理论在文化心理学领域被屡屡提及，成为一些学者构建文化心理学理论体系的重要思想资源。② 同时，正如前文所说的，冯特的民族心理学研究也得到了重新审视，断裂的传统又接续了起来。

---

① 华勒斯坦等，刘锋译：《开放社会科学：重建社会科学报告书》，北京：生活·读书·新知三联书店1997年版，第29页。

② 参见 M. Cole. *Cultural Psychology: A once and future discipline* [M]. The Belknap Press of Harvard University Press. 2000.

三 文化心理学的研究领域

前已述及,"第二心理学"没有将追求普世性的结论作为自己的最重要目标,因为高级的心理过程受到文化塑造,在不同的社会中这些心理过程的表现也会存在差异。但是,长期以来主流心理学却在追求这个目标,并且一直以为自己的研究结论反映的是全世界全人类的共同规律。1996 年,格根 (K. Gergen) 等人发文提出质疑,认为多年来心理学研究的对象主要是美国中产阶级的白人,因此所反映的只是以这些人为基础的西方的人性,而不是全人类的心理学。[1] 文化心理学研究的大量出现,正是对这类质疑的积极回应。

文化心理学的迅猛兴起,是有许多事实可以证明的。我们来看一个简单的数据。在 1979 年以前,心理学领域内发表的以文化研究为主题的论文只有 300 多篇,特别是从 1879 年科学心理学诞生到 1959 年这 80 年间,关于文化方面的心理学研究论文还不到 10 篇。可是到了 2000 年至 2002 年间,以文化研究为主题的心理学论文却激增至 8000 余篇。考虑到心理学的期刊数目并没有大量增加,在论文篇数上的这种巨变,说明近年心理学的研究确实发生了一个范式的转移。[2] 如果说在心理学领域内,20 世纪 50、60 年代发生的是一场"认知革命"(cognitive revolution) 的话,那么在世纪转折之时出现的,很可能就是一场"文化革命"(cultural revolution)。

---

[1] Gergen, K. J., Gulerce, A., Lock, A. &Misra, G. *Psychological science in a cultural context* [J]. American Psychologist, 1996 (51), pp. 496—503.

[2] 彭凯平等:《中国人的思维之道及其行为学意义》,王登峰、侯玉波主编:《人格与社会心理学论丛(一)》,北京:北京大学出版社 2004 年版。

今天的文化心理学虽然接续上了冯特的民族心理学、维戈茨基的社会文化历史学说或萨丕尔的文化心理学等传统，但毕竟与那时的研究已经有了很大的不同。从另一方面看，文化心理学又是一个边界并不十分确定的新兴领域。在文化心理学内部，心理学的、人类学的、社会学的、传播学的等研究取向同时存在，这大概就是所谓的"兼容并包"，也是我们所主张的文化心理学应该具有的品格。对这样一个领域的具体内容，我们只能采用列举几种较流行的文化心理学方面的教科书和手册的方法，做些大略的展示。

David Matsumoto 的《文化与心理学》（Culture and Psychology: People Around the World）[1] 已经出了第2版，第二版的内容共分18章，分别是：跨文化心理学概说；对"文化"的理解和界定；文化与自我；民族自我中心主义、刻板印象和偏见；对跨文化研究的评价；文化与基本心理过程（包括行为的生理基础、知觉、认知、意识、智力等）；文化与发展；文化与社会性别（gender）；文化与躯体健康；文化与心理健康；文化与情绪；文化与语言；文化与非言语行为（nonverbal behavior）；文化间的沟通；文化与人格；文化与社会行为（包括人际关系、人际知觉、人际吸引、归因、从众、攻击、合作等）；文化与组织；结语——对主流心理学和人类日常生活的意义。

David Matsumoto 还主编过一本《文化与心理学手册》（The Handbook of Culture and Psychology）[2]，手册里汇集了众多著名的文化心理学家的专题性论文。该手册除了 Matsumoto 所写的开头

---

[1] David Matsumoto, Culture and psychology: People Around the World [M]. Belmont: Wadsworth/Thomson Learning. 2000.

[2] David Matsumoto (ed), The Handbook of Culture and Psychology, Oxford: Oxford University Press, 2000.

的"概述"和最后的"结语"以外,所有文章归入了4个部分。第1部分"基础",包括:处于交叉点上的文化与心理学——历史的回顾和理论分析;个人主义文化和集体主义文化——过去、现在与未来;形形色色的本土心理学;跨文化研究方法的演进。第2部分"文化与基本心理过程",包括:文化、情景与发展;跨文化认知;日常认知——文化、心理学和教育的交汇点;文化和道德发展;文化和情绪;社会性别与文化。第3部分"文化与人格",包括:文化与控制倾向;文化与人类推理——三种不同传统的透视;变态心理学与文化;临床心理学与文化。第4部分"文化与社会行为",包括:在跨文化背景下改善社会心理学的合理性建议;文化与社会认知——迈向文化动力性的社会心理学;社会影响的跨文化研究;文化视野下的社会正义;文化涵化(acculturation)的基础知识。

John W. Berry, Ype H. Poortinga, Marshall H. Segall, Pierre R. Dasen 合著的《跨文化心理学》(*Cross-Cultural Psychology: Research and Application*)[①] 是文化心理学领域的名著,近来也推出了第2版,共有17章,第1章是"跨文化心理学总论",其他16章分布在三个部分里。第1部分"跨文化视野下行为的相似性和差异性",分别是:文化传递和个体发展;社会行为(包括从众、价值、个人主义和集体主义、社会认知、性别行为等);人格;认知;语言;情绪;知觉。第2部分"追寻行为与文化之间的关系:研究策略",分别是:文化人类学界的研讨;生物学与文化;对研究方法的关切;跨文化心理学中的理论问题。第3部分"跨文化的应用研究成果",分别是:文化涵化与文化间的关系;组织与工作;传播与培训;健康行为;心理学

[①] John W. Berry, Ype H. Poortinga, Marshall H. Segall, Pierre R. Dasen. *Cross-Cultural Psychology: Research and Application*, Cambridge University Press. 2002.

与多数世界（majority world）。这里所说的"多数世界"，是某些作者喜欢使用的特定概念，指的是美国等西方世界之外的多数国家与地区，是与"发展中国家"、"第三世界"相类似的提法。

从上述著作中可以大致看到目前文化心理学家感兴趣的话题范围，其实，文化心理学能够提出的研究课题比这多得多。正如美国前心理学会主席津巴多（P. Zimbardo）等人所指出的，文化的观点可以被用在几乎每一个心理学研究的题目上："人们对世界的知觉是受文化影响的吗？人们所说的语言影响他们体验世界的方式吗？文化如何影响儿童向成人发展的方式？文化态度是如何塑造老年经验的？文化如何影响我们的自我感觉？文化影响个体进行特定行为的可能性吗？文化影响个体表达情感的方式吗？文化影响心理失常人的比例吗？"① 换句话说，心理学研究的各个方面，例如感知、情绪、思维、人格等等，都可以"文化与某某"的方式纳入到文化心理学的视野。

最后，在文化心理学领域内，想特别提到中国人的贡献。著名社会心理学家彭迈克（M. Bond）曾经说过这样的话："心理学不幸是由西方人创建的，结果，西方的心理学研究了太多的变态心理和个性行为。如果心理学是由中国人创建的，那么它一定是一门强调社会心理学的基础学科。"② 作为社会心理学重要分支的文化心理学的情形正是如此。追根溯源，在早期的"文化与人格"研究和心理人类学领域，有许烺光先生等人的重要贡献，我们还可以提到潘光旦先生、费孝通先生等人对于中

---

① 理查德·格里格、菲利普·津巴多，王垒、王甦等译：《心理学与生活》，北京：人民邮电出版社2003年版，第11—12页。
② 彭凯平、钟年主编：《"社会心理学精品译丛"之"主编的话"》，北京：人民邮电出版社2004年版。

国国民性的研究，在当今，则有杨国枢教授、黄光国教授、彭凯平教授等在本土心理学、文化与认知等领域做出的有影响的工作。为了推动国内文化心理学的研究，我们主编了《文化心理学读本》，将列入"社会心理学精品译丛"出版。我们以为，文化心理学的研究是中国心理学追赶世界心理学先进水平的一个突破口，如果抓住机会，我们当能发展出令世界瞩目而又有中国特色的心理学来。

中国近现代学术中的心理学

一 西方心理学知识的传入

中国学术史的研究自20世纪90年代以来受到人们的广泛关注，这可视做中国学术界具有学术自觉的一个重要标志。对于中国学术的发展，学术界有"先秦子学——两汉经学——魏晋玄学——隋唐佛学——宋明理学——清代朴学——近代新学"的大致归纳，以对当代学术的影响而言，近代学术的发展道路更值得注意。在这个时段内，形成了新的知识分类体系："自然科学移植了西方几百年积累的学术成果，独立为一大学科。其中分门别类学支林立，建立了数、理、化、生、农、工、医等大学科，门类繁多、内容充实、洋洋大观……而人文社会科学中，文史哲分离，形成各自的专业，经济学、法学、教育学、社会学、新闻学、政治学、心理学等新学科，纷纷诞生独立。"[①] 中国学术的近代转化是一个十分大的题目，这个问题的解决，不仅对中国学术的演化能获得准确的把握，对中国学术当前的发展也会有根本性的帮助。限于自己的学力，本文只是以上面

[①] 戴逸：《二十世纪中国学术概论》，载冯天瑜、邓建华、彭池编著《中国学术流变》下册，上海：华东师范大学出版社2003年版，第702页。

提到的心理学这门学科为例，回顾一下它在近代中国学术领域的行进轨迹，希冀从中能反映出些微中国近代学术的样貌。

在汉语中，"心理学"一词是在近代才出现的组合词，用来指称在西方形成而后传入中国的一门近代学科，这门学科在英文中写做 psychology。如今，中国知识界已经能普遍接受，心理学是"研究人和动物心理活动和行为表现的一门科学"[①]。当然，对心理学是"舶来品"还是土生土长的"国粹"，学者们有不同的看法，例如，中国心理学会的第一任会长张耀翔就曾写过一篇《中国的世界第一——心理学》的文章，在引述了许多中国古典文献资料后指出，中国的老子等人对心理学的许多领域有精彩论述，较西洋心理学的发端者苏格拉底、亚里士多德还早，因此心理学的发源地当在中国。[②] 不过，在西方心理学传入中国之前，汉语中毕竟没有"心理学"这个词汇，较为妥帖的做法是把老子等人的论述称做心理学思想。正如著名心理学家高觉敷所说："我国古代思想家的心理性命之说是心理学思想，不即等于心理学。"[③]

这种状况在西方也是一样，心理学思想和心理学确实不是一回事。从思想渊源上讲，心理学的历史可以追溯到古希腊时期，当时的许多哲人都有关于心理问题的论述，但心理学作为一个专门术语是在 1502 年才出现的。据研究者考证，在那一年，一个塞尔维亚人马如利克首次用 psychologia 这个词发表了一篇讲述大众心理的文章。过了 70 年以后，德国人哥克又用这

[①] 潘菽、荆其诚：《心理学》，《中国大百科全书·心理学卷》，北京：中国大百科全书出版社 1991 年版，第 1 页。

[②] 张耀翔：《感觉、情绪及其他——心理学文集续编》，上海：上海人民出版社 1986 年，第 12—13 页。

[③] 高觉敷主编：《中国心理学史》，北京：人民教育出版社 1985 年版，第 1 页。

个词出版了《人性的提高，这就是心理学》一书，这是最早记载的以心理学这一术语发表的书。① 早期心理学的性质，大约可称之为哲学心理学的研究，而近代意义上科学心理学的诞生，则是在又过了300年之后由德国人冯特（W. Wundt）大力促成的。"1879年，在他入莱比锡的4年之后，冯特乃创立了世界上第一个心理学实验室，这几乎是心理学家谁都知道的一回事。"② "冯特是把心理学作为一门正式学科的'奠基者'，也是心理学史上被一致称为心理学家的第一个人。"③ 从此以后，psychology便作为近代科学体系中的一门学科的名称而被广泛使用。

需要说明的是，在中国原有的知识体系中，并没有心理学这样一门学科，因而传统的经、史、子、集四部分类体系中找不到心理学的位置。大约在明末清初之际，西方传教士来华，带来了他们所在国的一些学术思想，此即所谓"西学"。传教士著译了不少介绍性的书籍，其中包括反映西方古代和中世纪的心理学思想的作品，例如，利玛窦、毕方济、艾儒略等人的《西国记法》、《灵言蠡勺》等，这些书籍在中国知识界有较为广泛的流行。沈福伟先生就曾指出乾嘉名医王清任所著《医林改错》"记脑髓特具卓识"是受了利玛窦《西国记法》的影响④；冯天瑜则以"脑囊"为例，具体讨论了有关生理学心理学知识传播的可能路径⑤。不过，那时候中国人接触到的不是心

---

① 崔丽娟等：《心理学是什么》，北京：北京大学出版社2002年版，第20页。
② E. G. 波林著，高觉敷译：《实验心理学史》，北京：商务印书馆1981年版，第365页。
③ 杜·舒尔茨著，沈德灿等译：《现代心理学史》，北京：人民教育出版社1981年版，第56页。
④ 沈福伟：《中西文化交流史》，上海：上海人民出版社1985年版，第423页。
⑤ 冯天瑜：《新语探源——中西日文化互动与近代汉字术语生成》，北京：中华书局2004年版，第138—142页。

理学整个学科，而只是学科中的一部分，例如记忆术。从学与术分野的角度来看，这仅仅是"术"的部分，算不上一门学科的核心知识。这是由传教士的目的所决定的，因为传教士追求的是传教，心理学零星知识的介绍最终是为此服务的。如此一来，成体系的心理学知识自然少有被传播的机会，中国人在此阶段尚没有系统地接受西方的心理学。

鸦片战争以后，西学的输入出现了新的形势，西方学科体系完整地进入中国，使中国原有的知识系统、学问分科受到冲击。这里需要提到教育制度的变化，有学者在讨论近代"新学"时重点提到学堂这种制度化的建设，当时的新学堂包括洋务运动中建立的新式洋务学堂、西方传教士创办的各种学校、中国进步人士举办的各种新式书院、学堂和学会等。① 这些学堂中的一部分在系统引进西方心理学知识方面功不可没，近代"心理学在我国的最初传播与外国传教士及其设立的教会学校分不开"②。到了20世纪初，中国仿照国外（主要是日本）进行了多次的学制改革，其中师范类包括一些相邻的类别规定要开设心理学课程。③ 几乎与此同时，中国的知识分类系统也在西方的影响下发生了根本性的变化，具备了容纳心理学之类新学科的空间。④ 有了这些制度化的保证，心理学在中国便逐渐站稳了脚跟。

---

① 王先明：《近代新学——中国传统学术文化的嬗变与重构》，北京：商务印书馆2000年版，第178—180页。
② 杨鑫辉、赵莉如主编：《中国近现代心理学史》（《心理学通史》第二卷），济南：山东教育出版社2000年版，第98页。
③ 高觉敷主编：《中国心理学史》，北京：人民教育出版社1985年版，第343—344页。
④ 谭华军：《知识分类——以文献分类为中心》，南京：东南大学出版社2003年版，第194—241页。

二　心理学名称的确立

心理学作为一门学科是进入中国了，但是这门学科的名称在很长一段时间里却颇多争议，难以确定下来。中国人素来知道"正名"的重要性，孔子早就说过："必也正名乎！"（《论语·子路》），因为"名不正则言不顺，言不顺则事不成"。所以，一门新学科的引入，名称的确立是必不可少的事情。大致看来，在心理学的名称选取上，一种做法是另创新名，一种做法是沿用旧称。

中国人系统接触西方的心理学已经有一百多年的历史，最初遇到的是西方的哲学心理学（philosophy of mind）。19 世纪中期，中国第一批赴美国留学生（如容闳）就修过心理方面的课程。[①] 中国对西方科学心理学或新心理学的了解则是从 20 世纪初清政府兴办新教育制度开始的，当时各种学堂章程中规定了设立心理学课程。[②] 一门新学科的进入必然涉及对学科名称以及关键概念的翻译，中国人在翻译 psychology 时尝试过不同的名称，例如"心灵学"、"灵魂学"、"精神学"等。留美归国的颜永京就曾将心理和心理学称为"心灵"和"心灵学"，他在翻译海文（J. Haven）的《心灵学》一书的序言中写道："盖人为万物之灵，有情欲、有志意，故西土云，人皆有心灵也，人有心灵，而能知、能思、能因端而启悟，能喜忧，能爱恶，能立志以行事，夫心灵学者，专论心灵为何，及其诸作用。"他又谈到在翻译中选择心理学名称和心理学用语之难："许多心思，中

[①] 容闳：《西学东渐记》，长沙：湖南人民出版社1981年版，第15页。
[②] 高觉敷主编：《中国心理学史》，北京：人民教育出版社1985年版，第342—344页。

国从未论及，亦无各项名目，故无称谓以述之，予姑将无可称谓之字，勉为联结，以新创称谓。"[①] 在传教士教会学校所著、译或教授的心理学，也使用"心灵学"或"灵性学"、"性学"一类的名称。[②] 后来还有"行为学"的名称，这是在美国行为主义心理学的影响下，留学美国归来的郭任远提出的主张。[③]

沿用旧称来标示心理学的做法主要是使用"心学"一词。所谓"心学"，原本指的是以陆九渊、王守仁为代表的宋明理学的一个流派，也就是所谓良知之学。王守仁《〈陆象山先生全集〉叙》："圣人之学，心学也。"在中国近代翻译史上影响极巨的严复曾用此词翻译"心理学"，他在《原强》中写道："人学又析而为二焉：曰生学、曰心学。生学者，论人类长养孳乳之大法也。心学者，言斯民知行感应之秘机也。"[④] 这种译法，与前述"心灵学"等不同，乃是利用汉语中的现成词汇，而注以新的内涵。

psychology 最终没有选择"心学"、"心灵学"、"灵魂学"、"精神学"等名称，而用了"心理学"这三个字，与中国新的学科体系建立时受日本的影响有关。据有关专家考证，"心理学"是一个汉语外来词，是从日文心理学 shinri-gaku 借用而来，日文中该词是对英文 psychology 的意译。[⑤] "'心理学'一词，在

[①] 颜永京：《序》，载海文著，颜永京译《心灵学》，1889 年，转引自高觉敷主编《中国心理学史》，北京：人民教育出版社 1985 年版，第 348 页。
[②] 杨鑫辉、赵莉如主编：《中国近现代心理学史》（《心理学通史》第二卷），济南：山东教育出版社 2000 年版，第 140 页。
[③] 潘菽、荆其诚：《心理学》，载《中国大百科全书·心理学卷》，北京：中国大百科全书出版社 1991 年版，第 2 页。
[④] 严复：《原强》，载刘梦溪主编《严复集》（编校者欧阳哲生），石家庄：河北教育出版社 1996 年版，第 542 页。
[⑤] 刘正埮、高名凯、麦永乾、史有为编：《汉语外来词词典》，上海：上海辞书出版社 1984 年版，第 373 页。

日本最早见于1878年西周的译作《心理学》（爱般氏，即海文著《心灵哲学》）。"① "在1896年，中国学者康有为编《日本书目志》时，在中国首次出现汉译'心理学'名称。"② 在中国"心理学"一词的正式使用则大约在20世纪初。③ 研究中国心理学史的学者指出："由于清末教育制度的改革，主要仿照日本，所用教科书也有许多是翻译日本的教科书，所以这个时期大都翻译日本的心理学，自编的心理学也主要参考日本心理学的内容，译、著者也多是留日学生。当时大学堂或师范学堂还聘来不少日籍教员。"④ 据统计在1900—1918年间出版的30本心理学著作（清末20本、民初10本）中，翻译日本心理学（日本根据西方心理学编辑）的9本，根据日本心理学编译或编辑的8本，根据日本教员口授笔记整理成教科书的3本，取材于英、美、德、日心理学编辑的5本，原著为美国心理学由日文重译的2本，原著为丹麦心理学由英文重译的1本，翻译法国心理学的1本，编著（根据经验编著的儿童心理学）1本。⑤ 当年日本心理学对中国的影响，从这份出版物清单上一见便知。正因为如此，有学者在讨论东西方心理学发展史的时候曾设专节叙述"日本在东西方心理学融合和统一中的桥

---

① 车文博：《日本心理学史》，载《中国大百科全书·心理学卷》，北京：中国大百科全书出版社1991年版，第303页。

② 赵莉如、许其端：《中国近现代心理学史研究》，载王甦、林仲贤、荆其诚主编《中国心理科学》，长春：吉林教育出版社1997年版，第278—304页。

③ 参见高觉敷主编《中国心理学史》，北京：人民教育出版社1985年版，第342—351页；燕国材《中国心理学史》，杭州：浙江教育出版社1998年版，第627—632页。

④ 高觉敷主编：《中国心理学史》，北京：人民教育出版社1985年版，第344页。

⑤ 同上书，第346页。

梁作用"①。

心理学名称的最终确立,反映了外来文化的影响,标示着一门不同于以往的新学科的建立。没有用传统的"心学"这样的名称,避免了一些不必要的混淆,尤其是避免了那些"我们早已有之"的联想。这样一来,"心学"所指涉的便是旧学,"心理学"关乎的则为新知,国人可以在这个新的名称之下虚心地吸纳西方心理学的有关知识。

三 发展道路的选择

有了自己名称的心理学开始进入中国学者的视野。心理学也开始了自己在中国的传播和扎根历程。其实,和名称一样,心理学在中国的演进面临着多种可能的道路。从理论上设想,可以有从中国自身传统中发生的心理学,可以有追随西方学术传统的心理学,还可以有中西两种学术传统结合的心理学。不过,事实表明中国历史上有一些可以称为心理学思想的知识,却并没有最终产生出心理学这么一门学科。那么,剩下的主要可能性就是追随西方学术传统的心理学和中西两种学术传统结合的心理学了。

首先来看看中西两种学术传统结合的心理学。科学的心理学传入中国之际,正是中国社会经历巨变之时。所谓"时势造英雄",我们仅从知识的产生和传播的角度看,这时既是中国传统学术透熟的时期,也是西方学术批量涌进的时期,两种因素相互作用,造就了一批学贯中西、博通古今的杰出人才。这是一个学术综合的时代,也是一个产生综合性人才的时代,这些

---

① 陈录生:《东西方心理学发展史稿》,开封:河南大学出版社1998年版,第174—178页。

人才并没有学科的局限,他们中的许多人并不是专门意义上的心理学家,但是他们确实研究过并讨论过心理学方面的问题,留下了不少我们今天还应该重新面对的成果。

这样一些杰出人才我们起码可以举出梁启超、王国维、孙中山、鲁迅以及蔡元培、梁漱溟、朱光潜、潘光旦等,他们从不同渠道不同程度接受到西方的心理学知识,并且由于他们自身丰厚的中国传统文化的素养,使他们自觉不自觉地将两种学术传统结合起来,发展出一些融汇中西的心理学思想。实际上,学术界对这些杰出人物的研究一直保持着极大的热情,有关他们的研究专著、传记、年谱以及研究论文等层出不穷。不过,这些人物与心理学关系的研究却并不多见,有少数研究专著对此略有提及,此外是一些不太成系统的单篇文章。梁启超等人曾经应用过心理学、曾经讨论过心理学并曾经发展过心理学,可他们对心理学的贡献却一直没有得到很好的总结。

由于篇幅的限制,在这里不准备对梁启超、王国维、孙中山、鲁迅以及蔡元培、梁漱溟、朱光潜、潘光旦等人在心理学方面的贡献进行详细讨论,只对这些贡献作一点简略的罗列。例如,梁启超在历史研究中对群体心理的重视以及对心理学方法的倡导[1],王国维在中国早期心理学教学和心理学著作翻译上的努力[2],孙中山有关国民"心理建设"的思想[3],鲁迅对中国国民性的思考及批判[4],蔡元培直接到德国师从科学心理学创始

---

[1] 参见梁启超《中国历史研究法》,上海:华东师范大学出版社1995年版。
[2] 参见杨鑫辉、赵莉如主编《中国近现代心理学史》(《心理学通史》第二卷),济南:山东教育出版社2000年版,第112—121页。
[3] 孙中山:《建国方略之一(心理建设)》,《孙中山选集》,北京:人民出版社1981年版。
[4] 可参见鲍晶编《鲁迅"国民性思想"讨论集》,天津:天津人民出版社1982年版。

人冯特从而在回国后对心理学制度化建设的推动以及在人文领域对心理学的运用①，梁漱溟从人心和人性角度对心理学性质和体系的反思②，朱光潜对文艺心理学的开创性研究以及对变态心理学的介绍③，潘光旦对西方性心理学的译介和在中国进行相关研究的倡导④，等等。应该说，这些研究和工作，在心理学知识与中国实际的结合方面以及探索中西两种学术传统相结合的心理学方面迈出了可贵的步伐。

上述人物在心理学方面的研究和工作对知识界学术界产生了相当大的影响，有些话题至今在某些学科（如文、史、哲）还不时被人提及。可是，在中国心理学界内，上述诸学者并没有得到重视，甚至许多人在中国心理学史的叙述中根本找不到踪影。与此相关的一个现象是，各界人士对心理学研究和工作的加入主要在 20 世纪初科学心理学刚刚传入的时期。张耀翔根

---

① 参见杨鑫辉《蔡元培在中国现代心理学史上的先驱地位与贡献》，《心理科学》1998 年第 4 期，第 97—101 页。

② 梁漱溟：《人心与人生》，上海：学林出版社 1984 年版。据梁先生在该书后记中介绍，《人心与人生》于 1974 年写成，但实际在 20 世纪 20 年代初就有志于此书的写作以纠正所著《东西文化及其哲学》的重大错漏，此后多次作"人心与人生"的讲演，有讲词记录保存下来。另外，1934 年在在山东邹平为山东乡村建设研究院诸所讲的"自述"中，亦多次提及《人心与人生》的写作。见梁漱溟《我的努力与反省》，桂林：漓江出版社 1987 年版。

③ 朱光潜出版有多种心理学作品，如《变态心理学派别》（开明书店 1930 年版）、《变态心理学》（商务印书馆 1933 年版）、《文艺心理学》（开明书店 1936 年版），还有早年在国外用英文写作的《悲剧心理学》。以上作品在 20 世纪 80 年代由上海文艺出版社收入 5 卷本《朱光潜美学文集》中。

④ 参见霭理士原著，潘光旦译注《性心理学》，北京：生活·读书·新知三联书店 1987 年版，尤应注意的是潘光旦在翻译过程中根据中国文献和事例所作的近十万言的注。潘光旦早年还尝试运用性心理学的理论和方法对中国的相关问题做过研究，写出了《冯小青——一件影恋之研究》这部受到梁启超等人好评的作品，该著作收入《寻求中国人的位育之道——潘光旦文选》，北京：国际文化出版公司 1997 年版。

据自己所编的《中国心理学论文索引》（资料截至1931年止）介绍："各界名流如胡汉民、孙科、梁启超、蔡元培、陈独秀、章士钊、邹韬奋等，都曾有一时期对心理学发生积极的兴趣。"①这里提到了梁启超、蔡元培，本文讨论的其他几位，所著的心理学作品也基本上是在这一时期。另据《民国时期总书目（1911—1949）》记载，各界人士的名单还可以加上林语堂（翻译《心理漫谈》）、萨空了（编译《宣传心理研究》）、李宗吾（著《心理与力学》）等。②只是随着时间的推移，各界人士对心理学的研究工作参加得越来越少，似乎他们曾经有过的兴趣消失了。

为什么会发生这种情况？答案应该与心理学在中国的发展道路有关。中国在丧失了从自身文化中产生现代心理学的可能后，剩下的主要可能便是追随西方学术传统的心理学和中西两种学术传统结合的心理学。上述人物曾经自发或自觉地在结合中西两种学术传统构建心理学方面做过努力，但是，随着西方心理学的强势传入，心理学的边界变得明晰起来，心理学的研究中有了"正宗"、"正统"或"主流"。特别是在研究方式方法上，心理学有了自己的实验室，有了一套相应的技术要求。做不做试验，用不用计量，成了区分心理学家和非心理学家群体的界标。于是，梁启超等人的研究和工作被日益边缘化，乃至被视为与心理学这个学科没有多大关系。

其实，这种情形的发生在全世界都是近似的。心理学这门学科"是从哲学中分离出来的，它力图以一种新的科学形式来重建自身。……对许多人来说，只有建立在生理学乃至化学基

---

① 张耀翔：《心理学文集》，上海人民出版社1983年版，第222页。
② 见北京图书馆编《民国时期总书目（1911—1949）》，北京：书目文献出版社1991年版，"哲学·心理学"部分。

础上的心理学才具有科学的正当性（scientifically ligitimate）。因此，这些心理学家力图'超越'社会科学，把心理学变成一门'生物'科学。结果，在绝大多数大学里，心理学都将其阵地从社会科学系转移到自然科学系。"① 对于世界上的这种变化，直接在莱比锡受到科学心理学熏陶的蔡元培自然有深切的体会，因此他回国后便大力倡导建立自然科学的心理学。蔡氏在《我在北京大学的经历》一文中谈到："从前心理学附入哲学，而现在用实验法，应列入理科；教育学与美学，也渐用实验法，有同一趋势。"② 蔡元培还是一位人文学者。有研究者从蔡氏的一份讲稿中也分析出他具备将西方心理学与中国传统文化相结合的思想③，但他的主要精力放在了中国现代教育事业和科学研究事业的建设上。蔡元培在担任北京大学校长期间，支持建立了中国第一个心理学实验室（稍后又成立心理学系），在担任中央研究院院长期间，倡导创建了中国第一个心理学研究所。这些制度化建设的结果，使得中国的心理学走上了越来越专业化、越来越自然科学化的道路。于是，今天中国心理学界所记住的蔡元培的功绩，主要是心理学的制度化建设，而他有关心理学研究方面的思想和见解，反倒在这些记忆中模糊不清了。

心理学的专业化和自然科学化使心理学这门学科有了越来越高的门槛，本来宾朋云集、众声喧哗的心理学殿堂只剩下一批使用着同一种语言的主人。原本可以在心理学的言语空间高谈阔论的"各界名流"（张耀翔语），渐渐发现自己没有了置喙

---

① 华勒斯坦等著，刘锋译：《开放社会科学：重建社会科学报告书》，北京：生活·读书·新知三联书店1997年版，第28—29页。

② 《蔡元培美学文选》，北京：北京大学出版社1983年版，第203页。

③ 杨鑫辉、赵莉如主编：《中国近现代心理学史》（《心理学通史》第二卷），济南：山东教育出版社2000年版，第151页。

的余地。所以,"各界名流"的退出恐怕主要原因不是没有了"兴趣",而是变得"知趣"了。这种门槛(或者说是"圈子")的建立,走的是全世界大致相同的路,华勒斯坦等人谈到"从18世纪到1945年社会科学的历史重建"时指出:"实现这一点的步骤是,首先在主要大学里设立一些首席讲座职位,然后再建立一些系来开设有关的课程,学生在完成课业后可以取得该学科的学位。训练的制度化伴随着研究的制度化——创办各学科的专业期刊,按学科建立各种学会(先是全国性的,然后是国际性的),建立按学科分类的图书收藏制度。"① 中国心理学史的研究者在"中国现代心理学的建立"的标题下向我们展示的正是这样一些内容:一、心理学系的创建;二、心理学会的成立;三、心理学刊物的创办;四、心理研究所的建设。②

行文至此,该回到原初的话题,来看看中国心理学可能发展道路中追随西方学术传统的心理学。其实,在近代中国,心理学的专业化和自然科学化与追随西方学术传统几乎就是一码事,因为西方近代心理学的诞生就是以专业化和自然科学化为标志的。毋庸讳言,中国的现代心理学就是从西方传来的,放大一些说,中国的现代学术体制也都是从西方移植的,自然科学是如此,社会科学也是如此。在心理学传入中国之初,梁启超们还谈起过一些与中国学术传统或现实有关的话题,但随着西方心理学知识的广泛传播,随着构造主义、机能主义、行为主义、格式塔心理学、精神分析心理学等等成为专业人员熟练操弄的语汇,中国现代心理学在谈论的话题上就和西方全面

---

① 华勒斯坦等著,刘锋译:《开放社会科学:重建社会科学报告书》,北京:生活·读书·新知三联书店1997年版,第31—32页。

② 杨鑫辉、赵莉如主编:《中国近现代心理学史》(《心理学通史》第二卷),济南:山东教育出版社2000年版,第157—231页。

"接轨"了。

经验告诉人们，无论干什么事业，人都是第一重要的因素。心理学作为一门学科要站住脚，同样需要一批从事这项事业的研究人员。西方心理学对中国现代心理学的影响，我们在从业人员这第一要素中就可以看得清清楚楚。"五四运动（1919）前后是中国心理学的一个关键时期。这时一批留美专攻心理学的学者如陈鹤琴、廖世承、张耀翔、陆志韦、唐钺等相继回国。他们分别在北京大学、南京高等师范和北京高等师范等校开设心理学课程并进行学术研究和著译。心理学的影响迅速地扩展开来。"① 在20世纪上半叶这段时间里，中国心理学界最活跃的人物，几乎都是从西方留学回来的。在高觉敷主编的权威性的《中国心理学史》中，科学心理学创建以后设专条介绍了18位心理学家②，其中放在1949年前的12位，1949年后的6位，但后6位与前面诸位皆是同一时代之人，只不过因其在1949年以后继续活跃于中国大陆心理学界而作如此划分，故不妨将他们都视为中国现代心理学的代表性人物。从学缘上看③，这18位心理学家中的郭任远、张耀翔、汪敬熙、艾伟、萧孝嵘、陈鹤琴、黄翼、孙国华、陆志韦、周先庚、廖世承、唐钺、潘菽拿的是美国的心理学学位，郭一岑拿的是德国的心理学学位，陈立、曹日昌拿的是英国的心理学学位；剩下的两位高觉敷和丁瓒是放在解放后介绍的，其中高觉敷是香港大学毕业、丁瓒是中央大学毕业（当时刚创办的中央大学心理学系的教师正是潘

---

① 王甦：《中华人民共和国成立40年来的心理学发展》，载王甦、林仲贤、荆其诚主编《中国心理科学》，长春：吉林教育出版社1997年版，第2—3页。

② 参见高觉敷主编《中国心理学史》，第10章、第11章，北京：人民教育出版社1985年版。

③ 个别《中国心理学史》中未作清晰交代的个人传记资料根据《中国大百科全书·心理学》，北京：中国大百科全书出版社1991年版补足。

菽、艾伟、郭一岑等欧美回国的心理学家），依然接受的是西方的心理学传统。这批接受了西方学术传统、有着专业化和自然科学化色彩的学者一登上中国现代心理学的舞台，便将"各界名流"取而代之，中国现代心理学的发展道路，便也锁定在追随西方学术传统的心理学上面。

四 关于自然科学化和学术分科

在20世纪后半叶，中国的心理学发展走了一条十分曲折的道路。先是全面学习苏联的心理学，继而受到来自政治领域的干扰有很长一段时间几乎完全停顿。[①] 到了80年代以后，随着与西方学术交流的恢复，中国心理学又基本上回到追随西方学术传统心理学的道路上。翻看一下今天中国最权威的心理学学术刊物《心理学报》就不难发现，绝大多数论文的参考文献几乎清一色都是英文的，由此可知当下中国心理学界谈论的话题主要是"舶来"的。这种现象是不是中国心理学发展的必然？造成这种状况的原因是什么？这样一种情形对中国心理学的成长是福还是祸？这些问题都相当复杂，非三言两语可以说清。在此，我们只对心理学的自然科学化和学术分科问题作一点简略的讨论。

先来看看心理学的自然科学化问题。从世界上看，现代心理学是作为一门科学被建立起来的，近代中国接受心理学也是把它作为一门科学看待的。这样的做法和看法没有什么错，但问题是，在相当长的时间内，心理学领域发展出了排他的科学

---

① 参见王甦《中华人民共和国成立40年来的心理学发展》一文，载王甦、林仲贤、荆其诚主编《中国心理科学》，长春：吉林教育出版社1997年版。

主义（scientism）① 观念。"科学主义心理学坚持自然科学的定位，主张以实验、实证、定量研究的方法来探究人类的心理和行为。经验化、客观化和数量化是科学主义心理学的基本原则，其哲学基础是实体还原论、机械决定论和逻辑实证主义。我们有理由认为科学主义心理学包括任何企图以实证的、直接的、还原的、定量的、机械的、客观的方法研究心理的心理学派别和心理学分支学科，以及持这种观点的研究取向。"② 于是，非实验的、非实证的、非定量的研究均被主流心理学所拒斥。科学主义在中国心理学中同样有明显表现，并且科学主义与中国的国情相结合，又渲染上本土社会文化的色彩。这里恐怕有一个原因，那就是近代以来国人痛感科学传统的缺失，所以有"五四"时期对"赛先生"的大力引进。在这样一个大的历史背景下，中国心理学唯恐被人批评为"不科学"。中国的心理学主动归属于自然科学（理科）的另一个原因是策略上的考虑，譬如在现行的科研体制下，理科能获取较多的经费。"如果心理学被列为科学的一支，往往就会获得足够的资金。中国的心理学会是属在中国科学院下面的，在资金的获得上比其他社会科学更为有利。在香港，心理学被归类为以实验室为基础的学科，获得的基金多于经济学和社会学。"③ 此外，是不是还有这样的含义，在意识形态的约制下，理科相对"安全"一些。但是，

---

① 通常科学主义指的是"给科学以一种超出其合理范围的权威。当然，科学的合理范围究竟是什么是有争议的，某人认为是科学的，也许另一个则认为是科学主义"。见 W. F. 拜纳姆、E. J. 布朗、罗伊·波特合编，宋子良等译《科学史词典》，武汉：湖北科学技术出版社 1988 年版，第 607 页。

② 陈京军、陈功：《科学主义心理学的危机》，《自然辩证法研究》2002 年第 4 期，第 31—34 页。

③ Kurt Pawlik, Mark R. Rosenzweig 主编，张厚粲等译：《国际心理学手册》，上海：华东师范大学出版社 2002 年版，第 7 页。

这种做法的弊端也是显而易见的。心理学本来是一门综合性的、横跨文理的学科，却因此被局限在相对狭窄的领域中。

所以，问题不在心理学的自然科学化，而在心理学只讲自然科学化，排斥了其他可能的研究取向。对于这样一个问题，中国心理学界已经有人进行了一些反思，并展开了有意义的讨论。心理学家潘菽在《近代心理学剖视》一文中曾指出近代心理学先天不足，患有"意识模糊"、"人兽不分"、"心生混淆"三种严重病症。① 对于心理学中存在的问题及未来心理学的发展，心理学家陈立曾写有一篇《平话心理学向何处去》的文章。陈立重点对当前心理学中的科学主义倾向进行了反思，他认为只认同"实证主义的科学方法"的学院派心理学已经暴露出其致命的缺陷，很可能会将心理学引入缺乏意义、没有生机的境地。针对这种缺陷，陈先生的主张是："对心理学现状，要从课题的琐细及屈从物理方法的独裁解放出来。建议群策群力，从战略的高度，进行战役性的研究，避免仓促应付的遭遇战。要理论研究结合实际，从现实中发现漏洞以资利用。克服方法论中的诸多限制，比较机器人学的缺陷，重视意义的地位，采纳释义学的方法，打破'所谓'科学的桎梏，以活跃心理学克服方法论的专制。"② 还有学者专文论及科学主义心理学的危机，指出心理学领域内人本主义心理学思潮、后现代主义心理学思潮、本土心理学运动等都构成了对科学主义心理学的挑战。③

与心理学的自然科学化相关的一个问题是学术分科或曰专

---

① 潘菽：《潘菽心理学文选》，南京：江苏教育出版社1987年版，第231—241页。

② 陈立：《平话心理科学向何处去》，《心理科学》1997年第5期，第385—389页。

③ 陈京军、陈功：《科学主义心理学的危机》，《自然辩证法研究》2002年第4期，第31—34页。

业化划分问题。冯天瑜考释了"科学"概念在中、西、日之间游徙并走向定格的历程,指出汉语中的"科学"由最初"分科举人之学"的涵义到日本接受西方知识观强调"一科一学",最后到重视知识的实证性和分门别类性,使得"科学"的字面义为"分科之学"、内涵则是关于自然、社会、思维等的客观规律的分科知识体系。① 这种对科学的认识,是与西方自孔德以来有关知识应该分门别类的观念相一致的。这种学术分科或曰专业化划分是导致科学迅猛发展的重要原因,"科学的历史就是不断走向水平愈来愈高的脑力劳动分工的历史"②。但是,这种分科和专业化,在取得巨大成绩的同时,也付出了沉重的代价。因为科学研究的对象,原本是一个不可分割的整体,一味强调分科,最终可能会如那几个摸象的盲人,只识局部而得不到整体。而对某一具体学科来说,有"各界名流"的参与绝对是一大福音,是对社会上智力资源的优化组合、合理利用。"总之,我们不相信有什么智慧能够被垄断,也不相信有什么知识领域是专门保留给拥有特定学位的研究者的。"③

心理学的横跨自然科学和社会科学的学科性质使其研究有更多的特殊性,单一的研究范式无法适应心理学的学科要求。英国学者贝尔纳在其名著《科学的社会功能》中早就指出:"社会科学在性质上不同于自然科学之处在于:社会科学所研究的不是服从一定规律,因而可以进行精确实验的各种一再重复的状态,而是一个由内在条件制约的、独特的发展过程。我们不

---

① 冯天瑜:《新语探源——中西日文化互动与近代汉字术语生成》,北京:中华书局2004年版,第373—379页。

② 巴里·巴恩斯著,鲁旭东译:《局外人看科学》,北京:东方出版社2001年版,第28页。

③ 华勒斯坦等著,刘锋译:《开放社会科学:重建社会科学报告书》,北京:生活·读书·新知三联书店1997年版,第106页。

能把人类心理学归结为研究机体对其环境的反应的学问,因为人在其自身内部就以不同于其他机体的方式体现着自他诞生以来就对他发生作用的社会影响的结果。"① 回顾一下中国现代心理学的发展道路,当初中西两种学术传统相结合的心理学,其实是不太讲究学术分科的,也没有将心理学局限于自然科学领域。沿着这种思路进一步前行,可以设想出综合自然科学和社会科学的研究范式、融汇中国文化和西方文化的学术传统的心理学发展道路。钱穆在其晚年所著《现代中国学术论衡》的序言里曾提出过疑问:"所谓分门别类之专门家,是否当尽弃五千年来民族传统之一切学问于不顾?"②钱穆的意见其实是明确的,而由反思中国近现代心理学发展轨迹所得出的基本认识,正可与钱穆的意见不谋而合。

---

① J. D. 贝尔纳著,陈体芳译,张今校:《科学的社会功能》,桂林:广西师范大学出版社2003年版,第397页。

② 钱穆:《现代中国学术论衡》,长沙:岳麓书社1986年版,第4—5页。

从自我到文化:"范跑跑"事件的传播心理学透视

一 "范跑跑"事件回顾

2008年5月12日,四川省发生8.0级汶川大地震,人员及财产损失十分严重,一时举世震惊。在地震中有一个不是因为抢险救人而闻名、倒是由于撇下学生独自逃生而蹿红的人物,他就是教师范美忠。

范美忠,1997年毕业于北京大学历史系,之后到自贡蜀光中学当教师。不久,他因课堂言论辞职,后辗转深圳、广州、重庆、北京、杭州、成都从事媒体、教师行业,曾在《中国经济时报》、《南方体育》等媒体任编辑,发表过《追寻有意义的教育》、《〈过客〉:行走反抗虚无》、《〈风筝〉:灵魂的罪感与忏悔意识》、《用观念打败观念——读〈哈耶克传〉》,在天涯BBS、新浪读书论坛、第一线教育论坛等处都可以搜索到范美忠的文章。地震发生时,范美忠任职于四川都江堰光亚学校。

范美忠成为新闻人物,出了大名,主要不是由于他毕业于北京大学,而是因为在这次大地震中,他不是像其他老师那样带着学生往外跑,而是自己一溜烟弃学生不顾,第一个跑到学校的操场上。因此,这位"跑得比兔子还快"的都江堰教师,被网友们称为"范跑跑"。更大的争议发生在范美忠自己发帖"揭短"之后。5月22日,范美忠在天涯论坛写下《那一刻地动山摇——"5·12"汶川地震亲历记》①一文,表示自己"是一个追求自由和公正的人,却不是先人后己勇于牺牲自我的人!在这种生死抉择的瞬间,只有为了我的女儿我才可能考虑牺牲自我。"不久以后,范美忠又发表了一篇《我为什么写〈那一刻地动山摇〉》②,说"你有救助别人的义务,但你没有冒着极大生命危险救助的义务,如果别人这么做了,是他的自愿选择,无所谓高尚!如果你没有这么做,也是你的自由,你没有错!先人后己和牺牲是一种选择,但不是美德!从利害权衡来看,跑出去一个是一个!"就此,网友展开了激烈交锋,不少网友质疑范美忠先跑掉不但没有尽到教师的职责,而且还"没有丝毫的道德负疚感",实在过分。但也有网友认为不应该对他过于苛刻:毕竟老师也是普通人,遇到危险保护自己是人的本能,而且,范美忠能在网上公开自己的所做所想,至少说明他是个诚实的人,勇于直面自己的人。

除了网络之外,报刊、电视、广播等传统大众媒体纷纷跟进,形成强大的社会舆论,推动相关政府部门作出反应。这种反应进一步引发现实的种种讨论,媒体及时反映并策划组织相关的讨论,由此引起更大的社会关注,"范跑跑"事件遂由一生活事件演化为媒体事件。

---

① 资料来源于"天涯论坛",网址 http://cache.tianya.cn/publicforum/content/books/1/106727.shtml。

② 资料来源于"天涯论坛",网址 http://cache.tianya.cn/publicforum/content/books/1/106826.shtml。

二 传播心理学的视角

对于"范跑跑"事件,媒体上的评论已如恒河沙数,难以计量。不过,其中绝大多数的讨论,都是基于道德伦理的角度[①],心理学的讨论并不多,更罕见传播心理学视角的考察。传播心理学本来就是一个颇有争议的学科,甚至对它能否成立现在都还有不同意见。我们认为,从"开放社会科学"的立场看,传播心理学的建立可以集合研究人员、汇聚研究课题、开辟研究领域,应该是利大于弊的事情。[②]

心理学的关切点是人,那么传播心理学就是以人为枢纽、为核心,来考察自我、他人、传播、互动、符号、表征乃至文明、历史、族群等关键概念。对"范跑跑"事件的考察,打算结合传播类型来深化。从以人为本、以人类活动为转移的角度划分传播类型,可以包括自我传播、人际传播、群体或组织传播、大众传播和文化传播,不同的传播类别,提示的是对问题的不同切入角度。近年来,自我心理学、人际关系心理学、社会心理学、组织行为学、认知心理学、文化心理学等均有较大发展,上述各种传播类型不难从中获得理论、概念、方法上的帮助。下面,我们先来看看这些传播的类别。

首先,是自我传播(self communication),很多时候也叫内向传播(intrapersonal communication),即人的自我信息沟通,指个体接受外部信息并在人体内进行信息处理的过程。自我传

[①] 王勇:《从对"范跑跑"的评论看媒体的自由与责任》,《新闻记者》2008年第8期,第79—81页。

[②] 拙文《论传播心理学的几个基本问题——一种开放社会科学的视角》,《现代传播》2008年第2期,第39—40页。

播是人类最基本的传播活动,是其他各种传播活动的基础,因为人类社会就是由一个个人类个体构成的。自我传播的主要形式,就是心理学中所说的感觉、知觉、记忆、学习、思维和语言、想象等内容。这种传播虽然表现为个体的生理机制和心理机制,但由于个体在信息的输入和输出两端都与外部世界保持着连接,因此依然带有社会性的特点。

其次,是人际传播(interpersonal communication),即个体与个体在互动中开展的信息交流活动。人是社会性的动物,每一个人类个体如果排除极端的情形都会与他人打交道,所以人际传播是一种最典型的社会传播活动,也是人与人之间社会关系的直接体现。人际传播的主要功能是从他人那里获得信息,满足人们基于人的社会性的精神和心理需求(例如情感沟通),并实现自我认知和相互认知。从社会的角度看,人际传播的意义则在于建立形形色色的人际关系。人际传播双向性强、反馈及时、互动度高,收发信息的渠道多且灵活,至少可以从言语的和非言语的两方面进行考察。

第三,是群体或组织传播(group or organizational communication),即人们在群体或组织中进行的信息传播活动。人际传播扩大后就难免面对群体传播或组织传播的问题。人类是集群性动物,若干个体聚集到一起会组成群体,群体内必然会有传播,传播也正是群体组成的基础。组织是群体的一类,从结构上看它是偏于严密和正式的群体。组织中的个体有自己特定的角色和位置,这里有权力,有领导者和被领导者,有阶序,有分工,有责任。组织传播有对内的,也有对外的,对内旨在沟通组织内部各种垂直的和平行的关系,对外则在建立和发展组织与公众或其他组织之间的联系。

第四,是大众传播(mass communication),通常说的是专业化的媒介机构运用先进的传播技术和产业化手段向社会上一般大众展开的大规模信息传播活动。在新闻传播领域谈大众传播，主要关注的是媒介、信息、专门化机构等，不过，大众传播的英文原本是 mass communication，mass 有群众的含义，这更切合本文的旨趣。还是从人的立场看，大众传播较之组织传播是公开面对更大范围人群的，而且这人群不是那种严密的、正式的群体。当然，上升到社会层面，大众传播的制度化特性还是十分明显的，因此，在这个意义上人们便谈论着它监测环境、联络社会、传递文化、提供娱乐的诸般功能。

第五，是文化传播（cultural communication），即在文化背景下人们之间的交流，有时候，信息的发送者和信息的接收者来自不同的文化，信息的流通要跨越文化的边界。文化是人类独有的创造物，须臾难离，如影随形，从这层意义上说，所有人类传播都是文化传播。只不过关系太密反而不常被人意识到，就像空气和水。而在号称地球村、全球化时代的今天，跨文化交流日益活跃、凸显和引人注目，再也没有哪一种文化可以自隐于山重水复的桃花源中。文化传播涉及话题甚多，例如文化自觉、文化价值观、民族性、对文化多样性的尊重、克服民族自我中心、培养跨文化沟通的能力等。

本文对"范跑跑"事件的讨论，就是在这些类别下大致展开的。从自我到文化，我们试图对事件当事人的相关心理与行为能给出初步解释，同时对围绕事件发生的若干传播活动做出些许心理学分析，也希冀透过这种种侧面，增加一点对该事件反映出的国民心态的了解。

三　自我：兴趣的中心点

对自我的心理学研究证明了先哲的一个看法，人们常常是以自我为中心的。人们的自我概念（self-concept）会影响到自己的知觉、判断和行为方式。同时，研究也发现人们是有自利倾向的，在行为处事的时候会选取对自己有利的方式立场，在解释事物原因的时候也是如此，这就是自利归因偏差（self-serving attributional bias）①。"范跑跑"事件的主角范美忠也充分地表现了这一点。在他的文章中，他毫不讳言自己是一个极度关心自我的人："我从来不是一个勇于献身的人，只关心自己的生命，你们不知道吗？""我是一个追求自由和公正的人，却不是先人后己勇于牺牲自我的人！"②在一篇对范美忠的报道中，也提到他这种自我中心的倾向："但在朋友间，范的性情使人抵触。'他很少顾忌他人的感受。他沉浸在自己的精神世界里，以自己为中心，凡是有利于他思考的就喜欢，反之就极端排斥，而且缺乏和人沟通的耐心'。"③再按照自利的分析，这样极度关心自我的人应该不会将自己置于不利的位置。他自己也表示，对于行为的后果有考虑，知道会得罪人："我知道，我说了这句话，挑战了中国传统的道德观，犯了众忌，招来一片骂声，也是在我意料之中的。"④另一篇报道也提及"他说自己的言论是故意挑逗那些譬如孝文化背景下本能的心理"⑤。所以，他是有思想准备的，他这样做，应该有其他的考虑。

再来看凤凰卫视的相关节目。范美忠的言行引起人们的争

---

① 卡伦·达菲、伊斯特伍德·阿特沃特著，张莹等译：《心理学改变生活》，北京：世界图书出版公司2006年版，第100—101页。
② 资料来源于天涯论坛，网址 http://cache.tianya.cn/publicforum/content/books/1/106727.shtml。
③ 《愤怒青年的流浪生活：范美忠这个人》，《南都周刊》2008年6月6日。
④ 《老师地震时抛下学生 称挑战中国传统道德观》，《长江商报》2008年5月31日。
⑤ 《愤怒青年的流浪生活：范美忠这个人》，《南都周刊》2008年6月6日。

议后不久,凤凰卫视"一虎一席谈"节目请范美忠参与了一次现场辩论。这大概是范美忠首次在荧屏亮相,节目还造就了另一个媒体名人"郭跳跳",产生了某些戏剧化的效果。后来被网民称为"郭跳跳"的郭松民与范美忠一样,都是很自我中心的人,这从他们的发言内容和发言方式不难看出。在人际沟通中,倾听往往比表达更重要,可惜倾听有太多的障碍,有人总结出对比、猜测、演练、过滤、先入为主、心不在焉、自居、好为人师、争辩、刚愎自用、转移话题、息事宁人等项。① 我们以此来看上述两个很自我的人的交锋,亦即人们所说的"范跑跑 pk 郭跳跳",在很大程度上并没有达到交锋(沟通)的效果,他们基本上是自说自话,或者是自身的行为展演。他们很像表演家,不是在与对方辩论,而是向在场的观众以及电视机前的更多的观众作表演。

　　大众对于"范跑跑"事件,有着越来越分歧的说法,甚至衍生出许多不同的派别,相互攻讦。此种现象,依然可以从自我心理学的角度解释。在日常生活中,每个人对事物的解释,常常都是在自己最感兴趣的方面作出的。正如美国社会心理学家迈尔斯(D. Myers)所说的:"我们在自己寻找原因的地方找到了原因。"② 人们所辩护的,是自己认同、赞成的事情;人们所反对的,则是自己痛恨、排斥的事情。不同的人所感兴趣的方面可能不同,不同的人寻找原因的地点也可能存在差异。解释的多样化,反映的正是自我概念、自我意识的多样化。

---

　　① 马修・麦凯等:《人际沟通的技巧》,郑乐平等译,上海:上海社会科学院出版社 2005 年版,第 6—91 页。

　　② 戴维・迈尔斯著,侯玉波译:《社会心理学》,北京:人民邮电出版社 2005 年版,第 94 页。

四 人际：动机与行为

"范跑跑"事件中有一个争议的焦点，那就是范美忠是不是一个讲真话的人？如前所述，不少人认为范美忠能在网上公开自己的所做所想，至少说明他是个诚实的人。在凤凰卫视的节目中，节目主持人胡一虎也称范美忠为讲真话的人。但很可惜，心理学的知识难以证明这一点，倒可能有一些相反的证据。例如有网友指出在凤凰卫视的节目中范美忠的两腿一直在抖动，这种非言语信息使其言语的真实性受到怀疑。

已经有人著文从逻辑上推断范美忠的不诚实[1]，还可以从心理学的思维方式来看这个问题（不是下断语）。心理学研究发现，人们常用对应推论的方法，从言行来推测人格。但言行的真实目的本来就难以说清，于是有人提出社会期待相符说，假定人们通常都会表现出符合社会期待的言行，但这类言行我们不知道真假，倒是不符合社会期待的言行可能是真的。范美忠在自己文章中讲的话是不符合社会期待的，所以可能是真的，不少人就据此认为范美忠是真实的，当然是真小人。但问题是社会期待相符说只说了这种情况下人的言行可能为真，请注意"可能"二字，并不是必然。

正是在这个问题上，心理学的思维方式与普通人发生了偏移。普通人常把概率、可能性当做必然。心理学家发现动机与行为的关系是十分复杂的，绝非一一对应那么简单。我们简化一下问题，就以"君子"、"小人"作比：人们相信了表现出小人言行的范美忠是"真小人"，表现出君子言行的郭松民是"伪

---

[1] 蔡永飞:《"范跑跑"不诚实》,《中国经济时报》2008年6月2日。

君子"。这种确认,完全忽视了另外两种实际的可能情形:表现出小人言行者也可能是"假小人"(玩世不恭、愤世嫉俗的君子就会这样表现),表现出君子言行者又为什么不能是"真君子"呢?当然实际情况可能比这更复杂得多,我们起码还可以有第三种人,既非君子也非小人,如此可以组合出更多可能性。

从披露出来的信息看,范美忠有自己的语言策略,他提到自己特立独行的性格,也承认一些关键话语是事后添加的。范美忠对记者说道:"我知道别人期待我进行忏悔。我性格就是这样的,你期待我做的,我偏不做,我还要反着做。"① 这就是说,他的言行,很可能正好与常识中的社会期待相符说相反。还有他提到的事后添加:"其实当时我并没有对学生说'我是一个追求自由和公正的人,却不是先人后己勇于牺牲自我的人!在这种生死抉择的瞬间,只有为了我的女儿我才可能考虑牺牲自我,其他的人,哪怕是我的母亲,在这种情况下我也不会管的。因为成年人我抱不动,间不容发之际逃出一个是一个,如果过于危险,我跟你们一起死亡没有意义;如果没有危险,我不管你们你们也没有危险,何况你们是十七,十八岁的人了!我也绝不会是勇斗持刀歹徒的人!'这段话(即使说了,我也不认为这么说有什么不对,这更多的是对利害关系的理性考量),而只是说了上面'我从来不是一个勇于献身的人,只关心自己的生命,你们不知道吗?上次半夜火灾的时候我也逃得很快!'这句话。"②

那么,范美忠到底说的是真话还是假话?这个问题目前还难以回答,但我们可以确定的是,他的言行表明他是在合理化。

---

① 《愤怒青年的流浪生活:范美忠这个人》,《南都周刊》2008 年 6 月 6 日。
② 资料来源于天涯论坛,网址 http://cache.tianya.cn/publicforum/content/books/1/106826.shtml。

社会心理学在态度研究中有个由费斯汀格（L. Festinger）提出的认知失调理论（cognitive dissonance theory），讲的是人们在自己的认知与行为发生不一致的情形下，会有不舒服的感觉，解决办法就是去改变认知或行为的一方，使失调的变得协调起来。①范美忠有没有认知的失调呢？虽然他一直强调自己认识的一贯性并表示"没有丝毫的道德负疚感"②，但我们从他有限的文字叙述里面还是可以发现一些失调的蛛丝马迹的。他在面对学生质疑讲了一通自我以后还是写道："话虽如此说，之后我却问自己：'我为什么不组织学生撤离就跑了？'"③ 而在一次记者采访中，"范美忠得知光亚学校的校长并没有炒掉他的打算。这个过去不断在学校里被领导赶跑的人，开始对记者断断续续地描述了一些自己的反思。'我想，是不是我对学生们的爱不够。不仅仅是这次事件，也包括平时。或许，我应该对他们有更多的爱吧？'④"按照费斯汀格的理论，失调了就要改变认知或行为的某一方，可在范美忠那里，行为已经发生，成为了历史，很难再让老天爷来一次大地震重新去表现行为，最可行的方法就是去改变认知，使之与行为协调起来。费斯汀格认知失调的实验好像在范美忠这里重现了。

---

① 菲利普·津巴多、迈克尔·利佩，邓羽等译：《态度改变与社会影响》，北京：人民邮电出版社2007年版，第96—97页。

② 资料来源于天涯论坛，网址 http://cache.tianya.cn/publicforum/content/books/1/106727.shtml。

③ 资料来源于天涯论坛，网址 http://cache.tianya.cn/publicforum/content/books/1/106727.shtml。

④ 《愤怒青年的流浪生活：范美忠这个人》，《南都周刊》2008年6月6日。

五　群体：极化和去个体化

在凤凰卫视的节目"一虎一席谈"中，郭松民与范美忠辩论时使用了一些非理性的谩骂，上场伊始就气势汹汹逼人，频繁吐出"无耻"、"畜生"、"杂种"等字眼。不知道日常生活中的郭松民是否也是如此，但是人在群体情境下，或者换句话说有他人在场的时候，行为表现会与平常有所不同。心理学很早就关心群体行为现象，曾有群众心理学这样的分支，其中一本旧著还以《乌合之众》的新译名在新闻传播学界流行了好一阵。

群体心理确实有一些不同于个体心理的地方。有研究发现，群体讨论倾向于使群体成员的最初的观点得到加强，于是心理学家提出了群体极化（group polarization）的概念，指的是群体中人们的讨论可以强化群体成员的平均倾向[1]。在"范跑跑"事件中，也可以看到这种倾向。人们最初的观点会得到加强，微弱的意见会被放大，情绪亦会扩散和感染。下面是网络上对范美忠负面评价的一点点原始例子，表述和标点都没有改动，有些地方没有标点，也保持了原貌。

"现在真小人吃香啊，说实话我鄙视他，不是他先跑，而是他在那里为自己先跑辩护。作为一个教师连点起码的教师操守都没有谈什么教学育人，谈什么为人师表。""我也怕地震，也怕死，但是我是个人，更怕社会道德的谴责。中国有句俗话：人活脸，树活皮。就算你狡辩让那些所谓的自由斗士支持你了，但是广大的社会群众依然看不起你，连带看不起你的家人。""在那种情况下，也许我也会先跑，因为我从未遇到过类似的事

---

[1]　戴维·迈尔斯：《社会心理学》，北京：人民邮电出版社2005年版，第304页。

情,但我知道,不管我是什么身份、什么职业,抛下身边的人自己一溜烟跑了之后,再回来我会脸红,无法正视别人的眼睛,我会觉得很窝囊。""做错事并不可怕,可怕的是连承认错误的勇气都没有,范美忠就是属于这种人。""还北大毕业,简直没文化,什么是文化?文化就是一种民族精神和道德价值,像这种本能反应与低等动物无异,能称得上文化人吗?太可怜了,是中国式教育的悲哀啊!""范跑跑,你不配做人,更不用说做教师了!""虚伪、猥亵、自私、无耻!""好丑的人啊,内外如是!""人是可以貌相的,看范那猥亵的模样,德行也就如此吧。""败类,傻瓜,没良心,没道德,不是人,是小人。""这个人性泯灭的家伙!书都读到狗肚子里去了!在它的精神世界里不知什么才算美好的和丑恶的东西!""范跑跑这样的人,只配拖出去喂鸟!!!""不就是想出名吗?期待你成为第一个因为地震被杀的人。""姓范的你这个垃圾社会的败类我希望此刻你在看我的回复对你说的很对可能有很多人在那种情况下都会选择逃跑这点是你的自由我们无权干涉但是你后来说连你的母亲都不会营救就说明你是一个十足恶心的垃圾玩意了你想过没有当时她听到你说这些话的时候会多么伤心尽管你的母亲私下里听了你的解释可能会理解你毕竟你是他们的儿子可是你说的这番话会让天下多少个母亲寒心啊最后说一句北大怎么培养出了你这个垃圾!!去死吧你!!你死了我第一个放鞭炮!!!!你现在还有勇气活着本身就说明你是一个多么厚颜无耻的人!!!!!"

这里可以真切感受到群体极化的表现。人们最初批评一个人,可能会说"太不像话",接着就有人说"何止不像话,简直就是无耻",再往后就可能说"小人"、"不是人"、"畜生"、"垃圾",最后会说"去死吧"、"大耳刮抽死他"、"打死都不解恨"。群体极化产生的原因,是在某些群体情境中,人们更可能抛弃社会文化的道德约束，甚至忘记了自己的身份，而顺从于群体的行为倾向。也就是说，这时候的个体丧失了自我觉知的能力，变得去个体化（deindividuated）了①。其中，高水平的社会唤起、较大的群体规模、个人身体的匿名性等都是影响因素，在网络情境下，这种趋向更为明显。

六 大众：镜头偏差

其实，"范跑跑"事件本来就是个大众传播事件，大众传播心理学可以在此多有发现。不妨还是以凤凰卫视的节目为例，这是媒体策划的事件，是一种议程设置。但这种策划对一般受众会产生颇大的心理影响。譬如，对"范跑跑"事件的看法，最初的意见大致相同，以批评谴责为多。而范美忠在凤凰卫视这样的知名电视台露面，会让许多人觉得媒体是在肯定他、宣传他，因为中国的普通民众，还是会把上电视当做一种荣耀的。这正是中国人看重的"露脸"。"一虎一席谈"在对阵双方的安排上，论辩者人数相当，给人势均力敌的感觉，又让人觉得范美忠也是支持者众多。主持人胡一虎的评价更是相当重要，他三番五次地说范美忠是一个诚实的人，电视机前的观众会认为这是一个权威的评判。

除了上面的分析，这里还想提到社会心理学研究中所说的镜头偏差（the camera perspective bias）。在一些心理学实验中，要求人们观看警察审讯过程中犯罪嫌疑人认罪的录像：如果他们从聚焦在犯罪嫌疑人身上的摄像机的角度观看认罪过程，他们会认为犯罪嫌疑人的认罪是真诚的；如果他们从聚焦在审讯

---

① 戴维·迈尔斯著，侯玉波译：《社会心理学》，北京：人民邮电出版社2005年版，第297—303页。

员身上的摄像机的角度观看认罪过程,他们就会认为犯罪嫌疑人是被迫认罪的。在法庭上,大部分的录像都是聚焦在犯罪嫌疑人身上的,将这样的录像带播放给陪审团,几乎造成百分之百的宣判有罪[1]。

"范跑跑"事件正好可以从镜头偏差的概念去讨论。事件的一开始,媒体聚焦在范美忠的言行上,大众看到的是范美忠这个个体。因此,范美忠的一言一行,大家都感觉到应该由他自己负责。也就是说,人们认为他就是这样一个人,也只有这样的人会表现出这样的言行。但是,在电视辩论中,摄像机的镜头不是仅仅聚焦在范美忠一个人身上,观众看到了其他人,看到了场景。总体来说,这时的范美忠是被动的、弱小的、挨批的,再加上站在范美忠这边嘉宾的提示,大众似乎感觉到范美忠身上的压力,一些人开始对范美忠产生理解和同情。凤凰卫视的节目播出后,舆论对于范美忠的态度出现了微妙的变化,其中的一部分奥秘是可以用镜头偏差概念来解释的。

七 文化:归因风格及面子

莫里斯和彭凯平(Morris & Kaiping Peng)在"文化与原因"的标题下对不同文化中人们的归因风格作了系统的研究,其研究结果表明,西方人(如美国人)强调或倾向于从个人的心理品质来解释社会事件的发生,即多作内部归因。这是个人主义文化的归因方式。而亚洲人(如中国人)则强调或倾向于从环境的角度来解释社会事件的发生,即多作外部归因。这是集体主义文化的归因方式。也就是说,人们对事件的归因模式

---

[1] 戴维·迈尔斯著,侯玉波译:《社会心理学》,北京:人民邮电出版社2005年版,第92页。

随文化的不同而变化。他们把心理学的以及人类学的关于归因方式的观点综合起来，提出了"文化差别的内隐推测设想"（culture differ in implicit theories），即文化的差别以内隐的方式制约着人们对行为信息所进行的编码与表征，因此文化的差别不仅可以表现在言语的报告上，而且可以表现在归因知觉水平上[1]。

归因是最基本的人类行为之一，不同文化中人们归因风格的差异让我们了解到中国人谅解范美忠的可能原因。实际情形正是这样，原谅范美忠的人们最常提到的理由就是在那样的大地震面前，他有那样的行为不足为奇。中国人不仅善同情，还具有同理心（empathy），所以在思考"范跑跑"事件时还会扪心自问：我在那种情形下能保证不跑吗？凤凰卫视"一虎一席谈"节目中那位到过抗震救灾前线的心理咨询师也正是依此类设问让在座大多数来宾缄口无言的。有意思的是，范美忠对此并不领情，他在自己的文章中表示，自己的"跑"不是因为外在的情境，而是"内在的自我"在起作用[2]。难道中国人的归因倾向在范美忠那里不起作用？还有社会心理学里面的自利偏差、观察者和行动者差异等规律也都与范美忠无缘？不过，当我们回头看范美忠文章的标题时，我们似乎寻到了答案，文章的醒目标题是："那一刻地动山摇"。在面对记者采访时他也表示："我想说，很多网友并不能真正理解我，他们用自我的道德观念来要求我，他们希望别人做得更好，殊不知，在当时那种

---

[1] Morris, M. & Peng, K. (1994). "Culture and cause: American and Chinese attributions for social and physical events." *Journal of Personality and Social Psychology*, 67, 949—971.

[2] 资料来源于天涯论坛，网址 http://cache.tianya.cn/publicforum/content/books/1/106727.shtml。

情况下，他们可能会跟我一样。"① 所以，他还是站在自己的角度选择了自利归因，他还是看到了外在情境的力量。

从文化视野检视"范跑跑"事件，还可以提到心理学对中国人面子的研究。早在一百多年前，美国传教士明恩溥（A. Smith）写作《中国人气质》，第一条就是讲面子。② 近百年来的中国人如鲁迅等也在好多场合评论过中国人的面子。在心理学领域对此问题最先作深入探讨的是台湾的黄光国先生，他的主要研究成果集中在《面子——中国人的权力游戏》一书中③。该书详述了中国人对面子的热衷以及在社会生活领域对面子的种种娴熟运用。

在"范跑跑"事件中，范美忠关于地震来时"只救女儿、不救母亲"的言论惹得国人震怒。中国人对于母亲的爱是一种伦理道德底线，也可以说是一种母亲文化，范美忠自然知道这一点，所以他对后果也有所预期。看一段他与记者的对话吧。"长江商报：为什么在文章里，要说明'只救女儿，不救母亲'，网友都认为你是个不孝子。""范：母亲和女儿很难从情感上分别谁更重要，只是女儿只有一岁，救起来成功性更大。我举这个例子，只是要说明在生死抉择面前个人生命的重要性，并不是说我不爱母亲。我知道，我说了这句话，挑战了中国传统的道德观，犯了众忌，招来一片骂声，也是在我意料之中的。"④

---

① 《老师地震时抛下学生 称挑战中国传统道德观》，《长江商报》2008 年 5 月 31 日。
② 史密斯著，张梦阳、王丽娟译：《中国人气质》，兰州：敦煌文艺出版社 1995 年版。
③ 黄光国等：《面子——中国人的权力游戏》，北京：中国人民大学出版社 2004 年版。
④ 《老师地震时抛下学生 称挑战中国传统道德观》，《长江商报》2008 年 5 月 31 日。

我们要说的是，文化可分为两种，一是做的文化，一是说的文化。讲面子的中国人在很多时候甚至更看重说的文化。对"范跑跑"事件，许多人表示"跑"可以理解，但那样"说"就不应该了。或许有人会问：做都做了，还不能说说吗？错了，在中国文化语境下，有些事情你可以做，却万万不能说。

文化濡化及代沟

文化濡化是人类个体适应其文化并学会完成适合其身份与角色的行为的过程，此概念关注的重心在文化、民族或社会的主体——人。本文认为，文化濡化是一个终身过程，人在母腹中已能感受到它的反响，当然，最重要的濡化还是在家庭、学校及社会中进行的。每一文化都以其独特的设计保证该文化成员濡化的完成，这些独特设计又导致民族性的差异。濡化是时间轴上的文化传递，若其失真，就会出现代沟。代沟的外在表现是几代人之间的隔阂与冲突，但其深层原因乃是文化的转型。认识到这一点，就能更好地理解代沟并自觉促成文化转型的顺利实现。

一

文化的一个重要特性是传承性，无此特性，就不会有文化的积累，也不会有我们今日能看到的伟大的人类文化成就。就每一个人类个体而论，其在诞生之初不过是一个与世界其他林林总总生存着的动物相差无几的生物体，尽管这个生物体蕴涵着日后巨大发展并终于在本质上超越其他动物的可能性。在有些文化中，这一观念表达得十分明确，如说英语的民族对初生婴儿使用动物性的代词"它"(it),就含有初生婴儿还不具备人类的特性,只不过如小动物一般的意味。

从生物体到社会人的进程即个体发展。对个体发展的认识,历来有遗传决定论与环境决定论的争锋,还有许多介于二者之间的折中论调。但撇开个体的心理发展不论,单从个体对文化的掌握看,则不能不说后天的习得居于绝对的主导地位。这一过程,用日常语言说是受教育,人类学家则称为文化濡化(enculturation)。在今日之人类学里,文化濡化被界说为"人类个体适应其文化并学会完成适合其身份与角色的行为的过程"①。这样一个过程是极其曲折而漫长的,对每一个体,可纵贯其整个生命历程。当然,在生命的不同阶段,文化濡化有着不同的表现。

文化濡化这个概念是美国人类学家赫斯科维茨(M. J. Herskovits)在其1948年出版的《人及其工作》一书中首次使用的。②这个概念所涉及的主体是人,与以往人类学中将注意力集中于文化、民族、社会等宏观方面有所不同,这大概是受了20世纪30年代后人类学中心理学研究趋向的影响。其实,赫斯科维茨的业师、现代美国人类学的"舵手"博厄斯。便提出"我们必须理解生活于文化中的个人"③。赫斯科维茨的学术思想与出于同门的本尼迪克特(R. Benedict)、米德(M. Mead)等民族心理学派的主将相通也就不足为怪了。

在中国学术界,对民族这样一个人类共同体的讨论已有几

---

① Winick, Charles, Dictionary of Anthropology. Totowa, N. J.: Littlefield, 1984, p. 185.

② 参见芮逸夫主编《云五社会科学大辞典·人类学》,台北:台湾商务印书馆1971年版,第297页。

③ 本尼迪克特:《文化模式》(中译本),杭州:浙江人民出版社1987年版,第2页。

十年的历史，对文化的注意也复兴了好几年，但对文化与民族的主体——人——的研究，却尚是薄弱的一环。也许，引入文化濡化概念，有助于提醒我们，文化是人创造的，文化也是通过一个个的人传递和维持着的，同样，文化还需要由人来发展。离开了具体的人，文化就只剩下一个没有生命的空壳。我国这几年的文化讨论，之所以难以深入，陷于大而空的境地，恐怕在很大程度上与忽视现实生活中的人而只注重尘垢蒙面的故纸堆有关。究竟如何把握文化研究的对象在哪里诸如此类的问题并不是已经得到了完满的解答。

中华是五千年文明古国，我们的祖先给我们留下了浩如烟海的典籍，这是我们的宝贵财富，但不当的使用也会成为一种负担和阻碍。典籍是文化的产品，是文化的反映，但很难完全说它们就是文化本身。且不说典籍只能反映文化的一部分，就算能反映文化的真实，也不过是明日黄花在镜中的映象，其中能寻出的只是传统文化的身影，是死的文化。而活生生的正在发挥功能的文化却正在你我他芸芸众生的头脑里、行动中，只有挖掘出现实生活中人们对文化的理解、对文化的实践，才能说是真正把握了文化。对文化濡化过程的研究或可帮助我们达到这一境界。

二

文化濡化既是一个过程，就有其开始与终结。从人类学的立场看，文化濡化是不间断地进行的。"朝闻道，夕死可矣"[①]，正是指学习悟道的濡化过程可以持续到人的最后一口气。所以，以死亡为濡化过程的终结大概是没有什么问题的。但这个过程

---

① 《论语·里仁》。

的起点确定在何时就不那么容易了。以人的诞生为起点自然方便，因为出生是人面临的第一个重要的转变。可是，中国古代即有胎教之法。《礼记》载有"古者胎教"的思想，《论衡》中进一步作了详细的讨论，所谓"子在身时，席不正不坐，割不正不食，非正色目不视，非正声耳不听"，而周文王之成为"圣王"，更相传是其母实行胎教的结果。古代科学也日渐证实胎教的合理性。如此看来，未出世的胎儿便已能感受到社会所施加的文化影响。

当然，重要的、大量的文化濡化还是在出生后进行的。从个体的生命历程看，最初是儿童期，此时的濡化机构主要是家庭。心理分析理论的创始人弗洛伊德（S. Freud）十分重视早年儿童期经验对人一生的影响，在文化与人格研究领域运用弗洛伊德理论的哥伦比亚大学派，自然以童养育（child rearing）为注意的焦点。这一派的主将卡迪纳将哺乳和断乳的方式、有关排泄和性的教养、家雇的结构和规模等称为初级制度（primary institution），认为社会成员经此吸取其文化要素，从而形成基本的人格结构（basic personality structure）。第二次世界大战中学界的国民性研究（national character studies）也大致是循着这条思路进行的。[①] 这一派的研究倾向，站在今日回顾，不难看出其儿童期决定论的偏颇。但决定论是一回事，重要性是另一回事，当代心理学、教育学、社会学等都无不承认早年经验对人们终身发展的极大影响。而在我国，虽有"三岁看老"的古训，但连篇累牍的婚姻家庭研究著述中，学者们对儿童养育问题却十分吝惜笔墨，这不能不说是一件憾事。

就大多数人而言，第二个遇到的濡化机构是学校。学校教

[①] 绞部恒雄主编，周星等译：《文化人类学的十五种理论》，贵阳：贵州人民出版社1988年版，第75—89页。

育是有意识、有组织进行的，被教育者受特定人员（如教师）的教育。从知识掌握角度考虑，现代学校起到了十分重要的作用。但人类学家通过对学校教育的研究后认为，教育不局限于学校，教育主要来自学校以外。而且，通过学校进行的教育还受到社会和文化的局限[1]。即以学校教育本身而论，教师的影响力也不是绝对的，同济群体（peer group）在从世界观、人生观直至具体的待人接物、衣着服饰等方面都对其成员产生巨大的影响。[2]

现代社会中，一个人在学校接受完系统的教育后就会走上工作岗位，无论这岗位是在工、厂、机关或军队，这些地方依然是进行文化濡化的机构。除了有组织有系统的自上而下的影响外，同一单位的成员间横向弥漫的影响力也不可低估。相对于以前的濡化，此时个人意识的选择性开始发挥日益显著的作用。

传播工具的发达是当代社会的一大特色。电影、电视、书刊、广播无时无刻不在向人们的头脑中渗透。在美国，儿童用于看电视的时间已远超过他们和现实世界即和家人、亲友、教师相处以及用于玩耍、运动、念书的时间。难怪有人惊呼，对任何人都可闭门不纳，但广播与电视却堂而皇之地破墙而入[3]。现代化传播媒介的加入，使得现代人的文化濡化过程更加复杂多变。为了叙述的方便，我们可以将一个人的濡化阶段分为家庭、学校、单位等等，但实际上，很难有不受社会影响的家庭与学校阶段。发生在两千年前的"孟母三迁"的故事，就说明

---

[1] 辛格尔顿著，蒋琦译：《应用人类学》，武汉：湖北人民出版社1984年版，第66页。

[2] 刘安彦：《心理学》，台北：三民书局1978年版，第88页。

[3] 赵浩生：《漫画美国青年》，上海：上海人民出版社1982年版，第8页。

那时社会环境的影响已常常胜过家教。

除此之外，不同的民族又有不同的文化设计，由此使得其成员的濡化过程也独具特色，推论下去，一便会导致民族性的差异。在出没于大兴安岭的鄂伦春族中，男孩五六岁开始用马箭射小鸟，七八岁练骑马，十一二岁便随父兄到猎场围猎，到十五六岁就成长为一名能单骑出击的猎手了。女孩则跟随母亲和老年妇女外出采集，学习辨认几十种可食的野菜、野果和块根植物，学习桦树皮的剥制、加工和制做各种皮制品，并练习在这些东西上刺绣和雕刻。老人则负责向儿童讲家谱、族规及赞颂勤劳、勇敢、谦虚等美德的故事。① 而信奉佛教的傣族，儿童在母亲或姐姐的照管下长大，六七岁后，开始学放牛及挑水打柴等活路，七八岁时，男孩要到佛寺当小和尚，识字读经，女孩在家学烹饪、纺织、缝纫，做母亲的助手。母亲在家中操持一切，父亲常外出闲游，因此儿童早期受女性熏陶较多，傣族性格温顺也许与此有关。② 鄂伦春族和傣族在文化濡化过程上的不同，直接影响到整个民族的性格，从中也可反映出狩猎采集文化和农业文化的某些差异。

文化濡化研究中的一个热点是成年礼仪式。许多民族志的材料表明，在整个成年礼过程中，孩子们常被隔离一段时间，在丛林学校或类似机构中接受关于本族历史、为人处世以及新的义务和举止仪态等方面的系统教育，还要学习怎样打仗、狩猎及怎样处理日常生活事务等内容。成年礼的仪式过程有着某

---

① 《鄂伦春族》，载严汝娴主编《中国少数民族婚姻家庭》，北京：中国妇女出版社1986年版。
② 《傣族》，载严汝娴主编《中国少数民族婚姻家庭》，北京：中国妇女出版社1986年版。

种心理学上的效果,如增强自信心、克服恐惧心理等。① 成年礼如今在中国大多数地区已不可见,但多数学者认为中国古代是广泛存在成年礼仪的。如古代男子岁行的冠礼、女子岁行的笄礼,实质上就是一种成年礼。② 而在中国一些少数民族地区,至今仍保留着较为完整的成年礼习俗,使学者们能从无法亲见冠礼与葬礼的遗憾中得到一些补偿。如在云南宁蒗的纳西族中,少年到了一定年龄就要举行进入成年的仪式女孩叫穿裙子仪式,男孩叫穿裤子仪式。整个仪式包括换装、祈祷、宴饮及一系列象征性活动。③ 若从文化濡化的立场看成年礼,则此种仪式正标志着社会对其成员初步濡化完成的认可。

三

文化濡化涉及起码是两代以上的人,因而与横向的文化传播不同,它是一种纵向的代际间的文化传递。文化传递的理想标准是毫厘不爽,但在实际过程中要保持百分之百的准确性是很难做到的,这样一来就出现了偏差,最终导致文化变迁(culture change)。当变迁的速率过快且幅度过大时,代与代之间就会发生隔阂,也就是我们常说的代沟(generation gap)。

代沟并不是某一天突然浮现出来的,所有的人类文化都或多或少地表现出时代的差异。仅以西方美术而论,17世纪文艺复兴后至世纪末,就出现了人文主义、洛可可(rococo)、巴罗克(baroque)、风格主义、学院主义、浪漫主义、印象主义、分

---

① 巴伯著,王亚南、邓启耀译:《人生历程——人类学初步》,昆明:云南教育出版社1988年版,第29—39页。

② 王力等:《中国古代文化史讲座》,北京:中央广播电视大学出版社1984年版,第140—141页。

③ 严汝娴、宋北麟:《永宁纳西族的母系制》,昆明:云南人民出版社1983年版,第141—149页。

色主义、唯美主义、写实主义、自然主义、古典主义、新古典主义等多种各具特色的艺术思潮，把美术发展的不同轴线点缀得色彩斑斓。只不过代际的差异，从未有像第二次世界大战后的这几十年表现得这么突出，这么令人失措罢了。

在代沟研究领域，人类学家的贡献是世人瞩目的。20世纪70年代初，久负盛名的女人类学家米德完成了她一生中最后一本重要著作《文化与承诺——一项有关代沟的研究》。为了深入分析代沟现象，书中提出了对文化类型的三种区分，即长辈楷模文化（postfigurative culture）、同辈楷模文化（cofigurative culture）、晚辈楷模文化（prefigurative culture）。[①] 长辈楷模文化是指晚辈向长辈学习生活的经验，同辈楷模文化是指晚辈和长辈的学习都发生在同辈人之间而晚辈楷模文化则是指长辈反过来向晚辈学习。米德认为，当今西方社会已步入晚辈楷模文化阶段，由此造成战前的一代人与战后的一代人在观念上和行为上的巨大鸿沟。

米德的权威性是不容怀疑的，但她对当代西方社会文化类型的断言却显得有些操之过急。因为一种文化若完全转化为晚辈楷模文化类型，按米德的定义，长辈已屈尊降贵向晚辈学习，那么，激烈的代际冲突也将不复存在，代沟也就不成其为一个突出的社会问题了。所以，西方社会自60、70年代以来日益显著的代沟问题正好说明，他们的文化充其量不过是处在同辈楷模文化向晚辈楷模文化的转型时期。

用米德的理论来对照，中国自70年代末敞开国门走向世界，文化类型也开始发生了转变，扰乱着许多人的代沟现象的出现，可以说是一个明显的信号。但中国的代沟问题，与西方

[①] M. 米德著，周晓虹、周怡译：《文化与承诺——一项有关代沟问题的研究》，石家庄：河北人民出版社1987年版，第27页。

社会的代沟问题，只是现象上的相似。如果说，在米德所处的美国，代沟现象背后是同辈楷模文化向晚辈楷模文化的演变，则当今中国，代沟现象背后却是长辈楷模文化向同辈楷模文化的转型。这样的转型，在美国这个国度中，开发之初就在进行着。因为哥伦布（C. Colomb）所发现的美洲，是个迥异于欧洲的大陆，在那里，没有传统的经验可以依托，没有现成的答案可供选择，所以费孝通说"美国的历史其实就是一部不靠祖宗余荫，靠自己，不买账，拚命、刻苦创造出来的记录"。① 在美国，父母对子女的要求，并不是要他们做自己惟妙惟肖的摹本，而是鼓励他们在与同辈伙伴的竞赛中先执牛耳。"美国的父母并没有具体的孩子将来应当成为怎么样一个人的标准。自己不应像父母，孩子也自然不应当像自己。"② 中国的情况相反，若以美国为缺少传统的代表，中国就是富有传统的典型。心理人类学的倡导者许烺光在对中国文化所作的基本假定中，就有一条是"年龄即代表智慧，并且是值得尊敬的"③。依此，便要求晚辈向长辈学习，奉传统为圭臬。中国文化的这个特征，一直到现在仍时时可辨。成长在这种文化中的个人，都免不了经历孔夫子"三十而立，四十而不惑，五十而知天命六十而耳顺，七十而随心所欲，不逾距"的人生道路。

至于说中国目前已开始向同辈楷模文化转型，在我们身边就可找到不少的事实根据。80年代以来，我国城市文化中显现出的一个新迹象就是类似于人类学所说的年龄群（age group）

---

① 费孝通：《美国与美国人》，北京：生活·读书·新知三联书店1985年版，第21页。

② 同上书，第170页。

③ 许烺光著，张瑞德译：《文化人类学新论》，台北：联经出版公司1979年版，第110页。

活动的增多。在公园里，聚集了越来越多热衷于气功、门球、太极拳、健身操、传统戏曲的老年人；单位中，有一面埋怨青年人自由懒散一面回忆50年代"好时光"的中年人，各种娱乐场所出入的则是一群谈论着港台红星、东洋电器、欧美时装的青年；还不该忽略大批着迷于电子游戏、"变形金刚"的孩童。长辈的经验对晚辈已逐渐失去指导意义，同辈人的相互影响开始超过异代之间的影响。晚辈对长辈们津津乐道的事件已觉得时代悠远，长辈对晚辈挂在嘴边的词汇也深感陌生。真是父母难解儿女意，知音唯在同辈寻。这样，在谈论接触到共同的问题时，长辈与晚辈在观点与行动上的差异隔膜就难以避免了。

四

如前所述，若文化濡化的过程不失真，代沟也就无由产生，生活在这种文化中的人自然省去了许多烦恼。在中国一些偏远地区，以及亚洲、非洲和散居在太平洋诸岛上的许多民族，至今仍在相当程度上保持着这种状况。然而，代沟却不是衡量一个社会优劣的标尺，依原样传递的文化是缺乏创造力的，也是难以持久的。代沟的显隐，往往是社会发展变化的晴雨计，认识到这一点，并予以合理的引导，事态就会朝人们期望的方向发展。因此，大可不必对代沟问题忧心忡忡，谈虎色变。

不惧怕代沟的出现，并不是说可以流行不止，任之而已。代沟会引发社会的不稳定，因此也是一种社会问题（social problem）。若以对代沟的分析，只是想提醒人们，对代沟问题的解决，仅采用治标的方法，而不把握其背后的文化转型实质，是不能见其功效的。所以，要将更多的气力花在文化转型的顺利实现上，这样，就奠定了解决代沟问题的基础。

文化濡化在此能充分发挥其作用。它既可为正在进行的文化转型鼓与呼，又可为巩固已完成的文化转型呐与喊。这里有必要对中国现在的教育观作一番反思。人类学由于其学科特色，一向持大教育观，与一般只将教育理解为是在学校中进行的狭义教育观大异其趣。相对说来，学校教育只占文化濡化较小的部分。因此，中国现阶段的教育，除在学校实施外，更应在家庭邻里、机关单位、传播媒介等多层面齐头并进。而学校的教育，也需与社会的发展相契合，否则只会导致学生在走上社会后的认知失调。

濡化又是一个自人诞生之日起就开始的终身过程。因此，我们也要改变那种教育的对象只是胎毛未干的年轻人而不包括"嘴上有毛"的成年者的传统观念。文化转型对每一代人来说都是一个新问题，旧有的经验在这里已派不上用场，几代人处在同一条起跑线上。这就要求大家跨过代沟，携起手来，平等交流，共同探索。米德指出，"真正的交流是一种对话"，而代与代之间对话的基础是"共同的语言"①。我们认为，共同的语言代表着一种共同的认识，即对文化转型的共识。作为超越于个体之仁的濡化机构，是有责任有义务也有能力将这种认识传达给社会中每一代人的。

代沟问题还应该引起人们对亚文化（subculture）及亚文化群体的重视。在一些国家，"青年文化"（adolescent culture）已经争得一席之地，并在许多方面影响到主流文化。而在中国，青年文化的合法地位至今未获确认。其实，在中国近百年的历史中，青年文化亦曾显示出巨大的影响力。轰轰烈烈直接影响中国社会发展进程的"五四"运动，就是一批年轻人发动起来的。中国共产党成立之初，其核心人物中的一些人，如毛泽东、

---

① M. 米德著，周晓虹、周怡译：《文化与承诺——一项有关代沟问题的研究》，石家庄：河北人民出版社1987年版，第87页。

蔡和森、周恩来等，也皆是不到而立之年的青年。在今天和明天，青年文化必将发挥更大的作用。主流文化应以博大的胸怀接纳青年文化，不应持排斥态度而使其沦为逆反文化（counter-culture）。

青年问题还不仅仅关系到青年自身。文化中新一代人的成长，又会影响到他们下一代的文化濡化过程。从有关广西大瑶山盘瑶的民族志中，可以看到，这个相对周围汉族聚居区变迁还较缓慢的社区，中青年男子已大部分改换汉族人的服装，由此使得八岁以下的男孩，已百分之百放弃了本民族的服装[1]。上一代人有意识的、激烈的濡化过程，到下一代人已成为无意识的和缓的过程。自然，下一代人成年后，也许又有了新的需为之抗争的目标。

在人类学中谈代沟，实际上已包含从社会文化上断代的意思。当人们说某人属于某一代，注重的并不是他的生理年龄，而是其心理年龄和社会年龄。年轻人中难免有老气横秋之辈，年长者中当不乏壮心未已之人。西班牙画家毕加索90岁高龄时依然被世人称为"年轻的画家"，就是因为他在一生中不断变换艺术手法，不断探索求新，永远走在时代的前列。所谓"活到老、学到老"，也正是要求一个人紧紧跟上历史前进的步伐，莫做时代的"弃儿"。许多土著民族早就在有意无意之中认识到了这一点，如南美火地岛最南端的锡克兰人（selknam）的成年礼，对参加者的年龄并不加以限制，重要的是看其精神上是否成熟。[2]

---

[1] 胡起望、范宏贵：《盘村瑶族》，北京：民族出版社1983年版，第208—210页。

[2] 利普斯著，汪宁生译：《事物的起源》，成都：四川民族出版社1982年版，第251页。

不同的社会，对精神上的成熟有不同的标准。目前我们所处的社会，精神成熟应指具备适应文化转型的能力。这样一来，生理年龄就不再是划分代沟的绝对指标，对社会文化发展的共同认识才是人以群分的深层原因。如果几代人都认识到面临的文化转型，并努力培养对转型的适应力，那么，不唯转型的工作会更为顺利地完成，就是代际的隔阂与冲突，也会得到消除或缓解，社会、文化才能沿着健康的轨道向前推进。

论少数民族文化中的竞赛

随着交通工具和通讯工具的发达,世界变得小了起来,不同民族间的接触增加,文化沟通已成为今日全球的必然趋势。在中国,通过大众传播媒介,各少数民族的风俗习惯,山川景物被广泛介绍,打破了以往在中华民族文化中汉族一统天下的局面。今天的文化真正是丰富多彩了,各民族间的相互了解也日益增进。

民族文化中最引人注目的自然是它独特的闲暇活动和人工制品了,这些内容构成了一个民族的民俗画卷。对于民俗画卷的研究是中国民族学义不容辞的责任。但是,相对于大众传播的宣传,中国民族学对这些内容的研究还是太少了。在有限的探讨中,也往往只是停留在对画卷的描述阶段,其深刻的文化涵义却没有引起应有的重视。

本文仅想对民俗画卷中那些通常被视为文娱体育活动和民间工艺制作的一部分内容作些考察,并提出一些与传统说法不同的解释,以就教于诸位同仁。

一

中国少数民族中的传统体育活动究竟有多少项目,至今还没有一个比较全面的统计，较著名的有摔跤、赛马、射箭、叼羊、赛龙舟、爬刀竿、登山、套马、赛芦笙，竞走、惯牛等。①至于少数民族民间工艺制作，则有蜡染、毛织、刺绣、挑花、织锦、编织等多种。② 这两方面的内容在少数民族的节庆活动中常常同时展现出来，是风俗民情中独具异彩的部分。

对上述民俗画卷中的这部分内容，中国学界以往的民族学研究均将其列为少数民族风俗习惯中的文娱体育活动和民间工艺制作，以此说明少数民族文化中有丰富多彩的一面，而对其深刻的文化含义并没有予以深究。在有关的调查资料里，有一点虽被记录下来却未受到充分重视的内容，即这些活动和制作中的佼佼者，在本民族或本社区享有相当声誉的年长者多为村寨中的头面人物，年轻者则常是异性追求的对象。因此，以往的解释应该说是不够全面的。固然，有一部分文体活动和工艺制作有专门化的现象，局限在一定范围的人群中进行，但对少数民族风俗画卷中的多数内容仅仅作表面化的理解是不深入的、非本质的。这部分内容应视为文化中的竞赛（Competition）。

以本人几次调查过的广西融水苗族自治县各族人民为例，可以说明一些问题。首先，通过这些活动，人们能获得一定的社会地位和声望。如在农闲"赛芦笙"或每年一度的坡会"赛马"中，优胜者被视为本族本寨的英雄，男性群体里说话有号召力的多是这些人。女子逢节庆盛会则穿上自己亲手制作的漂亮衣裙，各处展示，显示她们的聪明才智和挑花刺绣的手艺，经大家评判出的最佳者，是姑娘们群起仿效的样板。其次，这些活动又为青少年们提供了建立友情，寻觅佳偶的机会。芦笙

---

① 《中国少数民族传统体育》，中央民族学院科研处 1984 年编印，前言部分。
② 梁钊韬等：《中国民族学概论》，昆明：云南人民出版社 1985 年版，第 234—237 页。

吹得娴熟的小伙子，衣饰制得精美的大姑娘，会引起众多异性的追求。另外，这些活动又是各族群众生活中的一种调剂物。在信息贫乏、交通闭塞的民族地区，缺少多层次的精神文化生活，民俗画卷中的这部分内容正好调适了人们的心理生理状态。

其实，各民族的人们在上述活动本身的名称中也常冠以"赛"字，如赛马、赛歌、赛芦笙、赛花衣等，只不过外人既未将它们当做竞赛看待，对这"赛"字也就缺乏必要的重视。少数民族的许多体育活动，强身健体是一方面，更重要的是为与他人一争长短、出人头地；所谓工艺制作也通常不是交易品，而为的是在公共场合向同族人展示，以博采声。

二

人类自有了群体意识和自我意识，把我群（We-Group）和他群（They-Group）、自我和他人区分开来，竞赛就是必然存在的了。只是由于社会政治、经济、文化、地理等因素的影响，竞赛的表现方式各有不同。

这里简略地回顾一下人类竞赛的历史。在社会生产力极为低下的原始社会，人们主要靠自己身体的能量与自然界抗衡，这时最受重视的是人的力量。古希腊奥林匹克所进行的竞技正反映了这种力的对抗。可以说，人类最初的竞赛是力的竞赛。其后，随着社会的发展，智慧在生存发展中的作用愈来愈明显，逐渐引起人们的重视，竞赛的内容起了重大的变化。但力的竞赛并未立即退出舞台，二者有一段共存时期。如在中国古代，智慧的化身诸葛亮和力的化身武松可以同时活在人民的心中，便是这段共存期的体现。到了近代工业社会，由于大机器的出现，对人类本身力量的需求锐减，对智慧的要求日益增高，力的竞赛便仅在专业的体育运动中得以保留。

竞赛虽然有力与智的转化过程，但在现代，即使是在同一国家中，由于各地区、各民族的社会发展水平不一致，文化变迁不同步，竞赛的形式也存在一定的区别。在中国，对城市文化和农村文化作一比较，便可以发现在它们之间存在的差异。从空间上看，城市社区居民的生活范围和社会接触面比传统的农村社区大大地扩展了，地域概念变得十分淡薄，发达的信息工具使人们不得不采取开放型的生活，流通包括商品的流通、信息的流通、知识的流通、人才的流通等成为城市文化的特征。从时间上看，城市文化的生活频率较之农村是大大加快了，人们计算时间的单位越来越小，生活方式、价值准则、伦理观念迅速变迁①。

若从文化中的竞赛来考察，城市文化与农村文化的差异则表现为多元和一元、复合和单纯的区分。城市社区居民的竞赛形式是多样的，更加重视智慧的因素并且随时随地都在进行，而农村社区却正好相反。

中国的少数民族多分布在广大的农村，文化类型自然多属于农村社区文化。更由于语言、地理、风习等条件的制约，他们较之汉族农村更接近传统类型。他们所进行的竞赛，便多限于上文所述的那些内容了。正因为竞赛项目少，人们在自觉与不自觉中对它就格外珍视。在外力冲击下，这些民族文化中的许多内容更换或消失了，但民俗画卷中涉及竞赛内容的部分却得以保存下来。

仔细考察一下少数民族中的竞赛，还可以归纳出不少特征来。从地域分布看，各民族的竞赛内容及形式与各自的地理环境及经济文化生活是吻合的。从年龄看，竞赛多在青壮年中进

---

① 《社会学概论》编写组编：《社会学概论》，天津：天津人民出版社1984年版，第九章"社区"。

行，老年和儿童一般是作为旁观者出现。不过老年和儿童中还是有区别，老年人由于自己的经验和声望，可以充当竞赛的评判者，并以曾经是竞赛参加者的身份对正在竞赛的青壮年进行指导，儿童则只是旁观者和学习者。从性别看，某些竞赛项目为男性或女性独占，如赛马、摔跤几乎都是男子进行，而赛花衣自然是女性的项目了，另一些项目为两性所共有。粗略看起来，男性主要是赛勇猛和力量，女性多是比灵活和技巧，这一特点既与各自的生理特点相适应，也与各自在社会生活中所担负的角色、任务相适应。最后，从竞赛的形式看，可分为群体和个体两种，如赛龙舟、叼羊、抢花炮等是群体对抗的竞赛，但更多的、受人欢迎的还是个体对抗形式的项目。

三

20世纪50年代末，语言学界掀起了一场"大革命"，并迅即影响到整个社会科学界。这场革命就是乔姆斯基（A. N. Chomsky）提倡的转换生成语言学（Transformational-generative-Linguistics）理论。在此只想介绍乔姆斯基语言学理论中的两个概念，表层结构（Surface Structure）和深层结构（Deep Structure）两个术语，为乔姆斯基分析句法理论时所使用的术语。前者确定句子的语音，是实际上说出来的现实的句子结构后者是抽象的结构，它确定语义解释，代表句子的语义。句法的基础部分生成深层结构，再由转换部分转换出表层结构。乔姆斯基认为表层结构属于语言行为，深层结构属于语言能力，语言学家的任务主要还在于说明语言能力，所以重点应放在研究深层结构上。①

---

① 王德春：《现代语言学研究》，福州：福建人民出版社1983年版，第39—52页。

乔姆斯基在分析句法结构时使用的这两个概念，借用到对社会文化现象的分析也是十分恰当的。我们只要稍微留心一下就可发现，社会生活中的每一事物都无不有它的表层和深层的意义。文化的表层结构是我们日常可见的，也是习以为常的，而深层结构却并不总是一目了然的，它往往就是文化的功能，透射着民族的心理，生活在本文化中的人也不一定明其究竟。文化的深层结构需要我们进行一番深入思考和缜密探究方可窥其堂奥。

民族学（Ethnology）和民族志（Ethnography）是不相同的，前者是对各民族资料在比较的基础上进行的理论探讨，后者则是对单一民族文化面貌的记述。换一种说法，民族学研究的是文化的深层结构，民族志研究的对象则是文化的表层结构。从中国民族研究界的现状看，不能不说真正民族学的探讨还很缺乏。几十年来，多还是停留在对各民族文化的表层结构的描述上，即只记述文化现象，不考察文化的功能。

本文所讨论的少数民族民俗画卷，就涉及表层和深层的问题。将其视为文体活动和工艺制作或视为竞赛，这两种解释就是研究者的出发点不同所致。调查者大多来自汉文化占主导地位的城市，很容易以这种文化的立场去看待其他民族的风俗人情，因此将许多节庆和闲暇的活动视为文娱体育活动和民间工艺制作。这样的归类并没有错误，但在目前汉文化占主导的城市生活中，由于各项工作的专门化，文体活动和工艺制作多限于少数专业人员从事。而在其他民族地区，在表层是文体活动和工艺制作的内容，却为全体成员所共同参与下进行。从深层结构考虑，这些以往仅被视为文体活动和工艺制作的内容在少数民族文化中体现了一个共同点，即它的竞赛性质，它有时以群体对抗的形式进行，更主要的还是采取个体对抗的形式。

从不同出发点所得出的两种解释是可以并存的，问题是研究者不应该停留在表层的解释上。过去中国基层政府的有些人曾试图对少数民族的风俗习惯进行改革，用行政命令停止了一些竞赛活动如改装、禁歌乐、取缔集合等。作为替代，派遣一些文艺宣传队、幻灯电影放映队等到有关地区去"打发"少数民族群众的闲暇时间。但由于在指导思想上仅将这些活动作文化表层的解释，结果是表层上的文化生活有了，实际上人们的潜在需求没有得到满足，新的竞赛形式没出现。少数民族的这些竞赛活动要么是明禁暗难禁，要么由此引出了新的危机。明白了这些活动的竞赛性质，从文化的深层结构，人们各种需要的满足来考虑，在进行风俗习惯的改革时，就会有目的地加以引导控制，并使其与整个社会变迁过程协调一致。

四

一般来说，人的各种活动都是为了满足自身机体的需求，而对人类需要的研究古已有之。美国人本主义心理学家马斯洛（A. H. Maslow）的理论在众多的同类研究中是十分引人注目的。他在《动机与个性》（*Motivation and Personality*, 1954）一书中提出了人类需要层级（Hierarchy of Human Needs）论，之后又不断对这一层级进行丰富和补充，最后定型的层级一共分七层，依次是生理需要、安全需要、爱和相属关系的需要、尊重需要、求知与理解的需要、美的需要、自我实现的需要。人类需要的层级很明显是按从低级到高级的顺序排列的。①

约半个世纪前，功能论的创始人马林诺夫斯基（B. K. Malinowski）就提出了他的"需要理论"（Theory of

---

① J. P. 查普林、T. S. 克拉威克，林方译：《心理学的体系和理论》下册，北京：商务印书馆1984年版，第102—108页。

Needs），但他所列举的需要仅只是人类的生理需求，这样便将人降低到纯生物的水平。① 现代科学研究告诉我们，人类的需要不仅有生理性的，更重要的是还有心理性的和社会性的内容。不过，马林诺夫斯基同时指出，任何社会现象和文化现象，都符合某种现实的、社会的需要，这一点倒是我们不应忽略的。

马斯洛认为"人必须尽其所能，这一需要我们可以称之为自我实现（self-actualization）"②。自我实现不限于天才特有的创造活动，人们在尽其所能做好工作时都可能在实现他们潜在的能力。人类的这种自我实现的需要就是实现个人的理想抱负、发挥个人的能力于极限的要求。也就是说，每个人必须干称职的工作，是什么样的角色就应该干什么样的事，这样才会得到最大的满足，而自我也达到了完善。

少数民族地区的各种闲暇活动，就是人们在追求各层级需要的满足。年长者须得到尊敬，年轻者要争取异性。各民族的每一个成员其生活的最高目标就是尽其所能，在同族人面前显示自己存在的价值。文化表层中的文体活动及工艺制作之所以受本族人欢迎，就在于它们有满足人们需要的功能，而这种需要概括而言即竞赛的需要。人们在进行身体运动、歌舞、手工制作时，也同时自觉不自觉地在进行着自我的实现。

总的来说，少数民族文化中的竞赛是为了使参加者达到一种需要的满足，这种满足尚可细分为生理的（松弛神经、活动四肢、使用机体余力）、心理的（自我实现、审美、爱与归属）、社会的（获致某种社会地位、在青年人则有利于婚姻的结合）

---

① C. A. 托卡列夫，汤正方译：《外国民族学史》，北京：中国社会科学出版社1983年版，第241—243页。

② J. P. 查普林、T. S. 克拉威克，林方译：《心理学的体系和理论》下册，北京：商务印书馆1983年版，第104页。

三类，而其重点在后两类，这也就是上节讨论的文化的深层含义。

五

中国社会学界认为，现代化是一种人为的、有目标的、有计划的社会变迁过程。①既是人为的过程，现代化就必然受地理环境、文化传统、国家制度等因素的影响，因此各国的现代化道路是不会完全相同的。就是在同一国家的不同地区，也会存在一定的差异。不过，从总体特征上来看，现代化过程还是有其共同点的，主要的特征表现在一个社会将自孤立走向联合、自单纯走向复合、自一元走向多元、自平行存在走向整体化等②。

农村文化和城市文化的区别正在于一元化和多元化上。现代化运动要达到的目标之一就是消除城乡差别，消灭这种差别要通过城市化（Urbanization）过程③。因此，传统的农村文化必然向城市文化靠拢。在整个社会变革中，竞赛作为文化的一个面也将发生变迁。下面简单谈谈发达国家中城市文化竞赛的形式。现代西方社会是个开放型社会，竞赛的多样化便是其一大特点。这里不但竞赛项目多，竞赛的方式方法也多，发达的大众传播工具使人们的竞赛超出了面对面的范围，竞赛可以在不同层次进行。如在美国，40年前的城市社区便创造出许多的竞赛。除了升学、就业、晋级、发财等是必然的竞赛内容外，诸如持续跳舞的时间、喝啤酒的宏量、高空站钢丝等均可作为

---

① 《社会学概论》，天津：天津人民出版社1984年版，第282页。
② 卫惠林：《社会学》，台北：正中书局1970年版，第318页。
③ 《云五社会科学大典·社会学》，台北：台湾商务印书馆1975年版，第178页。

竞赛项目。① 固然，在西方社会中，许多竞赛内容已几近无聊，但撇开其内容不谈，竞赛项目的多样化使得人们自我实现的机会增多了。某人在这一方面成功无望，却可另寻他途出人头地。三百六十行，行行出状元，这就是现代文化中竞赛的特点。

中国少数民族文化中的竞赛，在现代化的作用下，也将从一元走向多元，日益表现出多样性和多层次性。现实生活中，已可以发现少数民族地区竞赛变迁的一些端倪。如在生产水平较高、社会较开放的地区，人们开始将升学、当干部、出外经商等列入竞赛内容，跑过"大地方"、见过"大世面"的人成了众人羡慕的对象。而且，随着社会的开放和各民族交往的增多，竞赛的对象也在扩大。新的竞赛项目，正悄悄地进入少数民族的文化中。

社会现代化过程对竞赛形式的变迁必然产生巨大的影响，而竞赛的变迁也构成对现代化过程的诸种反馈力量之一，同样能在某种程度上促进现代化的实现。竞赛内容的变迁可以作为一种指标，它反映出民族心理上的变化。人们的追求目标有了更换，文化的重心发生了偏移。

因此，中国民族学研究少数民族文化中的竞赛问题，预测竞赛的发展变化，能为各级政府有意识地指导竞赛的变迁提供一定的参考，这对于民族地区现代化建设亦是一项贡献。也许，新的竞赛形式产生后，在心理的和社会的满足上便代替了旧的竞赛。这样旧的竞赛便失去了其在文化中的深层意义，而浮现于文化的表层，真正成为单纯的文体活动和工艺制作了。

---

① 费孝通：《美国和美国人》，北京：生活·读书·新知三联书店1985年版，第165页。

生育文化与民俗心理学

一 学术界对生育文化的讨论

人口和生育问题与文化的关系是密不可分的，自1990年代始，从文化的角度对人口和生育的研究便蓬勃开展起来。从我们掌握的有关文献看，这方面的研究最初考虑的是生育与文化的关系，似乎还没有直接提出生育文化的概念，但很快"生育文化"作为一个词组就出现在学者的著作中。举一些例子来看，前者如王冰的《文化与人口发展》（《人口动态》1991年第1期）叶明德的《略论我国传统文化对生育的影响》（《人口与经济》1991年第1期）、朱国宏的《作为一种文化的生育》（《西北人口》1991年第1期）、邬沧萍、贾珊的《中国文化与生育率下降》（《中国人口科学》1991年第5期）、王跃生的《传统文化与中国人口论纲》（《中国人口科学》1993年第5期）、罗蓉的《论传统文化对中国农民生育决策的影响》（《人口学刊》1996年第1期）、吕红平的《论传统文化对中国人口转变的影响》（《中国人口科学》1996年第4期）等；后者如朱国宏的《传统生育文化与中国人口控制》（《人口研究》1992年第1

期)、董辉的《传统生育文化的惯性与人口控制的难点》(《人口学刊》1992年第4期)、熊郁的《论生育文化与人口控制》(《南方人口》1994年第3期)、穆光宗的《论生育文化和生育控制》(《社会科学》1996年第9期)、刘德翔的《要加强生育文化的研究和宣传》(《人口学刊》1997年第1期)、谭友林的《改革对我国农村生育文化的影响研究》(《西北人口》1999年第1期)等。值得注意的是,在1998年,国内有影响的杂志《人口研究》鉴于生育文化研究领域的兴起,组织一些专家学者就"生育文化:传统与变革"的话题进行了座谈①。

另一方面,科学研究尤其是人文社会科学研究,不可避免地会受到社会文化环境的影响。人口和生育作为社会中的敏感问题更是如此。应该说,在生育文化的研究上中央及各级政府的力量也起到了很大的促进作用。近年来,各级政府方面也意识到文化对人类生育问题的巨大影响,因此大力提倡对生育文化的研究。

1999年3月,中共中央宣传部和中央政府计划生育委员会联合发出了《关于广泛开展婚育新风进万家活动的通知》,通知决定,为深入贯彻落实中共第十五次全国代表大会精神,深化计划生育宣传教育工作,在全国城乡广泛开展婚育新风进万家活动,宣传科学、文明、进步的婚育观念,建设社会主义生育文化,增强广大群众实行计划生育的自觉性,为完成20世纪末和21世纪中叶的人口控制目标营造良好的社会环境。2000年3月2日颁布的《中共中央国务院关于加强人口与计划生育工作稳定低生育水平的决定》更明确提出,今后十年人口与计划生育工作的目标之一是初步形成新的婚育观念和生育文化。与此

---

① 人口研究编辑部:《生育文化:传统及其变革》,《人口研究》1998年第6期。

相关，2001年《人口研究》编辑部组织了一些有关部门的官员和专家学者，就"中国人口转变：生育文化发挥了多大作用？"的话题展开了讨论。①

到目前为止，人们对生育文化已经提出了许多有启发性的见解，仅从对生育文化的界定上看，比较系统的观点便有不少。例如，有人认为，它是人类所特有的文化现象，包括生育意愿、生育科学、生育习俗等内容②；有人认为，它至少包括生育观念及与之相应的制度形态和组织方式③；有人认为，它表现为一定社会中人们共同的生育行为规范体系、生育行为模式的总和④；有人认为，它是人类在生育这一问题上的一整套观念、信仰、风俗、习惯及行为方式⑤；有人认为，它是人类在一定历史条件下形成并传演的与生育有关的一种文化，包括物质、精神和制度三个方面⑥；有人认为，它是指与生育有关的一切文化现象，可分生育政策、生育观、公众舆论三个侧面⑦；有人认为，它包括互相联系的两个层面，一是新生命萌发、孕育、诞生及其围绕这些环节而派生出的种种文化现象，二是新生命出生后的养育及其派生出的种种文化性操作⑧；有人认为，它是在多种因素共同作用下形成的对生育行为的一种合力，是内在于生育主体

---

① 人口研究编辑部：《中国人口转变：生育文化发挥了多大作用？》，《人口研究》2001年第4期。

② 张一兵：《生育文化》，哈尔滨：北方文艺出版社1991年版。

③ 朱国宏：《传统生育文化与中国人口控制》，《人口研究》1992年第1期。

④ 董辉：《传统生育文化的惯性与人口控制的难点》，《人口学刊》1992年第4期。

⑤ 李银河：《生育与村落文化》，北京：中国社会科学出版社1994年版。

⑥ 彭希哲、戴星翼：《中国农村社区生育文化》，上海：华东师范大学出版社1996年版。

⑦ 黄润龙：《关于生育文化的研究综述》，《人口与计划生育》1998年第5期。

⑧ 郑小江：《中国生育文化大观》，南昌：百花洲文艺出版社1999年版。

中的生育观念①；有人认为，它代表一定民族特点，反映人们对生育问题认识水平的思维方式、心理状态、价值取向、观念体系、风俗习惯及行为方式的总和②；等等。上述界定提及价值观念、制度体系、风俗习惯、行为方式等诸多层面，可以说将人们通常所认识的文化的各个层次都涉及到了。

二 人类学的可能贡献

讨论生育文化，首先要碰到的就是文化概念即文化是什么的问题。在人文社会科学领域，"文化"是使用频率最高的词汇之一，但同时也是一个争议最多的词汇。有人甚至说，有多少谈文化的学者，就有多少关于文化的定义。在这种情形下，介入文化概念的讨论是很不明智的事情。但是，既然提出了生育文化的问题，就不能不做一下文化概念的梳理工作。而人文社会科学领域中的概念之争大大多于自然科学领域，其中一个重要的原因，就在于人文社会科学中使用的词汇多是自然词汇，不同于自然科学所使用的人造词汇。文化也是如此，它是一个日常词汇，在口语中，其含义与知识教养相近，如我们说某人有文化，即是说他有知识有教养。在政府行政机构中，还有分管文化的部门，如文化部、文化局、文化馆等，这里的文化含义，主要是指文学艺术、文体娱乐等内容。对一个日常使用的自然词汇，每个人都可以有自己的理解，因而难免言人人殊。为了避免这种状况，我们应该回顾一下有关学科的专家学者在文化问题上的见解，站到前人奠定的基础上来讨论生育文化。

---

① 谭友林：《改革对我国农村生育文化的影响研究》，《西北人口》1999年第1期。

② 吕红平：《生育文化转变论》，《河北大学学报》2000年第5期。

在对文化概念的把握上，应该承认人类学家是走在了前面。对文化问题关注时间最久、研究成果最多的是人类学家。我们知道，每门学科都有自己的关键词，按说人类学的关键词应该是人类，但在人类学家眼中，人类被视为是拥有文化的动物，这就将文化推到了前台。人类学最重要的分支文化人类学（cultural anthropology）就是从文化的角度研究人类所习得的各种行为的学科，它研究人类文化的起源、发展变迁的过程和世界上各民族各地区文化的差异，试图掌握人类文化的性质及演变规律。文化人类学家最具成就的工作是对人类的婚姻家庭、亲属关系、宗教巫术、原始艺术等方面的研究。因此，检视一番人类学家有关"文化"的看法，对于今天研究生育文化问题或许是不无裨益的。人类学中同样有数不胜数的对文化的界定。通常在人类学界追溯到最早的文化定义，它是英国人类学家泰勒（E.B. Tylor）作出的。在1871年出版的《原始文化》一书中他写道："文化（culture）或文明（civilization），就其广泛的民族志意义来说，是包括全部的知识、信仰、艺术、道德、法律、习俗以及作为社会成员的人所掌握和接受的任何其他的才能和习惯的复合体"[①]。上述界定中，泰勒指出了文化的整体性，这一点为多数人类学家所赞同。

在泰勒之后，不断有人提出新的文化定义。到1952年，美国人类学家克罗伯（A. L. Kreober）和克拉克洪（C. Kluckhohn）讨论文化概念时，便罗列出160余种由人类学、社会学、心理学等学科的学者所下的有影响的文化定义。经过他们的分析，这些定义按其着重点大致分为6类：列举描述性的、历史性的、规范性的、心理性的、结构性的、遗传性的。在评述了上述定

---

① 泰勒等著，连树声译：《原始文化》，上海：上海文艺出版社1992年版。

义之后，克罗伯等作了一个综合性的文化定义："文化是各种显型的或隐型的行为模式，这些行为模式通过符号的使用而习得或传授，构成包括人造事物在内的人类群体的显著成就；文化的基本核心包括传统的（即由历史衍生及选择而得的）观念，特别是与群体紧密相关的价值观念；文化体系既可被看做人类活动的产物，又可视为人类作进一步活动的基本条件。"① 这个定义因其综合的性质，也因克罗伯等人在人类学界的地位，产生了巨大而且长久的影响。

中国的语言中本来就有"文化"这个词，当作为一个科学概念的"文化"传入后，许多人也对其界定开展了讨论。限于篇幅，这里主要介绍一下人类学家李亦园的文化观。李亦园将文化视为一个民族所传承下来的生活方式，包括可观察的和不可观察的文化。可观察的文化共有物质文化、社群文化、表达文化等三类。他从英国哲学家罗素的名言"人类自古以来有三个敌人，其一是自然，其二是他人，其三则是自己"说起，指出可以将这段话延伸而说明可观察的文化，于是，文化包括了：（1）物质文化或技术文化。（2）社群文化或伦理文化。（3）精神文化或表达文化。但是，文化除了这三类可观察的文化之外，还有关于文化内在结构的不可观察的文化，所谓内在结构，就是文化的文法，或者说是文化的逻辑，它是用来整合三类可观察的文化，以免它们之间有矛盾冲突的情况出现。这种不可观察的文化法则或逻辑就像语言的文法一样，构成一个有系统的体系，但经常是存在于下意识之中，所以是不可观察，或不易

---

① 芮逸夫：《云五社会科学大辞典·人类学》，台北：台湾商务印书馆1971年版。

观察的。[1]

结合人类学中对文化的讨论，我们曾提出简单地将生育文化定义为在一定的群体中人们所共享的有关生育问题的一整套生活方式[2]。这里说"一定的群体"，是因为不同的群体会有不同的文化面貌；说"人们所共享"，是因为文化必然为群体中绝大多数人所共同拥有；说"一整套生活方式"，是因为文化是整体的、活生生的并对人们的行为产生着规范作用。如前所述，文化整体性的思想自泰勒提出以来，便为人类学者所信奉。这"一整套生活方式"的内容，主要包括李亦园所说的物质文化或技术文化（如生育技术）、社群文化或伦理文化（如生育制度）、精神文化或表达文化（如生育观念）这三大类。而正如美国人类学家克罗伯和克拉克洪所强调的，在生活方式的背后，生育文化的核心部分是由历史衍生及选择而得的与群体紧密相关的价值观念。

人类学对于人口和生育研究的可能贡献当然不仅仅是在生育文化的概念上，它在理论和方法上都可以提供一些有价值的东西。例如，在美国等西方国家，用人类学的理论和方法研究人口问题已成为人口研究的一个非常活跃的分支，这就是所谓人类学的人口研究。长期以来，人口学研究关注的是研究结果的代表性，其兴趣在于在大的国家或地区水平上研究人口现象；相反，人类学家集中于研究一个具体的社群，试图深入细致地了解实际情况。各自的学科特点，使人口学和人类学的结合所进行的人口研究能很有力度。"在全国水平代表性的调查存在一

---

[1] 李亦园：《文化的图像》（下），台北：允晨文化实业股份有限公司1992年版。

[2] 拙文《生育文化与宜昌经验》，载李宏规、张纯元：《治本之路》，北京：中国人口出版社2001年版。

些问题,由于研究方法自身的限制,我们无法了解人口过程所赖以产生发展的社会过程,而人类学研究能充分了解分析一些人口表象背后的各种社会文化机制。于是,大规模统计数字的代表性,需要这些人类学的深入调查对人口现象所作的社会文化的解释来支持、印证。"①

人类学对人口问题的研究始于20世纪70年代,已经积累了相当的成果,这一领域的早期关注内容,从李亦园《文化人类学与人口研究》一文中可略见一斑。该文的小标题有:人类学与人口问题;早期人类的人口历程;文化模式与人口历程;文化因素与生殖行为;家庭计划与文化背景②。后期的研究在广度和深度上都有拓展。例如,仅就文化对生育的影响这一专题,人类学家便分别从影响受孕的因素、决定生育权力的因素和影响胎儿成长和子女成活的因素等方面进行了深入的调查与分析③。

近年来,笔者在研究中也尝试运用人类学的理论和方法观照人口和生育问题,主要讨论了婚后居住模式与生育文化的关系。在中国大多数农村地区,人们的婚后居住采取的是从夫居模式,与之相适应形成了一套提倡多生、重视生子的生育文化传统。而在少数地区,也存在着从妻居的婚后居住的选择,这种婚姻通常被称做招赘婚、招婿婚、上门女婿婚等。通过对湖北省一些实行婚后从妻居地区的调查,发现这些地区的生育文化表现出与从夫居地区不同的特征。由于各种原因,这里的人

---

① 王丹宇:《关于人类学的人口研究——与Kertzer教授一席谈》,《中国人口科学》2001年第1期。
② 李亦园:《文化人类学与人口研究》,李亦园:《文化人类学选读》,台北:台湾食货出版社1980年版。
③ 周云:《文化与人口》,《社会文化人类学讲演集》(下),天津:天津人民出版社1997年版。

们大多不愿多生育，也基本上做到了生儿（男婴）生女（女婴）一个样。同时，从妻居的婚后居住模式也对文化的其他一些层面产生了影响①。这些探索性的工作表明了人类学介入人口研究的可行性和有效性。

三　民俗心理学的启示

　　人类学只是对人口和生育研究有帮助的一门学科，随着人口学科的发展和社会上强烈的对人口问题的关注，越来越多的学科加入到人口研究领域。正如李亦园先生所指出的："由于近年来，人口问题探讨的方向，已由狭义的人口学研究扩展到'人口研究'（population studies），人口现象的探讨不再是生物统计学家和人口统计学家所专门的学科，而是各种不同的社会科学和行为科学家都共同有兴趣而参与的问题；它们从各个学科的立场从事人口动态和过程的社会、经济、心理和文化因素的研究，企图从较广的角度来了解人类种族繁殖的根本问题。"

　　更多学科的加入，将使人们对人口和生育问题有更深入的了解，也将使人们对生育文化有更全面的认识。前文讨论过中国学术界对生育文化的界定，这些界定涉及价值观念、制度体系、风俗习惯、行为方式等诸多层面，其中生育观念（在各人的界定中用词略有差异）是大家共同强调的内容。在回顾人类学的文化定义及给出适当的生育文化界定时，也强调了生育文化的核心部分是由历史衍生及选择而得的与群体紧密相关的价

---

① 严梅福：《婚嫁模式影响妇女生育性别偏好的实验研究》，《中国人口科学》1995 年第 5 期；严梅福：《变革婚嫁模式、降低出生性别比——以湖北省为例》，《湖北大学学报》1995 年第 5 期；拙文《居住模式与生育文化》，《市场与人口分析》，2001 年第 2 期。

值观念。多学科对生育文化研究的深入探索，首要的目标就是观念。

观念的研究需要借助心理学的知识。从人类学的角度谈观念，关注的是社会中的一般民众所拥有的文化观念，这样一套观念或曰看法，就是心理学中所说的民俗心理学。民俗心理学有时也被叫做"常识"心理学，指的是人们对心理状态日常的、"民间"的了解会形成一套有关心理的理论。民俗心理学可以从两种角度去认识：外在论的观点认为民俗心理学是一套包含在人们对心理状态的日常谈论中的有关心理的理论；内在论的观点认为，民俗心理学是体现于心脑构造中的人类心理学理论，这套理论是人们在日常生活中理解、预测、说明自我及他人行为的基础[1]。

民俗心理学的提法是否妥当，尤其是民俗心理学是否有一套系统的"理论"，对此学术界尚有争议，但即使是在正统的心理学中，也承认普通大众会有自己关于人类心理的常识性的观念，并且这套观念会深刻地影响到他们的行为："一个不是心理学家的普通人，甚至没有接触过有关心理学的书籍或课程，完全没听说过编码加工、原型、启发式、深层结构这样一些认知心理学名词，他会有自己的一套关于心理的'理论'吗？答案是肯定的。每个人都拥有自己的关于心理的常识性理论，而且这些直觉的'民俗'心理学的观念会对人们如何行为产生重要的影响。"[2]

由此可见，民俗心理学的说法实际上在提醒人们注意一个

---

[1] Nairne, James S. Psychology: *The Adaptive Mind*. Pacific Grove: Brooks/Cole Pubishing Company, 1997.

[2] Seymour-Smith, Charlotte. *Macmillan Dictionary of Anthropology*. London and Basingstoke: The Macmillan Press Ltd, 1986.

重要的事实，那就是即使在科学知识已经十分普及的今天，人们头脑中可能还大量存在许多前科学的观念。这些观念虽非科学的，但它们对人的行为的影响却是实实在在的。譬如在生育领域，民间就有大量口耳相传的本土性知识，从如何选择结婚对象、如何把握怀孕时机、如何预测胎儿性别一直到如何抚养和教育子女，等等，不一而足。这些知识的传播者，往往是亲戚朋友、左邻右舍，其影响力并不亚于官方进行的宣传和学习。对于这样一些观念不加以重视，就无法获得对人类心理的全面了解。

其实，在重视本土观念的人类学中，也有关注民俗心理学的研究领域，这就是在认知心理学等学科影响下形成的民族科学。所谓民族科学，通常是指对不同社会、不同文化中人们所拥有的对各种事物的分类体系的研究[1]。例如，民族科学中有民族植物学，研究的是各个社会文化中人们的植物分类体系，还有民族动物学，研究的是各个社会文化中人们的动物分类体系。民族科学的研究与人类学中对文化主位立场（emic）与文化客位立场（etic）的区分有关，其中文化主位立场指的是"从局内来看其他生活方式"，也就是说，在研究任何文化时，不仅要站在局外（文化客位立场）观察，还要深入局内体会，体会本群体成员的所思所想[2]。民俗心理学所关注的，正是文化中广大群众的所思所想。

在生育文化的研究中，了解民俗心理学，还只是研究的第一步。我们不仅要知道人们的生育观念是什么，更要知道这些观念是如何形成的、如何传递的、如何起作用的、还可以如何

---

[1] Seymour-Smith, Charlotte. *Macmillan Dictionary of Anthropology*. London and Basingstoke: The Macmillan Press Ltd, 1986.

[2] 拙文《文化：越问越糊涂》，《民族艺术》2001年第2期。

去改变等等一系列的问题，这便导致了对民俗心理学的科学研究。美国学者戈德曼（A. I. Goldman）指出："认知科学的中心任务就是去揭示心灵的真实本质。这个世界上人们所拥有的天真的、纯朴的想法同样是十分值得重视的。前科学的思想和语言包含着许多关于心灵的观念，这些观念应该受到认知科学的关注。正如科学的心理学研究民俗物理学（人们对于物理现象的常识性理解也包括误解）一样，科学心理学也必须去研究民俗心理学（人们对于心理现象的常识性理解）。我将科学心理学的这样一个分支领域称之为'民俗心理学的心理学'。"[1] 可以看到，民俗心理学的心理学将在生育文化的理论探讨以及在实际生活中人们生育观念的转变诸多方面作出自己应有的贡献。反过来看，结合我国国情的生育文化的研究和实践，也将对民俗心理学这门学科的发展包括我国本土心理学的建设大有助益。

---

[1] Goldman, Alvin I. "The psychology of Folk Psychology." *Behavioral and Brain Science*, 1993, (16).

居住模式与生育文化

从妻居是婚后居住模式的一种。据默多克的民族志抽样调查材料显示，夫妇婚后与妻子的父母生活在一起或住得很近的从妻居模式约占所有社会的15%（C. 恩伯、M. 恩伯，1988）[1]。在中国大多数农村地区，人们的婚后居住采取的是从夫居模式，与之相适应形成了一套提倡多生、重视生子的生育文化传统。而在少数地区，也存在着从妻居的婚后居住的选择，这种婚姻通常被称做招赘婚、招婿婚、上门女婿等。本文通过对湖北省枝江市百里洲镇戴家渡村实行婚后从妻居情况的调查，发现这里的生育文化表现出与从夫居地区不同的特征。这里的人们大多不愿多生育，也基本上做到了生儿生女一个样。同时，从妻居的婚后居住模式也对文化的其他一些层面产生了影响。

一 调查地点概况

戴家渡村隶属枝江市百里洲镇。百里洲是位于枝江市城区南面长江中的江心洲，面积为212平方公里，洲内土壤肥沃，

---

[1] C. 恩伯、M. 恩伯著，杜杉杉译：《文化的变异》，沈阳：辽宁人民出版社，1988年第333页。

盛产棉花和梨子。戴家渡村在百里洲的西南部，北距镇政府刘巷约2公里，南与松滋市隔长江相望，村边长江支汊松滋河堤外即为渡口，水陆交通相当便利。

据有关部门1998年年底的统计，戴家渡村共有409户，总人口1510人，该年度人口自然增长率为-6.64‰。全村实有耕地面积3261亩，农业经济总收入为1765万元，农民人均纯收入为2940元，高于宜昌市（枝江为县级市，由宜昌市管辖）和枝江市的平均水平。戴家渡村分为7个村民小组，村民的居住较为分散，其中2、3、4、5组呈"田"字状分布，为该村的主体，村委会、医务室、商店等都在这四组交界的十字路口处。最靠西部的是1组，北部是7组，6组则在远离其他各组的最北边。

百里洲有着悠久的历史，汉代的典籍里就有记载。自东晋至南宋的800余年间，百里洲曾先后5次设置为县城。戴家渡的历史，大概也在300年以上。从族谱看，1934年纂修的《郑氏族谱·前言》记载，郑氏一世祖为明初千户侯，"出仕于湖广等地，递而遂籍此地"，至今已历十六世余。1945年纂修的《戴氏族谱·载氏宗祠谱序》记载，"自明迄清由江西省迁湖北荆州府枝江县上百里洲前岸江滨"，"时逾三百年，代传十一世"。

二 从妻居的历史与现状

戴家渡村的从妻居源于何时已不可考，该村两大姓戴姓、郑姓中现存有族谱。从族谱的资料看，从妻居可能有将近200年的历史。据《载氏族谱》记载，招赘婚始于第十世祖，"慈孝配方氏，子友芝（黄姓入赘）"，"俊孝配李氏，子友定（詹姓入赘)"等。此外，还有出赘的记载：九世祖"敦善配刘氏，生子金孝（出赘松滋陈姓）"。其时间，约在20世纪初年。《郑氏族谱》中记载的招赘婚比戴氏要早，在十二世祖时，"郑公成焕，字寅章，曾安人，招女婿陈千英，改名郑德权"；"郑公成书，只有女，招女婿陈千春"。其时间，约在19世纪三四十年代。

在村民的记忆中，从妻居的情况有愈来愈增加的趋势。一些目前还健在的80岁左右的老人回忆，20世纪30年代时村里有招赘的，但很少，人们不太时兴招赘婚。那时宗族的势力较大，结婚需经族长同意，上门的女婿要起个合同，更名换姓，这样才能不受人欺负。例如，戴姓现在最早的赘婿为戴宏旗老人，他原名杨守和，1942年做上门女婿后改为现名。又如生于1942年的赵永普，到戴家渡1组骆姓人家做上门女婿后改名骆志春。那时要在房族中有地位的家庭才敢招婚，留儿子在家娶媳的看不起留女儿在家招婚的。上门女婿改名换姓的现象在20世纪50年代还存在，但到60年代基本上就没有改名换姓的现象了。目前在姓氏上的通常做法是，女婿上门不需要改名换姓，在生养的子女中，第一个随妻子姓，第二个随丈夫姓，余下的依次类推。也有一些家庭已经完全不按这套规矩行事，子女全随父亲姓或采取其他形式。

户籍资料支持了从妻居逐渐增多的判断，也反映出女婿情况的一些变化。在三四十年代。上门女婿中有许多是外地人，现在却更多的是在本地上门，50年代以后，从妻居的情况增多，七八十年代以来，从妻居更形成风气。这种情况的造成和政府有关部门的宣传提倡有关。在关于婚育新风的推广中，男到女家落户受到了鼓励，实施计划生育政策以后，对某些情形的男到女家落户还给予了一定的优惠。至今许多村民还记得，百里洲镇在1978年规定，凡是男到独生女家落户的，可以生育二胎。镇里出台这项政策是为了适应计划生育工作的开展，让广大群众感觉到生男生女一个样。从该地人口发展的实际以及人们目前的生育观念来看，这项政策收到了预期的效果。

根据百里洲镇政府计划生育办公室提供的资料，截至1998年年底，戴家渡村各组男到女家的户数及其所占比例见表1。

表1 戴家渡村各组男到女家的户数及其比例

组别	总户数	总人口	20–50岁男到女家落户的户数	所占比例（%）
1	69	257	10	14
2	60	226	11	18
3	70	259	9	13
4	62	231	14	23
5	50	200	8	16
6	60	207	12	20
7	38	103	7	18
全村合计	409	1483	71	17

以戴家渡村1组为例，对其男到女家的情况做了核查，发现从妻居的户数高于统计资料，共有17户（统计资料上是10户）。造成这种差别的主要原因是年龄段，因《宜昌市农村人口社会调查统计表》上计算的年龄段是20—50岁，50岁以上村民的从妻居便没有计算在内，这样的从妻居共有6户。还有个别变动的情况，从宜昌市统计后到这次调查时产生了一户新的从妻居家庭。如果以17户计算，1组从妻居的比例就不只是14%，而达到了25%，即从妻居的户数占到了全组总户数的1/4。在整个戴家渡村7个组的合计中，从妻居所占的比例为17%，以1组的情况类推，若加上50岁以上村民的男到女家，从妻居户占全村总户数的比例可能会超过20%而接近1/4。本次调查统计，戴家渡村人口为1483人，与所得资料人口总数不

一致。

　　戴家渡村1组的小地名叫"谭家拐",从地名上看,这里以前是谭家的地盘。1925年出生的谭天柱老人说,谭家祖籍江西,后迁到荆州南门外,因生活无着,他的高祖来到了百里洲戴家渡的谭家拐,如今这里姓谭的均是此一支。不过,从目前1组的姓氏来看(这里统计的是户主的姓氏),谭姓虽然最多,但并不占优势,仅1/6略多。在全组总共69户中,谭姓12户,郑姓11户,杨姓9户,这是较大的姓氏,其他还有戴、张、黄、詹、骆、易、刘、王、田、胡、吴、陈、覃、海、杜15个姓氏。姓氏如此分散,主要是从妻居造成的结果,上门女婿的到来,使原本较为纯而少的姓氏变得杂而多起来。在17户招婿家庭中,作为主要姓氏的谭姓和郑姓各占5户,均接近1/2,可以预计,在下一轮的家庭分合重组过程中,谭姓和郑姓作为本组较大姓氏的地位还将进一步被削弱。

三　从妻居的类型

　　关于从妻居的类型,前人已经做过一些讨论。例如董家遵在发表于1947年的《谈谈赘婿制度的形式与成因》一文中以招夫者的不同身份将从妻居分为闺女招夫、妇人招夫、寡妇招夫、养媳招夫四种(董家遵,1995)[①]。不过,其中养媳妇是较为少见的婚俗,董家遵指出在福建漳浦有之。近年则有周翔鹤、庄

[①] 董家遵:《中国古代婚姻史研究》,广州:广东人民出版社1995年版,第352—355页。

英章等报导过闽南、台湾的养媳招夫（周翔鹤，1994；庄英章 1994）①。在戴家渡村，目前没有养媳招夫这种形式。至于妇人招夫，即俗称的"招夫养夫"，为有夫之妇招新夫以养旧夫，这是多夫制的一种，戴家渡也没有这种形式。戴家渡所常见的是闺女招夫，也有少数的寡妇招夫。根据戴家渡的情况，本文主要从家庭中为女儿招婿的角度对从妻居进行一下分类。

从家庭的角度看，其子女的情况可分为无子无女、有子无女、无子有女、有子有女这四种情形。按理说，无子无女就不会有婚姻发生，但在中国，人们特别看重后代子孙的延续，因此传统中创设了收养的方式，以保证世系的传递。由于本文考虑的是从妻居，所以专从女儿的角度考察婚姻状况，如此便可分为养女招婿和生女招婿两大类。

先看养女招婿的类型。这主要发生在无子无女的家庭中。在戴家渡，无子无女的家庭一般都是抱养（领养）儿女。总的看来，抱养儿子的情况较少。有人认为是因为儿子不如姑娘好养，"儿子事多，姑娘听话，矛盾少"。但多数人指出关键是儿子宝贵，愿意让别人收养的少，所以无子无女的家庭抱养的多半是女孩。养女一般和养父母有亲戚关系，例如1组的阮女士被其舅父抱养，招陈先生为婿；又如村妇女主任朱女士为其姨母抱养，在家招黄先生为婿。从本次调查的情况看，养女几乎都在家招婿，因为这样才能保证世系的传递，同时达到养女养老的目的。

有子无女的情形不会发生招婿婚，当然也不能排除有子无

---

① 周翔鹤：《南靖县和溪、奎洋等地单姓区域形成的探讨》，《台湾与福建社会文化研究论文集》，台北："中央"研究院民族学研究所1994年，第91页；庄英章：《家庭与婚姻——台湾北部两个闽客村落之研究》，台北："中央"研究院民族学研究所1994年，第212页。

女的家庭抱养女儿，然后让养女招婿。在戴家渡村1组以及我们访问过的其他组别的一些家庭中，尚没有发现这类家庭抱养女儿的。

再看生女招婿的类型。这又可分出若干亚型。以子女的情况论，无子有女的家庭常让女儿在家招婿，一个女儿的就不去说它了，多个女儿的家庭，一般是长女在家招婿，如果姐妹年龄相差悬殊，则可能是姐姐嫁出去，妹妹在家招婿。还有双女同招婿的，当然这种情况比较少见，如在戴家渡村1组有一例，谭氏姐妹二人，姐姐于1972年招王先生为婿，妹妹于1979年招覃先生为婿。在有子有女的家庭中，也有女儿在家招婿的情况。在这种情况下，一般是留子招婿，即儿子在家娶媳，女儿在家招婿。如1组的刘先生，1969年入赘本地，生有一儿一女，女儿随母姓董，儿子姓刘，女儿在家招婿，儿子也留在家中娶媳。极少的情形是出子招婿即女儿在家招婿，儿子到别人家去做上门女婿。这种例子在戴家渡还没有发现，据村民介绍，邻村有这样的情况。如附近的指志村许先生家，四个儿子都离家做上门女婿，仅留女儿在家招婿；又如建民村的刘先生家，女儿在家招婿，独子出去做了别人家的女婿。有子有女家庭中的招婿现象虽然极少，却极有意义，因为这在许多地区被认为是不可思议的，它能使人认识到从妻居在戴家渡、在百里洲民众中已经是一种随意的选择。

前面已经说过，从再婚的角度看，戴家渡也有寡妇招夫的情形。另外，从代际的角度考虑，这里的一些从妻居家庭中还有多代招婿的现象。在计划生育部门的统计中，就曾统计了20—50岁男到女家落户家庭中两代都招婿的情况，全村的这类家庭有8户，如果包括50岁以上的从妻居，其户数大概不止8户。1组就有3户这样的家庭，例如，1937年出生的谭女士，招郑先生为婿，1958年生有一女，随其姓谭，后亦在家招吴先生为婿。3组袁女士家，已是四代女儿单传，是典型的多代招婿家庭。

四　连带的影响

在中国中原的多数汉族地区，婚姻类型是从夫居的男娶女嫁婚，从妻居的招婿是被人看不起的婚姻类型。上门女婿的地位极低，稍有办法的男性都耻于为之。但在处于边缘地带的许多少数民族中，如南方的苗、瑶、壮、侗、黎、高山等族中，从妻居却是司空见惯之事，因而那里有重女轻男、俗尚赘婿之风①。戴家渡并不是少数民族地区，但这里的从妻居已经与上述南方少数民族的许多区域一样，成为一种制度性的婚姻。

从数量上看，这里的从妻居在20%左右，许多学者的研究显示，这种比例应该已经是制度性的婚姻形式（庄英章，1998；费涓洪，1998；严梅福，1999[8]；李树茁等，1999）。从类型上看，这里的从妻居多种多样，其功能已不仅仅是为了增加劳动力、养老、延续世系。虽然戴家渡的从妻居的数量还不能与从夫居分庭抗礼，但它已是人们的一种正常的婚后居住选择方式之一，凡是有女儿的家庭，均有可能变为从妻居户。

戴家渡村的从妻居不仅比例高、类型多样，从妻居家庭中

---

① 吴永章：《中国南方民族文化源流史》，南宁：广西教育出版社1991年版，第246—250页；庄英章等：《华南地区的婚姻形态（1930—1950）：区域性的比较初探》，《华南农村社会文化研究论文集》，台北："中央"研究院民族学研究所，1998年；费涓洪：《上海郊区入赘婚的变迁》，《华南农村社会文化研究论文集》，台北："中央"研究院民族学研究所1998年；严梅福：《变革婚嫁模式，降低出生性别比——以湖北省为例》，《湖北大学学报》1995年第5期；李树茁等：《中国农村招赘式婚姻决定因素的比较研究》，《中国人口科学》1999年第5期。

的成员还在村里的社会生活中发挥着重要的作用。例如，在该村村委会的 6 位成员中，就有 3 位是出自从妻居家庭，村委会书记、民调委员都是上门女婿，村妇联主任则是招婿的女儿。1/5 的从妻居家庭中产生了 1/2 的村干部，不能不说招婿户成员在村民心目中具有极高的地位。又如在村小学的 7 位男教师中，竟有 5 位是上门女婿，这也从某个侧面反映出上门女婿的素质。我们在入户访谈中，无论是招婿家庭还是非招婿家庭，均未表现出对从妻居现象的歧视和排斥，他们表示，女婿和儿子一样，关键看表现好不好。村民反映，其实女婿表现好的还多些，因为上门的女婿是经过精心挑选的，而女婿作为男性到新的社区非勤劳能干不能立足，所以村中的从妻居家庭一般过得较好。

在调查中发现，戴家渡村的从妻居婚姻已经对社会文化的许多层面产生了影响，下面择要叙述一下这方面的影响。

（1）使家庭内部的关系较为和谐

中国传统的从夫居家庭中有一个很大的难题，那就是婆媳关系紧张的问题。而在从妻居家庭中，不存在婆媳关系，因而家庭成员间的关系较为好处。其实，传统家庭中的夫妻关系也往往受制于婆媳关系，调查中发现许多休妻事件背后的关键便是婆婆（钟年，1999）[①]。在戴家渡，从妻居家庭中一般都较为和谐，家庭中的事务由夫妻双方共同决定，如果说有分工的话，通常是丈夫管田里的事耕作与收获等，妻子管家里的事家务、抚育子女等。从夫居的家庭依然有婆媳关系问题，但现在受气的往往是婆婆。在戴家渡，女性当家的比较多，媳妇也当家，所以婆婆反而处于不利地位了。

---

① 拙文《中国传统家庭的人生角色——以几种女性角色为例》，中国家庭及伦理研讨会论文集，台北。

当然，传统家庭中媳妇受婆婆的"气"，一般人会同情作为弱者的媳妇，会说这是家庭关系的不正常现象。同样，在当前家庭生活中婆婆受媳妇的"气"，也不能说是一种正常的现象。人们所向往的是在家庭生活中所有成员都能和睦相处、平等相待。在本调查所访问的从妻居家庭中，女婿和家庭中其他成员间的关系也较好，大家同桌吃饭，一起聚在家里聊天、看电视、指导孩子们的功课。关于从妻居家庭中成员相互关系比较好相处的问题，心理学、社会学的知识可以作出说明，实际上也不断有人从这种角度提倡从妻居。戴家渡的从妻居无非是让理论上推想的优势在现实中得以展现罢了。

（2）有利于农村家庭养老的开展

养老或许是一个家庭招婿的主要目的之一，在民间上门女婿便常常被称为"养老女婿"。然而在从妻居成为制度化婚姻后，招婿的养老目的被淡化，但这种家庭的养老功能依然存在。例如，有人结合对从妻居家庭户的老年人、迁入人口、上代婚姻状况等方面的分析，指出了北京市目前从妻居家庭形式背后的养老性质（郭志刚等，1999）①。在戴家渡，如果将其家庭类型分为核心家庭与家庭内有两对以上夫妻的扩大家庭，则从妻居家庭中扩大家庭的比例明显偏多。例如，在1组中，69户家庭中扩大家庭约占38%，但在17户从妻居家庭中，扩大家庭就在10户，其比例约为60%，可见从妻居户子女多与父母合住，能起到在日常生活中关心照顾的作用。

其实，在中国农村现阶段开展计划生育工作的一大难点就是养老问题，人们多生育以及要生男孩，在很大程度上是为了

---

① 郭志刚等：《从1995年1%人口抽样调查资料看北京从妻居婚姻》，《社会学研究》1999年第5期。

老来有靠。在农民的观念中，生儿子就是最后的养老保险，而推广商业性质的养老保险，在城市中尚有许多阻碍，大多数农民也觉得是十分遥远的事情。至于农村中的养老院，人们通常都认为老年人住进去是家中很不光彩的事，只有无儿无女没办法的人才会选择这条路。从妻居的实行，解除了那些有女无儿家庭的烦恼，农村养老的问题在相当程度上可得到缓解。

（3）在生育上没有明显的重男轻女偏向

已婚者在生育上偏重儿子还是女儿，主要考虑的是他们日后的价值，中国人特别看重的是父母年迈后的赡养和照顾。在戴家渡，以养老论，人们看到的事实是，儿子多并不一定就有依靠。4组有一位老妇人，有6个儿子，自己跟小儿子一起生活，目前瘫痪在床，儿子们都不愿意管。还有一家，老夫妇俩人跟独生子过，他们还有劳动能力可以喂猪、干活，但儿子对他们并不好，老夫妇双双喝农药自尽。相反，跟女儿一起生活的老人倒基本上能幸福地度过晚年。因此，据说这里的人有一句口头禅："生儿子是名气，生女儿是福气。"

在儿女读书（指接受教育，有时特指接受高等教育）方面，被访问到的许多人都表示，谁能读、谁愿意读就让谁读，不管是儿子还是女儿。据回忆，以前不是这样，1949年以前，那时有房族，有钱可以请老师开私塾，都是男孩读书，女孩不让进学堂，因为她以后是别人家的人（指出嫁）。确实，从投资回报的角度说，在终究要嫁出去的女儿身上投入太多是不划算的，而如今女儿可以留在身边，情况就不大一样了。

关于从妻居和从夫居条件下人们的性别偏好，严梅福曾经有过一个实验研究，结果表明在嫁娶模式下，妇女生育男性婴孩偏好强，女性偏好弱；在招赘婚嫁模式下，招赘妇女生育女性婴孩偏好强，男性偏好弱，非招赘妇女性别偏好均衡（严梅福，

1995)①。在戴家渡的调查中，村民对女儿的重视也是很容易感受到的，人们行为上最有力的证据就是许多符合现行政府政策可以再生的独女户家庭主动放弃生育二胎的指标。

（4）有利于计划生育工作的开展

从妻居模式所造成的连带影响中最令人感兴趣的是对当前计划生育工作的帮助。在调查中发现，这里的村民普遍不愿意多生育，普遍表示生男生女都一样，甚至在许多人那里，还对女儿更加偏爱一些，因为他们觉得女儿与父母贴心，将来养老比儿子还好些。从心理上说，女性的感情细腻、性格温和，对老人的关怀照顾会更加精心周到，但在传统的婚后居住模式主要是从夫居中，女儿不能留在父母身边，这些心理上的优长无法发挥出来。戴家渡村实行的从妻居婚制，提供了女儿养老的用武之地。因为有从妻居可以选择，人们在只生了女儿后也没有后顾之忧。而招来的女婿不受歧视，有一技之长的还可得到重用。现实使村民认识到：好男才有人肯招，好女才有人上门。

戴家渡村的计划生育工作是做得相当好的，如前所述，该村 1998 年的人口为负增长，这种状况从 1994 年就出现了并一直保持下来（1997 年除外）。此外，戴家渡所在的百里洲镇的从妻居比例也相当高。据枝江市政府计划生育局统计，截至 1998 年年底，20—50 岁男到女家的户数约占全镇总户数的 10%，而在 1998 年 10 月至 1999 年 5 月间，百里洲镇的人口也呈现为负增长。从妻居婚在计划生育方面更大的好处是可以降低性别比。中国目前在人口控制上数量已经降了下来，但性别比不平衡的问题却大为突出，性别比严重失调，出生婴儿中男性明显偏多。性别比的问题说到底是个观念问题，因为在实际

---

① 严梅福：《婚嫁模式影响妇女生育性别偏好的实验研究》，《中国人口科学》1995 年第 5 期。

社会生活中,生男生女不一样,女儿不是传后人,所以有些人不生育儿子不罢休。从妻居婚从根本上动摇了传统观念,让人们以平常心看待生儿生女的问题,从而使出生性别比维持在正常范围。

五 余论

枝江市百里洲镇戴家渡村的从妻居已经有相当长的历史,从数量上看,近几十年来从妻居有逐渐增加的趋势;从类型上看,目前从妻居多种多样,已不单纯是为了增加劳动力、养老或延续世系。上门女婿的地位明显提高,连带着使妇女的地位也得到了提高,因为女儿的价值提高了。戴家渡村在从妻居婚姻上的发展变化,是与中国整个社会文化的发展变化趋势相一致的。可以说,这里的人们在婚后居住模式的选择上面,已经达到了正常的、健康的境界。

这个调查发现,从妻居对人们的生育行为及观念有相当大的影响,如果考虑到行为、制度、观念等文化层面,实际上这种居住模式已经引发了生育文化的改变。所谓生育文化可以认为是人类在生育这一问题上的一整套观念、信仰、习俗、习惯及行为方式(李银河,1994)[1]。从妻居的婚姻制度,在继续发挥其养老功能的同时,也起到了改善家庭内部关系、促进家庭成员间的和谐、提高妇女地位等方面的作用,这一切对中国社会长期以来流行的重男轻女、养儿防老等观念产生了冲击,从而影响到人们的生育行为。围绕着从妻居模式,一套建立在新型生育观念上的新型生育文化日渐凸显出来,用通俗生动的语

---

[1] 李银河:《生育与村落文化》,北京:中国社会科学出版社1994年版。

言说，就是不重数量重质量，不讲性别讲实惠，不要名气要福气。

基于以上认识，在目前中国所面临的人口形势下，有必要在婚姻上提倡男到女家的从妻居制度，因为这种婚制在稳定人口低生育率、降低出生性别比、和谐家庭关系、提高妇女地位、保证老人赡养等方面均可起到积极的作用。当然，提倡从妻居并不是说从妻居制完善无瑕，要以此制取代从夫居制，而是要让从妻居与从夫居一样成为制度性的婚姻，成为人们在婚后居住上的正常性选择，也就是说要营造出一种不同以往的生育文化氛围。欲达此目标，需要政府有关部门和社会各界长期不懈的共同努力。

（附注：本调查是在1999年8月和11月两次赴戴家渡村进行的，参加调查人员为严梅福、钟年、李东成、王丽英）

鸡子和宇宙蛋

——创世神话中的生殖意象

盘古开天辟地在中国是尽人皆知的神话,据《艺文类聚》卷一引《三五历纪》曰:

> 天地浑沌如鸡子,盘古生其中。万八千岁,天地开辟,阳清为天,阴浊为地。盘古在其中,一日九变,神于天,圣于地。天日高一丈,地日厚一丈,盘古日长一丈,如此万八千岁。天数极高,地数极深,盘古极长,后乃有三皇。数起于一,立于三,成于五,盛于七,处于九,故天去地九万里。

在这段神话中,混沌被比作鸡子,盘古则是由鸡子所生。
创世神话中"鸡子"的形象具有世界性,神话学里称之为宇宙蛋(cosmic egg)。国际上最权威的威尼克主编的《人类学词典》释"宇宙蛋"曰:"认为整个世界或人类是由一枚蛋中孕育而生的早期观念,例如,古代埃及人就相信他们的创世祖克努姆(Khnum)是在这种蛋中形成的。宇宙蛋又称世界蛋

(world egg)。"①

除了中国的盘古神话与古埃及的克努姆神话外,世界各民族神话中涉及"宇宙蛋"者尚多。在芬兰,也有著名的"天地如鸡子"的故事,万事万物都是由这鸡子中生出的。印度有相似的说法,Stapatha Brahmana 说:"最初,此世界惟有水,水以外无他物。但水常愿再生他物,说道:'我如何能生别的东西呢?'水如此说,就翻腾起浪,力思做出些什么来。后来果然产生出一个金蛋。蛋于是成一羊。……一年内,羊又成一人,就是拍拉甲拍底。他创造了诸神。"希腊亦有天地初如鸡子之说,并且更完全更美丽。希腊神话说:最初,宇宙是混沌状态,天地不分;陆地、水、空气三者混在一起;此时有主宰者名混沌,妻为奴克司(夜之神);二人生子为爱莱蒲司(黑暗),爱莱蒲司逐父娶母,代为主宰,二人产一极大鸡子,爱洛斯(爱神)由此卵出,乃创造地;但此时地上尚无草木、鸟兽,爱洛斯以生命箭射入地的冷胸,地遂生草木百花与鸟兽②。

在中国,不仅古籍记载及后世汉族民间传说的盘古神话中有宇宙蛋的内容,各少数民族的神话传说中也有不少涉及宇宙蛋的形象。例如,纳西族创世神话即云:上古之时,天和地在不息的动荡之中。后来由气息和声音的变化,生出一只白蛋,白蛋一变化,生出一只白鸡。过了一些时候,又生出一只黑蛋,黑蛋一变化,生出一只黑鸡。白鸡用天上的三朵白云做被,用地下的三丛青草作巢,于是生下九对白蛋,白蛋孵化为神和佛。黑鸡也生下九对黑蛋,黑蛋孵化为鬼③。这一系列蛋与鸡的转

---

① C. Winick, *Dictionary of Anthropology*. Totowa, New Jersey. pp. 183—1984.
② 茅盾:《神话研究》,天津:百花文艺出版社,第 72 页。
③ 陶阳、钟秀编:《中国神话》,上海:上海文艺出版社 1990 年版,第 306 页。

化，排列出白与黑、神佛与鬼的对立，其深层内科，恐怕正是阳与阴、天与地的对立，所代表的是原始的朴素的一分为二的观念。

至于从宇宙蛋中化生出人类的神话，在我国各民族中就更为常见了。如侗族《龟婆孵蛋》中说："上古时候，世上没有人类。有四个龟婆先在寨脚孵了四个蛋。其中三个坏了，只剩下一个好蛋，孵出一个男孩叫松恩。那四个龟婆并不甘心，又去坡脚孵了四个蛋，其中三个又坏了，剩下了一个好蛋，孵出一个姑娘叫松桑。从此世上有了人类"①。纳西族东巴经中，亦记录着人自蛋出的神话：

> 人类是从天孵抱的蛋里生出来的，
> 人类是从地孵抱的蛋里生出来的，
> 它的体质还混沌不清，
> 它的体质渐渐温暖起来②。

云南宁蒗泸沽湖地区的纳西族中也有人类始祖生于蛋中的传说。当地有一部创世史诗《盘答歌》，约 6000 行。说在干木山石洞里，有只神鹰下了一个蛋，9000 年后，住在泸沽湖的神猴到石洞中玩，便把神鹰蛋一口吞下肚去。等神猴回到湖边，肚子疼得打滚，神鹰蛋忽然从神猴肚脐眼里迸出，飞到崖壁上撞碎，蛋壳变成飞禽走兽，蛋核变成一位大姑娘，便是摩梭人的女始祖，名叫"儿姑咪"。她是地上唯一的人种。后来，她与虎、猫头鹰、鱼、蛇、树等相配，生育了许多孩子，这便是大地上的

---

① 《民间文学》1986 年第 1 期。
② 陶阳、钟秀编：《中国创世神话》，上海：上海人民出版社 1989 年版，第 221 页。

人类①。这里的石洞，很可能是女阴的隐喻，因为在当地纳西族的传说中，干木山正是一位女神的化身，从当地语言上看，干是山，木是女，干木即是女山②。神鹰蛋到神猴肚中走一趟，颇似今日之借腹生子，蛋经这一番转化，其出生又采用了从神猴肚脐进出的不寻常方式，益增神异。这自然令人想起禹、契不凡的诞生。据《淮南子·修务训》载：

禹生于石，契生于卵。
高诱注：禹母修己，感石而生禹，折胸而出。契母，有娀氏之女简翟也，吞燕卵而生契，幅背而出。《诗》云"天命玄鸟，降而生商"是也。

无论折胸、幅背还是自肚脐出，都是一种变态，意在渲染，但似乎也含有宇宙开辟神话中天地创生常以母体牺牲为代价的意味。

苗族的人类源起神话也甚多提及蛋者。如吴泽霖记录的贵州八寨黑苗中的传说："据说最初在某一山洞里有九个蛋（此蛋从何而来未详），经一'母天日怀'抱。先生出八子，大者名雷公，其余七个名龙、蛇、虎、九结连、蟒、狼、猴。最后一个成者，即第九个蛋怀抱了很久不出，……生下来便能言语，此子最灵敏！据说，他和后来的人类有相当关系的。"③ 黔东南地区流行的著名的《苗族古歌》中，有一组关于万物起源的神话

---

① 陶阳、钟秀编：《中国创世神话》，上海：上海人民出版社，1989年版，第222页。
② 严汝娴、宋兆麟：《永宁纳西族的母系制》，昆明：云南人民出版社1983年版，第195—196页。
③ 贵州省民族研究所编：《民国年间苗族论文集》（未出版），1983年打印本，第152—153页。

叙事长诗《枫木歌》，其大意谓：最初各种种子都在东方劳公的仓里，因为失火，仓被烧掉，种子乘着火烟上了天，后来又随着大雨回到大地。人们有了种子，劳公开始用山坳做车扼、捉旋风做犁，驾着巨兽修狃犁耙大地，播下了各种树种。树苗长大后，劳公把一棵枫木移到香两婆婆住的寨边的鱼塘坎上。树大后，鹭鸳和白鹤以树枝为落脚点，常偷吃香两婆婆水塘里的鱼。香两婆婆认为枫木是鹭鸳和白鹤的"窝家"，便把枫木砍倒。枫树倒后，树根变成鼓，树尖变成金鸡，树叶变成燕子，树皮变成蜻蜓……，从树心里生出了"妹榜妹留"。妹榜妹留生出来后，逐渐长大，生下了12个蛋，由鹊宇鸟抱了16年，孵出雷公、水龙、老虎、水牛、蜈蚣、老蛇和苗族的祖先姜央（阿央）[①]。这里孕育了苗族祖先的蛋，虽经鸟孵，实自树出，卵生与树生混合到了一起。

在海南岛的黎族、台湾的高山族及东北信奉萨满教的诸民族中，也可寻到卵生人型的神话。

人类起源于蛋卵的神话往往提及"最初"、"远古"等字眼，它在神话系统内的时间概念上与宇宙开辟、天地化生并无多少差别。事实上，许多民族的创世神话中宇宙起源和人类起源是连续发生的事件，人类的始祖也可以同时是天地的开辟者。我们知道，在神话发生的实际序列中，人类起源的神话常较宇宙起源神话产生更早，后者对前者多有借鉴。因此，蛋生人型神话也应产生于蛋生宇宙型神话之前，蛋生人的观念应是蛋生宇宙观念的泉源。

蛋生人的神话已超出了天地开辟的范围，此不多述。宇宙如何起源在各民族中有不同的描述，但大略言之，可归入如下

---

① 《苗族简史》，贵阳：贵州民族出版社1985年版，第281—282页。

两种类型:"一种是超自然的存在(造物主)用某种方式创造了宇宙;另一种是不存在造物主介入的情况,宇宙从某种原初的物质中自发地产生。后一种类型和神话分布在中太平洋群岛、(欧、亚、非)旧大陆、东南亚、非洲等地区,关于宇宙是从蛋中生出来的神话就是一个典型的例子。"[1] 第一种类型是外力,第二种类型是内力,一是神创,一是自生。有能力开天辟地,自是宇宙大神,而在自生型的宇宙源起神话中,人们崇拜的对象是自然力,如果说有"神"的话,这"神"就是自然力本身。"神"作为人的意识的创造物,其产生先后顺序大约是:最初出现自然神,其次出现祖先神,最后才出现宇宙大神[2]。因此,造物主创造宇宙的神话当为晚出,上述第二种类型才是原始的宇宙源起神话。

那么,鸡子或说宇宙蛋的原始意象是由何种观念造成的呢?我们认为,蛋生宇宙神话中的"生"字,明白地传达了"宇宙蛋"观念与生殖有关的信息。由于生殖崇拜在人类文化中的早出,先民将世界万物都视为生殖的产物。如天上的太阳便是这般来历,《山海经·大荒南经》曰:

羲和者,帝俊之妻,生十日。
(《太平御览》卷三引《山海经》郭注:羲和能生日也,故日为羲和之子。)

月亮的身世亦同,《山海经·大荒西经》曰:

---

[1] 祖父江孝男等编著,山东大学日本研究中心译:《文化人类学百科辞典》,青岛:青岛出版社1989年版,第255—256页。
[2] 冯天瑜:《上古神话纵横谈》,上海:上海文艺出版社1983年版,第8页。

> 有女子方浴月。帝俊妻常羲,生月十二,此始浴之。

女娲的神通则更大,《说文》曰:"娲,古之神圣女,化万物者也。"此处的"化"字,"很显然,是'化育'、'化生'的意思。更确切一点地说,应该解释做'孕育'"①。

在中国古代的众多典籍中,早期生殖的具象几经转换,已以较抽象的语言表达,但仍有许多语句,不难从中看出生殖崇拜的底蕴。如《易·系辞》:

> 天地絪缊,万物化醇;男女构精,万物化生。

又如《淮南子·天文训》:

> 道始于一,一而不生,故分为阴阳,阴阳和而万物生,故曰"一生二,二生三,三生万物"。

这类记载,其实都是由人类生殖行为派生出的产物。

蛋生宇宙说中"蛋"的原型,人们常以为是动物蛋。如陶阳、钟秀即云:"宇宙蛋生说的根据,在于蛋是生命的源泉,蛋生,是动物生命休肇始中常见的现象。原始先民既认为天和地都是有生命的,那末,把这些有生命之物的形成与蛋联系在一起就是很自然的了。"② 又说:"原始初民的关于人从蛋出的信仰,源于他们对鸟类和其他动物蛋(龟蛋、蛇蛋等)的一种直观联想。鸟蛋可以孵出小鸟,这在原始初民们看来是非常神秘

---

① 袁珂:《古神话选释》,北京:人民文学出版社 1979 年版,第 19 页。
② 陶阳、钟秀编:《中国创世神话》,上海:上海人民出版社 1989 年版,第 151 页。

的，因而由此也联想到蛋生人，甚至联想到蛋生天地。"①。说蛋是生命的象征，不错；将蛋生人的观念放在蛋生天地之前，若作为一种顺序，也极准确。但蛋生宇宙说中"蛋"的原型却不一定是动物蛋，而更可能是人类的胚胎、母腹、子宫的象征。先民观察到动物蛋及小动物破壳而出的情景，联想到孕妇浑圆的腹部，自然认为其中即蛋（至今医学上仍有卵巢、卵子之名）。而女性生产时的阵痛、破胞后流出的羊水，又使人有蛋卵破裂的感觉。在盘古神话中，从天地混沌如鸡子，盘古生其中（或"乃孕中和，首生盘古"②）直至万八千岁天地开辟后盘古出，简直就是人类生殖过程的缩写。

郭沫若在讨论《诗经》中"天命玄鸟，降而生商"时对玄鸟曾有一段极具价值的猜想："但无论是凤还是燕子，我相信这传说是生殖器的象征，鸟直到现在都是生殖器的别名，卵是睾丸的别名。"③虽然在今天看来鸟和卵并不一定就是具体对应于阳具和睾丸，但从生殖角度入手的思路却无疑是正确的。龚维英则指出："先民视哺乳动物和禽鸟无大区别。《山海经》屡称'虎、豹、熊、罴'为'四鸟'；直至东汉末年，神医华佗创造'五禽戏'，亦统称虎、鹿、熊、狐为'禽'（《后汉书·方术传》）。……从一定意义上说，先民视兽类亦为'卵生'了。"④以此推之，认为人类为卵生也是十分自然的事了。

值得一提的是，直至近现代，在中国某些地区的民俗中，仍保存着视母腹为蛋卵的观念。云南宁蒗泸沽湖永宁地区纳西

---

① 陶阳、钟秀编：《中国创世神话》，上海：上海人民出版社1989年版，第221页。
② 《绎史》卷一引《五运历年纪》。
③ 郭沫若：《青铜时代》，北京：科学出版社1957年版，第14页。
④ 龚维英：《原始崇拜纲要》，北京：中国民间文艺出版社1989年版，第147页。

族虔诚地信仰"那蹄"——生育女神,那蹄形象在祭祀时由达巴(达巴教巫师)制作,其方法为"用糍粑塑成一个女人,腹部放一个鸡蛋,大腹便便,象征多年"①。可见在纳西人的眼中,孕妇的大腹与蛋正是一物,这就难怪在他们的神话传说中声称人自蛋出了。锡伯族也视孕妇腹中的胚胎为蛋。该族以前盛行指腹为婚,"通常双方女眷怀孕后,即言明如果生下的是一男一女,就订下婚姻大事,两家结成亲家。这种订婚方式叫做指腹订婚,俗称'蛋婚'"②。上海郊区的青浦县黄渡镇居民相信,妇女之无子者,遇有生子人家之三朝或六朝,祭天生婆婆之红蛋,能偷而食,便能生子③。这大概也是以母腹为蛋卵观念的遗留。

综上所述,我们可以确定无疑地建立起宇宙蛋与人类生殖行为之间的关系。我们的先民,恰如年幼的孩童,难免自我中心的倾向,常常推己及人,推己及物。在他们看来,宇宙万物都和人一样有生命、有灵性,当然也会有与人一样的生殖行为。种种迹象说明,宇宙蛋是对母腹的比拟。先民对人体外在行为有超出今人预料的细微观察,但对人体内部结构却所知甚少,母腹对于他们差不多就是一个黑箱(black box),他们只能从外形与功能上予以推测。动物的蛋(如鸟类、爬行类)在外形与功能上正与母腹相当,他们很自然地在二者之间画上等号。原始宇宙的开辟既是从生殖的立场作出的解释,对原始宇宙本身形貌的设想便也会往生殖上靠。正好,蛋在生时(自然状态)

---

① 严汝娴、宋兆麟:《永宁纳西族的母系制》,昆明:云南人民出版社1983年版,第200页。

② 严汝娴主编:《中国少数民族婚姻家庭》,北京:中国妇女出版社1986年版,第158页。

③ 胡朴安:《中华全国风俗志》下编,石家庄:河北人民出版社1986年版,第202页。

壳内充斥着液状物,蛋黄蛋白间并无明确界线,这恰可称之为"混沌";而混沌所具有的另一个要素——黑暗,也能够很合理地安排到未破的蛋壳之中。于是,原始宇宙的一分为二就变成了蛋卵的一分为二,天和地也分别是由蛋的某一部分构成。如佛典《外道小乘涅槃论》曰:

> 本无日月、星辰、虚空及地,惟有大水。时大安荼立,形如鸡子,周匝金色。时熟,破为二段,一段在上作天,一段在下作地。

中国民间神话传说云:"(盘古)把个鸡子壳给砸了个稀烂,鸡子清、鸡子黄都流出来了。鸡子清轻,浮在上面变成了天,鸡子黄重,沉在下面变成了地;鸡子壳呢,被盘古砸了个末末碎,都杂到清和黄里去了。杂在黄里的变成了岩石,杂在清里的就变成了星星,鸡子清中杂有两块稍大的碎壳,一块变作日头,一块变作月亮。"①

---

① 《盘古王开天》,《民间文学》1986 年第 11 期。

女娲抟土造人神话的复原

基督教《圣经·创世纪》中说，上帝在6天之内创造了世界，第6天是创造人类的时刻：

> 神就照着自己的形象造人，乃是照着他的形象造男造女。神就赐福给他们，又对他们说，要生养众多，遍满地面，治理这地，也要管理海里的鱼、空中的鸟，和地上各样行动的活物。神说，看那，我将遍地上一切结种子的菜蔬，和一切树上所结有核的果子，全赐给你们作食物。至于地上的走兽和空中的飞鸟，并各样爬在地上有生命的物，我将青草赐给他们作食物。事就这样成了。

在其后的经文中，还叙述了上帝造男造女的经过。上帝用地上的尘土造了男人，然后将生气吹在泥人的鼻孔里，泥人就变成了有灵的活人，名叫亚当。上帝又认为独居不好，于是趁亚当沉睡时，从他身上取下一条肋骨，造成一个女人，这就是夏娃。亚当、夏娃便是人类的始祖。

在现存的中国上古神话中，最为人们熟知的是女娲造人的神话，然而流传下的记载则仅有寥寥数十字，而且还分散在不同的典籍里，一为《太平御览》七十八卷引《风俗通》：

俗说天地开辟，未有人民。女娲抟黄土做人，剧务，力不暇供，乃引绳于绲泥中，举以为人。

一为《淮南子·说林训》：

黄帝生阴阳，上骈生耳目，桑林生臂手，此女娲所以七十化也。

这两段记载，中国神话学界的代表性意见，是把它们视为互不相干的材料。《中国古代神话》把"女娲抟黄土造人"和"诸神创造人类"分列于两个不同的段落。① 如此一来，本已简略的上古造人神话，就更显单薄。实际上，这两个断片，应为同一神话的不同部分。当人们走出历代研究者在理解上的误区，当会看到华夏创世纪中"人之由来"的生动而全面的篇章。

《风俗通》中的女娲造人故事较为完整，且少歧义，问题出在《淮南子》的这一断片。在这段记载下，东汉的高诱曾加有注释：

黄帝，古天神也。始造人之时，化生阴阳。上骈、桑林，皆神名。女娲，王天下者也。七十变造化，此言造化治世非一人之功也。

这一注释，后世视作定解。当代神话学者据此将《淮南子》中

---

① 袁珂：《中国古代神话》，北京：中华书局1960年版。

的神话断片称为"诸神共造人类"。袁珂说"有一种奇特而又美丽的说法,说人类是天上诸神共同创造的。黄帝创造了人类的阴阳性器官;上骈创造了人类的耳目口鼻;桑林创造了人类的手足四肢……"女娲"在共同创造人类的事业中,似乎也做了点什么工作,但究竟做的是什么工作,我们却还弄不清楚"①。袁珂又提出以女娲为主、众神为辅的创造人类说,并训"化"为"孕育":"原来在女娲与诸神合作创造人类、一天孕育多次的过程中,有来助其生阴阳性器官的,有来助其生耳目手足的……"②依此解释,女娲一天之内孕育多次,似与常理不合,且生育乃苦差,就是天神一日七十育也会不堪其累的。再说,每次孕育中,人身五官四肢等零碎部件均需他神相助,女娲的神通也实在算不上广大了。

问题的关键在对高诱注的认识上。吴承仕、杨树达等前辈学者在20世纪二三十年代研读《淮南子》时就曾订正了高诱的多处误注;袁珂在《〈中国神话传说词典〉序》中也曾举出高诱对"夸父"的错释。《淮南子·说林训》的高诱注释中,有明白无疑的地方,如释"黄帝"、释"女娲",也有语焉不详之处,即"上骈、桑林,皆神名"一句。在高注《淮南子》中,这一句注释最简略,不符合其作注的惯例:既未进一步解释上骈、桑林为何样之神(如"黄帝,古天神也"),也未介绍上骈、桑林的事迹(如"女娲,王天下者也")。上骈、桑林的神名在中国古文献中只此一见。

"上骈"与"桑林"究竟该作何解?若跳出千百年来形成的思维定势来重新审视时,会发现这是两个在极为平常的意义上使用的词。"上骈"说的是女娲制造泥人耳与目的方式,

---

① 袁珂:《中国古代神话》,北京:中华书局1960年版,第15页。
② 袁珂:《古神话选释》,北京:人民文学出版社1978年版,第19页。

"上"指耳朵眼睛在人体的部位,"骈"乃并列、对称之义;"桑林"说的是女娲造人时用做骨骼的材料,亦即桑树的枝干。因此,《淮南子》中女娲造人这一断片,并不是另一种诸神造人的神话,而是女娲抟土造人神话中的一部分。

鲁迅说:"昔者初民,见天地万物,变异不常,其诸现象,又出于人力所能以上,则自造众说以解释之凡所解释,今谓之神话。"① 神话的原生态是解释性的,像女娲造人这样的上古神话自然也意在说明人之由来的具体过程。先民对作为整体的人的起源极有兴趣,对人身体上各部分的来历也欲加解说,从现存于汉族民间及各少数民族的人类源起神话中,都不难看出这种倾向。

先来看看与"上骈"有关的耳朵与眼睛。河南淮阳人祖庙附近流传的神话就有女娲挖黄泥捏人、伏羲为泥人上眼睛和嘴巴等器官的描述。四川省德昌县傈僳族的神话《盘古造人》中则专门提到了眼睛和耳朵的位置盘古造人时,用刀在人的额下横着划了两画,又为了防止头皮与脸分开,在人的脸孔两边各安了一把锁,于是,人类脸的上方就对称横生着两只眼,脸的两边也对称的一边长有一只耳朵。蒙古族中也有"半片人"神话,山顶长出一棵草,草开了花,从花蕊中出来了半片人,只长着一只胳膊、一条腿、一只眼睛、一只耳朵和半张嘴。这半片人爬呀爬呀,又遇到另一个半片人,两个半片人合成一个,就是世界上的第一个人。这些神话中对耳目的描写,加深我们对"上骈生耳目"的理解,即女娲在造人的耳朵、眼睛时,将这两种器官以对称的方式安排在人体的上部。

再看看"桑林生臂手"。本来,臂手与耳目一样也可称为

---

① 鲁迅:《中国小说史略》,北京:人民文学出版社1976年版,第7页。

"上骈",但这里说的是女娲"七十化"中的另一"化",即造人时所用的特殊材料。女娲是用泥土造人,但这泥土只是主要原料而非全部。土家族的依罗娘娘造人神话中说:

> 玉帝见下界无人,便让张古老做人,张古老用石头做人,做了七天七夜,头有了,身子有了,脚手都有了,但石人坐着不会出气,站起来不会走路,结果无功而返又让李古老做人,李古老用泥巴做人,泥人依然不会出气,不会走路;最后玉帝让依罗娘娘做人,依罗以竹竿、荷叶、豇豆、萝卜为原料,并用葫芦做脑壳,通了七个眼眼,吹了一口仙气,坐着能出气了,站起来能走路了,依罗娘娘做人做成了。

依罗造人的原料中有竹竿,这竹竿显然是用来做人体四肢的。肢者,支架也,人必须有了支架,方可站立、行走("张古老"、"李古老"做的人便无此支架)。从这里,我们得到启示,原来"桑林生臂手",并不是说有个叫桑林的神创造了人类的四肢,而是说女娲用桑树枝干来做人体四肢的材料。至于女娲为何用桑枝来做泥人的支架,乃是因为桑树在上古的中国各地分布极广,而与之打交道最多的又是女性。此外,桑树还曾被先民视做与生殖、太阳等有关的神木。作为一位上古的女神,女娲用桑枝做人体支架是再自然不过的事情。

理解了"上骈"与"桑林",回来看"黄帝生阴阳"。女娲"七十化"皆是以女娲为主的造人过程。"上骈生耳目"与"桑林生臂手"是如此,"黄帝生阴阳"亦应如此。这里的"阴阳",指的是人类的生殖器官,已是中国神话学界的共识。问题是女娲造人,为什么要黄帝来协助制作泥人的生殖器官。

按说，从发生的时代来看，女娲是母系氏族社会的主神，黄帝则是父系氏族社会的主神，而当母系社会向父系社会过渡后，女娲的至上神地位便由黄帝取代，女娲的时代似应早于黄帝。但是，中国各地母系社会向父系社会转变的时间，并不整齐划一，加上神话传说在其演变过程中有的分化离合且变幻无定。女娲和黄帝也可能有共存的机会，并发生种种联系。同时，在纷繁零乱的古神话传播过程中，有某些迹象表明，女娲与黄帝似曾有过婚姻关系。有学者则认为女娲与黄帝之妻嫘祖乃是同一个神①。先民从其生活实际中，早已注意到男女相媾方可繁衍后代的现象，总结出"孤阴则不生，独阳则不长"的道理。在许多少数民族人类起源神话中，便强调了男神和女神的合作。如彝族史诗《阿细的先基》中有造人的男神"阿热"和造人的女神"阿咪"，傣族神话则说男神"布桑戛西"做女人、女神"雅桑戛赛"做男人。因此，女娲在制造人体各部分时，大多可凭借其神力独自完成，唯有在制造人类的生殖器官时，需要有与自己的阴性相对相成的阳性来配合。黄帝是男神的领袖（《淮南子·览冥训》："昔者黄帝治天下……别男女，异雌雄。"），自然有资格来辅助女娲"生阴阳"。

再来说女娲的"七十化"。若将"化"字解释为"孕育"，似于理不通。高诱对"七十化"的解释是"七十变造化"，晋代郭璞在注《山海经·大荒西经》"女娲之肠"句时说"一日中七十变"，因此，应将"化"理解为造化、创造。"七十化"，指女娲造人过程中采用的诸种方式方法。"黄帝生阴阳，上骈生耳目，桑林生臂手"，便是其中的三种。至于"七十"，今人一般认为无实在意义，只是言其多。袁珂说："这里的七十，是虚

---

① 王孝廉：《中国的神话世界》，北京：作家出版社1991年版，第35—36页。

数,只是表示多的意思。"① 刘城淮也说:"七十,泛指很多。"②表示多自然不错,但中国文化传统中表示约数的字词有三、九、百、千、万等,为何这里单单选中"七十"?故可以大概是在中国古代,数字"七"及"七"的倍数(如"七十")是一个模式数字(pattern number),或叫做神秘数字(mysterious number)。说女娲"七十化",有着加强造人活动的神秘性及神圣性等方面的考虑③。

辨正旧注,能够窥见古神话的真相,而民族志的材料则可提示人们寻找古神话失落的细节。

基督教的《圣经》上帝造人神话中,有上帝将生气吹入泥人鼻孔使之变为有灵的活人的描写,前述土家族依罗娘娘神话中则有依罗对人的脑壳通眼眼、吹仙气的说法。至今一些汉族地区民间流传的女娲造人神话中,也有向泥人吹气之类的叙述。如在河南西华女娲城一带采集到的女娲造人神话。该材料说,女娲对着泥人一吹而使之成活。在湖北孝感采集的《女娲造六畜》说,女娲娘娘对泥人又吐唾沫又吹气,故人有灵气,称为万物之灵。检视古今中外有关泥土造人的同型神话,可以发现它们包含着一个共同的细节:泥人必须接受某种生命之源方可变成活生生的真人。这些生命之源,主要有气、血、水、火四类。综合考古学、文献学、人类学等方面的材料,不难确认在初民眼中气、血、水、火等物质形态均具有神圣的性质,神话中这些生命之源的加入是泥人迈向真人的关键性步骤。可惜,在现在流传下来的中国古代典籍中的女娲造人神话,却缺少这

---

① 袁珂:《古神话选释》,北京:人民文学出版社1978年版,第16页。
② 刘城淮:《中国上古神话》,上海:上海文艺出版社1988年版,第573—579页。
③ 详见拙文《数字"七"发微》,《中南民族学院学报》1994年第4期。

一些关键性细节，而民族志材料却显示出此细节在泥土造人神话中是何等重要。应可以认为，在原初口传的女娲造人神话里此细节是一定具备的，只不过在后来或因文字记录的疏漏，或因古籍的散佚而失落了。循着民族志材料开启的思路，重新品读古文献中女娲的种种事迹，《淮南子·览冥训》的女娲补天神话中有两句话值得注意：

> 阴阳之所壅沍不通者，窍理之；逆气戾物，伤民厚积者，绝止之。

从叙述的内容看，这似乎仅仅是指女娲对天地的整理，但众多的民族志材料则将所指的对象也包括了生于天地间的人类。中国自古便有天人相关、天人相类、天人合一诸种观念。《淮南子·泰族训》曰："天之与人，有以相通也。"《朱子语类》亦称"天人一物，内外一理"。故理天地之窍、止天地逆气，实即理人之窍、止人逆气，而止逆气不就得注真气吗？所以，开窍吹气的关键情节应该补充到女娲造人的神话中去。

最后，综合《风俗通》与《淮南子》中女娲造人神话及相关材料，再补充进经民族志提示而寻回的关键性细节，可得女娲抟土造人神话的梗概如下：

> 天地开辟后，万物争荣，因没有统帅者，未免各行其是。于是大神女娲挺身而出，决意造出万物之灵，这个新物种叫做人（《尚书·泰誓》："惟人，万物之灵。"）。

造人的原料用的是中华大地随处可见的黄土。女娲取来黄土，掺上清水，揉揉捏捏，塑造着理想中的人形。成了形的泥人有头脸,有胸腹,有四肢。泥人的头面部采用了对称设计的方式,眼睛一边一只,耳朵一边一片;手和足也是成双成对的。为了牢靠,女娲顺手在身旁折下桑树的枝干作为手足的支架,这桑枝就成了人体的骨骼;女娲又在男神黄帝的配合下,为泥人分别制作了阴阳两性器官,这样世上就有了男人和女人。泥人身体的其他部位亦按各自的方式方法制成,这诸般创造大概有数十种之多。泥人的表面都安排停当后,女娲又为它们开通七窍,随之吹入真气,排出浊气,使其体内气血贯通,泥人便变成了有生命的活人。如此,女娲造了许多黄土人。但一个个捏人毕竟太累,也太费时间,女娲停下来想了想,便扯下根藤条为绳(这是鲁迅先生在《故事新编》中的设想),蘸上水泽边湿润的泥土,向四周洒去。因女娲神通广大,且又已成功地造出过黄土人,所以她挥洒出的点点絙泥竟也都化为活人。女娲为一劳永逸,更发明出让男人与女人结婚的方法,使人类通过自己的生产繁衍人口、传宗接代(《路史·后纪二》注引《风俗通》:"女娲祷祠神,祈而为女媒,因置昏姻。"),中华大地上的人类就这样诞生并延续了下来。

数字"七"发微

在中国古代文化中,"七"是个意味深长的数字,它常出现于民间文学作品中,尤以神话传说为最,例如,《庄子·应帝王》里著名的"混沌开窍"故事就含有"七窍"与"七日":

> 南海之帝为儵,北海之帝为忽,中央之帝为浑沌。儵与忽时相遇于浑沌之地,浑沌待之甚善。儵与忽谋报浑沌之德,曰:"人皆有七窍,以视听食息,此独无有。尝试凿之。"日凿一窍,七日而浑沌死。

又如与黄帝大战于涿鹿之野的蚩尤,其冢高七丈,《皇览·冢墓记》曰:"蚩尤冢,在东平郡寿张县阚乡城中,高七丈,民常十月祀之,有赤气出如匹绛帛,民名为蚩尤旗。"而黄帝升仙,七年后其臣方立新君。《博物志·史补》曰:"黄帝登仙,其臣左彻者,削木像黄帝,帅诸侯以朝之。七年不还,左彻乃立颛顼"。同书之《异人》也提到"七年"之数:"昔高阳氏有同产而为夫妇,帝放之北荃,相抱而死。神鸟以不死草覆之,七年,男女皆活,同颈二头四手,是为蒙双氏。"

至今流传于中国南方一些少数民族中的盘瓠神话,同样突出了数字"七"。《蛮书》卷十引王通明《广异记》谓高辛时盘瓠生即怪异,主人弃之,"七日不死",主人复收之,献于帝;后立功,帝妻以公主,"公主分娩七块肉,害纽之有七男,长大各认一姓",其后苗裔炽盛,自为一国。

此外,数字"七"还以其夸张形式出头露面,这常常表现为七的倍数,例如"七十"。仅在《淮南子》一书中,就可找到很多"七十":"黄帝生阴阳,上骈生耳目,桑林生臂手,此女娲所以七十化也。"(《说林训》)"泰山之上,有七十坛焉。"(《缪称训》)"封于泰山,禅于梁父,七十余圣。"(《齐俗训》)"汤之地方七十里而王者,修德也。"(《兵略训》)"尧治天下,政教平,德润洽,在位七十载。"(《泰族训》)"孔子欲行王道,东西南北七·十说而无所偶。"(《泰族训》)"(神农)尝百草之滋味……一日而遇七十毒。"(《修务训》)"孔子修成康之道,述周公之训,以教七十子。"(《要略》)

闻一多曾在《七十二》一文中讨论了孔子弟子的人数,指出:"孔子弟子的人数,先秦的书,如《孟子·公孙丑篇》、《韩非子·五蠹篇》、《吕氏春秋·遇合篇》,都说'七十',多数汉人的书如《淮南子》的《泰族篇》、《要略篇》,《汉书》的《艺文志序》、《楚元王传》,《水经注》九'淇水'注引《论语比考俄》等,也都说'七十'。……我们以为'七十'是举成数,或是前面所说代表多数的象征数字,'七十余'也没有毛病。'七十二'却是后人附会五行系统杜撰的。"而据《孟子·离娄下》,曾子的弟子也是七十人;秦朝所设博士的名额也是七十人;司马迁在《史记·乐书》记述汉代官方正月上辛祠太一神时,"使童男童女七十人俱歌";甚至太史公所作《史记》中的列传也正好是七十篇。

不难看出,上述文献中的数字"七"与"七十"并不是随意出现的，它们常带有一定的神圣性，这表明先民曾将某种神秘的观念附着在"七"这个数字上。中国的民间风俗中也可以看到这一点。如古代中国曾以正月初七日为"人日"，其习俗中也含有"七"，据梁宗懔《荆楚岁时记》载："正月七日为人日，以七种菜为羹。"同书还载有"七夕"妇女乞巧之俗："七月七日为牵牛织女聚会之夜，是夕，人家妇女结彩缕穿七孔针。"

在中国丧葬习俗中有为超度死者亡灵的"七七追荐"活动，俗称"水陆道场"或"水陆大会"，其时间少则七天，多则四十九天。而四十九天的法会又分为七期，每七天为一期，分别称首七、二七、三七直至七七（又称断七、终七）。此俗至迟在南北朝时已流行。《北史》卷八〇《胡国珍传》载，国珍薨，"诏自始亮至七七，皆为设千僧斋，斋令七人出家。"

数字"七"在中国少数民族口耳相传的神话故事中亦屡见不鲜。如前面提到的盘瓠神话分化出的各种同源故事，就含有不少的"七"字。瑶族《盘王的传说》有龙犬游"七天七夜"渡海及告知公主将他放在蒸笼中蒸"七天七夜"可变为人的描写。① 苗族《神母狗父》则说神母乃神农之七女，婚后产七男七女。② 怒族《射太阳月亮》的神话说："洪水过后，只剩兄妹二人，二人婚配，生下七男七女，即怒、独龙、汉、藏、白、傈僳、纳西各族，七女分别嫁给七男，分别住在七条江畔，繁衍着人类。"③ 哈尼族神话《烟本霍本》中生下万事万物的金鱼娘，身子有"七十七个""缅花戚里"（哈尼语，指一眼所看到

---

① 陶阳、钟秀编：《中国神话》，上海：上海文艺出版社1990年版。
② 同上。
③ 中央民族学院少数民族文艺研究所编：《中国民族民间文学》（下册），北京：中央民族学院出版社1987年版，第520页。

的最大极限）宽，它每过百年就把身子翻一回，翻过"七十七回"身子就睡醒过来，随即造天、造地、造神。神话中还提到来往于天地之间的大神踩出"七十七条"通天通地的大路小路；大神们为了地上的万物能呼吸，扛来一个最大的风箱，拉出"七十七股"狂风①。傈僳族《盘古造人》神话说："盘古见人太懒，便在天上挂了七个太阳、七个月亮。过了一段时间，他出门巡察，走了七七四十九天，发现人都被晒死了，遂收回六日六月，种下南瓜。此后，每隔七天盘古就去看看南瓜，成熟后，他从中取出兄妹二人。可两个人太少，盘古走遍四面八方，找了七年零七个月，也不见人影。经过七天七夜的思考，他决定让兄妹二人成亲。兄妹成亲七年后，生了三个儿子，即后来汉、彝、傈僳人的祖先，为安排他们的婚姻，盘古又种下三颗葫芦籽，七七四十九天后，葫芦成熟，里面走出三个姑娘，与三个男孩相配，人类从此一代一代繁衍起来。"②

其实，数字"七"并不仅仅出现在中国各民族的神话传说及民间信仰中，若将视线移到神州大地以外，会发现世界上许多民族的民俗事象中都可寻到它的踪影。当然，最容易令人想起的是一星期七天的规定。据《圣经·创世纪》称，上帝六日内造天地万物及人类而定第七日为"圣日"。又《圣经·出埃及记》中载有古代犹太教会堂和圣殿所用的灯台——七连灯台（Menorah）。七连灯台"以纯金制造，七支灯脚用手工锤成花枝状，左右各三支，中间另有一支，顶端烛座作花托状；……此物历来被作为犹太教的象征。"③

---

① 中央民族学院少数民族文艺研究所编：《中国民族民间文学》（下册），北京：中央民族学院出版社1987年版，第520页。
② 同上。
③ 任继愈主编：《宗教词典》，上海：上海辞书出版社1981年版，第14页。

赵国华在《生殖崇拜文化论》中说:"印度尼西亚民族中有一种'尚七'观念。印度婆罗门教神话中有七重世界、世界上有七大洲,印度古代的马祭要立二十一根祭柱（7×3）,佛教经典中常用八万四千（7×12000）表示极多;西亚民族的宗教建筑有七座拱门、七个尖塔、七级台阶,甚至南北的窗户也各为七扇,等等。"①

林惠祥在其《神话论》中介绍了大洋洲卡罗邻群岛（Caroline Is.）土人的一则洪水神话:一个男人名基底弥有妻名马寄寄。一天其妻告诉他要来大洪水,应马上在最高的山顶盖一座七层的楼,于是他们到一座极高的山上盖了七层楼。七日后暴风雨,海水涨起淹死所有族人,最后直涨到高山顶第七层楼。马寄寄使巫术退水,夫妻二人回到家中。其后马寄寄生了七个小孩,再传了满岛的人。②

在北美印第安人各部族中,"七"也常常被视为一个神圣的数。法国民族学家列维－布留尔在其《原始思维》一书中提供了这方面的许多证据。③ 如在马来亚,"七"也被赋予了神秘的性质。当地人认为,"每个人……有七个灵魂,或者更确切地说,有七重灵魂。也许,这个'统一中的七重性'有助于解释马来人的巫术中给七这个数赋予的那种惊人而巩固的意义（七根桦树枝,从身体里抽出灵魂要念七次咒语,七根扶留藤,给灵魂七个打击,收割时为稻谷的灵魂割下七枝谷穗）"。

以上的材料说明,数字"七"的神秘性质是一种较为广泛

---

① 赵国华:《生殖崇拜文化论》,北京:中国社会科学出版社1990年版,第330页。
② 林惠祥:《神话论》,北京:商务印书馆1933年版,第80—81页。
③ 列维－布留尔著,丁由译:《原始思维》,北京:商务印书馆1985年版,第207—211页。

的世界性现象，虽然我们还缺乏更多的证据来确定这类观念的流行范围。当然，在这里最关心的是，数字"七"在中国古代使用的情况，其他的材料主要是用来提供一种可资比较的背景。从前引的中国材料看，数字"七"及"七十"等的出现频率确实较高，并且常常带有神秘的色彩，正是人类学中所说的"模式数字"（pattern number）。

何为模式数字？美国人类学家查·威尼克（Charles Winick）主编的国际上具权威的《人类学词典》对空虚概念的解释是："一种在特定文化中经常出现于不同场合的数字。"[1] 人类学家芮逸夫主编的人类学词典中对其释之较详："'模式数字'又称巫术数目（magic number）或神秘数目（mystic number），是指习惯上或格调上一再重复，用来代表仪礼、歌谣、或舞蹈模式的数字。也用来指兄弟、姐妹，或动物类型传统上所具有的数字，或用来代表故事重复出现的行为的数字。"[2]

中国古代文化中的模式数字尚多，自然不止"七"这一个。盘古神话里就有一段关于数字的议论，其文曰："数起于一，立于三，成于五，盛于七，处于九[3]。"不过历来治中国神话者似乎对这段文字没有多大兴趣。有关神农的神话中也有一节涉及数目的记载："神农生三辰而能言，五日能行，七朝而齿具，三岁而知稼穑般戏之事。"[4] 可见上古时代的中国人早已对数字的神秘、数字的巫术乃至数字的模式给予了充分的关注。

苏联学者 H. 托波罗夫在讨论神奇的数字时指出："数字不

---

[1] C. Winick, Dictionary of Anthropology, Totowa, New Jersey, pp. 385—984.

[2] 芮逸夫主编：《云五社会科学大辞典·人类学》，台北：台湾商务印书馆 1971 年版，第 276 页。

[3] 《艺文类聚》卷一引《三五历纪》。

[4] 《玉函山房辑佚书》辑《春秋纬元命苞》。

失为特定的'代码'成分；借助于这种'代码'，世界、人以及隐喻描述体系本身得以呈现。……质言之，诸如此类分类系列，乃是类似种种关系网络者，不舍为一种特殊的、借以对世界进行描述的'代码'，不舍为所谓'协调的'或'联想的'思维之基石（这种思维为一些文化所特有）。"①

这里说到数字是用来对世界进行描述的"代码"，恰如古希腊毕达哥拉斯学派所坚信的世界乃是由数字构成的观点。至于"七"这个"代码"在隐喻描述体系中的含义，北美印第安人的有关习俗，也许透露了个中信息："方位或空间部位的数目不一定是四；在北美各部族那里，这个数有时也是五（包括天顶），六（再加上天底），甚至七（还包括中心或者数数的那个人所占的位置）②。"如"契洛基人的两个神圣的数是四和七……四这个神圣的数是与四个方位直接有关的，而七除了四个方位以外，还包括'在下'、'在上'和'这里，在中间'"③。或许正是通过对以上俗的考察，德国哲学家恩斯特·卡西尔（Ernst Cassier）在其《神话思维》一书中指出了数字"七"的巫术—神话意义所显示出的特殊的基本宇宙现象与宇宙观念的关联："如同四崇拜一样，对五和七的崇拜也可能由方位崇拜发展起来：伴随着东、西、北、南四个基本方位，世界中央被看成部落或种族获得其指定位置的区域，上与下，天顶与天底也被赋予特殊的神话—宗教个性。"④

---

① H. 托波罗夫著，魏哲译：《神奇的"数字"卜》，《民间文学论坛》1985年第4期。

② 列维-布留尔著，丁由译：《原始思维》，北京：商务印书馆1985年版，第211页。

③ 同上书，第207页。

④ 恩斯特·卡西尔著，黄龙保、周摅选译：《神话思维》，北京：中国社会科学出版社1992年版，第166页。

叶舒宪在卡西尔观点的启发下，参考古籍中有关礼俗的记载，在《中国神话哲学》中指出，已能找出创世神话以圣数"七"为深层结构的原始文化心理根源，那就是史前人类藉神话思维所获得的全方位空间意识的具体数字化：

一 二 三 四 五 六 七
东 西 南 北 上 下 中

确实，在汉代以前的典籍中就能找到许多数字与空间方位的对应关系。以《楚辞》为例，《离骚》中有"览相观于四极"、"将往观乎四荒"，《九歌云中君》中有"横四海兮焉穷"，《天问》中有"降省下土四方"，《远游》中有"经营四方"，"周流六漠"，《招魂》中有"天地四方"，这里出现的数字，均可抽出作为空间方位的"代码"。

数字"七"的含义，也不难从这些典籍中寻到。《楚辞·招魂》中巫阳的招词就提供了解开神秘数字"七"谜团的线索：

魂兮归来！东方不可以托些。……
魂兮归来！南方不可以止些。……
魂兮归来！西方之害，流沙千里些。……
魂兮归来！北方不可以止些。……
魂兮归来！君无上天些。……
魂兮归来！君无下此幽都些。……
魂兮归来！入修门些。……
魂兮归来！反故居些。

这七段"魂兮归来"中，东、南、西、北、上、下 6 个方位明白无误，至于"修门"，一说是楚国郢都南关三门之一，一说是高大华美的门，指招魂所造的牌楼①。但在讨论"修门"的方位时这些却无关宏旨，"入修门些"与"反故居些"的含义是相同的，都是呼唤魂魄回到招魂者所占据的方位，这个方位就是"中"。以上述招词为依据，可以建立起一、二、三、四、五、六、七这些连续数字与空间方位的对应关系：

一 二 三 四 五 六 七
东 西 南 北 上 下 中

这个对应式与前引叶舒宪的式子略存小异，好在"七"与"中"的关键性对应是完全相同的。②

然而，叶舒宪对"七"之所以成为模式数字原因的解释却难令人满意。他说："由于现实的空间只有前、后、左、右、上、下6个维度，加上中间为七，已经到了极限，无法再增加了，所以七就成了宇宙数字、循环极限数字，在象征中间方位之外又有了魔法的、乃至禁忌的意义。"③ 数字"七"具有宇宙数字性质并不错，它也确实在象征中间方位之外又有了巫术的神话的意义，但其原因却并非因为它"已经到了极限，无法再增加了"。在中国文化中，被认为是极限、无法再增的数是"九"。《黄帝内经·素问·三部九候论》曰："天地之至数，始于一，终于九焉。"《汉书·杜钦传》注亦曰："九，数之极

---

① 马茂元等：《楚辞注释》，武汉：湖北人民出版社1985年版，第499页。

② 中国文化中方向排列之顺序多为东南西北，叶舒宪所引《墨子·迎敌祠》就是如此。以《墨子》中此段引文的顺序与《荆楚岁时记》"人日"注中顺序对照，一、二、三、四也应对东、南、西、北而非叶氏所言的东、西、南、北。

③ 叶舒宪：《中国神话哲学》，北京：中国社会科学出版社1992年版，第270页。

也。"故杨希枚认为"九、八两数则分别为基本天地数中的最大天数和地数,即极数"①。西方学者 W. 爱伯哈德也总结出数字"九""是一个最大的阳数"②。那么,数字"七"是如何获得了宇宙数字的性质及巫术的、神话的意义呢?卡西尔在谈论神话思维时说的一段话颇能给人以启迪:"我们在探究语言时已经发现,空间取向的术语,标明'前'、'后'、'上'、'下'的词,通常取自人对自己身体的直观:人的身体及其各部分是所有其他空间划分都要间接转换成的参照系。神话所经历的是同样的道路:只要它发现一种它力图用自己的思维方式去理解的有机构成的整体,它就想以人体形象和组织去看待这整体,只有当依照人体去这般'复制'客观时,客观世界才为神话意义所理解,并被区分为确定的存在领域。"③

人们在观察外界事物时,常不自觉地带有自我中心的倾向,就是今日受过专门训练的人类学家也难免其主位(emic)的立场。因此,在人类发展的早期,这种以自身为出发点划分世界的做法就更是十分合情合理了。但是,最初这种做法是自发的而非自觉的。如"四方"观念,虽则其方位划分实际上是以划分者所在的位置为参照系,却未对主体的"所在"予以标明。数字"七"在空间划分系统中的意义与上述情况(如"四")迥然有别,这里所标明并突出的是主体所在的位置,正如前引《招魂》中的招词,它要说的是东、南、西、北、上、下六方皆不可去,唯一适合于魂魄安居的地方只有招魂者所在之处(即"七")。

---

① 杨希枚:《略论中国古代神秘数字》,(台北)《大陆杂志》1972年版,第44卷,第5期。

② W. 爱伯哈德著,陈建宪译:《中国文化象征词典》,长沙:湖南文艺出版社1990年版,第228页。

③ 恩斯特·卡西尔著,黄龙保、周振选译:《神话思维》,北京:中国社会科学出版社1992年版,第102页。

至此，数字"七"的神奇之处，已可进行一个较为圆满的揭示，即："七"所体现的是人类的自我意识，它是人们对空间方位进行划分的依据（或曰出发点）。在连续的一、二、三、四、五、六、七这几个数中，"七"的排列顺序虽居最末，然在作为空间方位的代码时，前6个数字却皆出于"七"，皆以"七"为转移，"七"是这一系列数字的枢纽。

当然，数字"七"在空间方位的划分系统里代表"中"，并不等于说空间方位的"中"就一定是"七"，这二者是否对应要视上下文（context）关系而定。如在五方系统中，这个"中"所对应的就是"五"。《尚书·洪范》曰："五行：一曰水，二曰火，三曰木，四曰金，五曰土。"又据《礼记·月令》、《吕氏春秋·十二纪》、《淮南子·时则训》等典籍，可得出五行、五方、五数之对应关系如次：

水 火 木 金 土
北 南 东 西 中
六 七 八 九 五

方位"中"与数字"五"的对应明确无疑，只是另外四方皆为大于五的数字，似与《洪范》中的数字不合。然细察之，便会发现其中规律，原来这些数字乃《洪范》中的数字加上"中"的代码"五"而得，即北：1+5，南：2+5，东：3+5，西：4+5。这或许正是暗示四方的划分皆以"中"（五）为基础，没有"中"，也就无所谓"东"、"南"、"西"、"北"。同样，在含有数字"九"的空间方位系统中（如九天、九地、九方、九域、九野等），"九"则成为方位"中"的代码，从而具有神秘的意义。

总之，正是因为在空间划分中立足点（中心）的地位，使数字"七"获得了模式数字的资格，数字"七"因此在世界各地的民俗事象中出尽风头。而中华文化崇尚"中"的传统，又进一步强化了模式数字"七"的神秘性和神圣性。

天　梯　考

所谓天梯，乃神话故事中神灵、人类或动物赖以登天之工具。《艺文类聚》卷六二引刘散《甘泉宫赋》中"缘石阙之天梯"乃天梯一名之始①。东汉王逸的《九思》中也有"缘天梯兮北上，登太一兮玉台"的句子。天梯是神话传说中常见的想象物，不唯在中国古代神话中，就是在中国各少数民族至今犹存的神话及域外各民族神话中，都不难寻到它的踪影。

研究神话传说的袁珂专门讨论过天梯。他指出："中国古代神话中的天梯，都是自然生成物，一种是山，另一种是特定的大树。"② 至于产生天梯观念的缘由，乃是因为"古代人们头脑比较简单朴质，设想神人或仙人之所以能够'上下于天'，并不是什么'腾云驾雾'，而都是这么足踏实地，缘着山或树一步一步爬上去或爬下来的"③。

在这些天梯中，最著名的就是昆仑山，《淮南子·地形训》曰：

---

① 袁珂：《中国神话传说词典》，上海：上海辞书出版社1985年版，第68页。
② 袁珂：《中国神话通论》，成都：巴蜀书社1991年版，第88页。
③ 袁珂：《中国古代神话》，北京：中华书局1960年版，第48页。

> 昆仑之丘，或上倍之，是谓凉风之山，登之而不死或上倍之，是谓悬固，登之乃灵，能使风雨或上倍之，乃维上天，登之乃神，是谓太帝之居。

其次是肇山。据《山海经·海内经》载：

> 华山、青水之东，有山名曰肇山。有人名曰柏高，柏高上下于此，至于天。

再次是登葆山。《山海经·海外西经》曰：

> 登葆山，群巫所从上下也。

与此相关的是灵山，《山海经·大荒西经》曰：

> 灵山，巫咸、巫即、巫朌、巫彭、巫姑、巫真、工礼、巫抵、王谢、巫罗十巫，从此升降，百药爱在。

而"树当中具有天梯性质的，据现在所知，只有建木一树"[1]。《淮南子·地形训》曰：

> 建木在都广，众帝所自上下。

袁珂的这些介绍并不全面，似有着重大的遗漏。就中国古神话中天梯的大类而言，起码还有一种，即虹也是一类天梯，

---

[1] 袁珂：《中国古代神话》，成都：巴蜀书社1991年版，第88页。

还有神木扶桑。

先说扶桑，这是直接在古文献叙述中就可发现的天梯。扶桑之名，见于《山海经·海外东经》：

> 汤谷上有扶桑，十日所浴，在黑齿北，居水中。有大木，九日居下枝，一日居上枝。

郭璞注曰"扶桑，木也。"《说文》释"槫"亦曰"槫桑，一神木，日所出也"。因扶桑为十日栖息之所，近世神话学家多称其为"太阳树"。

然扶桑不仅栖日，其高度亦很可观，在古文献中对此有许多夸张的描写。如《山海经·大荒东经》中称：

> 大荒之中，有山名曰孽摇𩕳羝。上有扶木，柱三百里，其叶如芥。

所谓"扶木"，即扶桑，而能将扶桑在中国古代神话体系中的地位和意义说得最清楚明白的是下面这段话：

> 天下之高者，有扶桑无枝木焉上至于天，盘坑而下层，通三泉。[①]

这就点明了扶桑的天梯性质。故扶桑不单单是太阳树，而且如钟敬文所说，"所谓扶桑，或作扶木或槫桑，大概是原始人民心

[①] 《古小说钩沉》辑《玄中记》。

目中的一种神树,也就是神话学上所称为'世界树'"①。张光直也说过"在中国古代传说里关于树木的神话,主要有扶桑的神话和若木的神话。这些都与沟通天地有关"②。

下面再看中国古神话中作为天梯的虹,这个问题较复杂些。在《淮南子·览冥训》中记载了"女娲补天"这个中国古代神话里最奇伟瑰丽、动人心魄的神话,这段神话所叙述之事件十分清晰明白,但其所解释、所象征之事物为何,却是众说纷纭、仁智互见。

何新曾提出,每一个神话系统都可划分为三个层面"语音、文字所组成的语句层面,由一个语句集合构造成的一个语义层面。这个层面乃是对语句的第一层解释。作为深层结构的文化隐义层面,它构成对一个神话由来的真正解释。对任何神话的研究,只有在深入地掌握了这个层面之后,才能算是成功的"③。萧兵更认为神话研究的目标在"逐步楔入其叙述层次、含意层次、象征层次、背景层次,发现并阐释其显义、隐义、喻义和潜义"。④ 用解释学（Hermeneutics）的话说,人们在神话研究中面对的是文本（text）,探求的则是文本所传达给我们的意义（meaning）。具体到女娲补天神话中,人们就是要透过其"补天"的显义去发现其含于深层的隐义。

对于神话的本质,鲁迅有一段论述,"昔者初民,见天地万物,变异不常,其诸现象,又出于人力所能以上,则自造众说

---

① 钟敬文《民间文学论集》上册,上海:上海文艺出版社1982年版,第130页。
② 张光直:《考古学专题六讲》,北京:文物出版社1986年版,第7页。
③ 何新:《诸神的起源》,北京:生活·读书·新知三联书店1986年版,第252页。
④ 萧兵:《楚辞的文化破译》,武汉:湖北人民出版社"前言"第1页。

以解释之凡所解释,今谓之神话"①。凯莱尼说得更简洁"神话叙述的是关于起源的事情"②。准确地说,原生态的神话乃是解释事物起源的神话。《淮南子》中的女娲补天神话,虽不免历代讲述者的添缀及文字记录者的加工,但其核心部分"炼五色石以补苍天",最初仍应是关于起源为神话。

从这样的角度去理解女娲补天神话,可以说该神话乃是关于横跨天际的虹霓的解说。这可从如下数个推论而出。

其一,女娲在"天不兼覆"情势下所做的工作是以五色石"补"天。既云补天,就与中国一些少数民族中造天、铺天的神话有别,补是局部的修整,造和铺是全面的更新。中国古籍中不乏天裂、天开的记载。如"晋惠帝元康二年春二月,天西北大裂。太安二年秋八月庚午,天中裂为二,无云,有声如雷者三。成帝咸和四年,天裂西北"③;"惠帝二年,天开西北,长二十余丈,广十丈"④;"前赵刘曜建元初,天裂,广一丈,长五十余丈"⑤。当然,这些史家的记载,天所毁坏的程度当远逊于女娲补天神话中的描写,然而却证明了古人视天如屋顶,也有坍塌、裂缝之时。不管是天裂还是天开,天之毁坏主要表现很可能就是一线裂开,而女娲补天则如补衣般将其缝在一起。这天中一线,不是虹又是什么。

其二,神话中说石为五色,也正与虹霓相当。《楚辞·远游》中即有"建雄虹之采旄兮,五色杂而炫耀"的句子。《太平广记》卷三九六引《祥验集·韦皋》曰:"虹蜺首似驴,霏

---

① 鲁迅:《中国小说史略》,北京:人民文学出版社1976年版,第7页。
② 转引自祖父江孝男主编,山东大学日本研究中心译:《文化人类学百科辞典》,青岛:青岛出版社1989年版,第253页。
③ 《通志略·灾祥略第一灾祥序》。
④ 《太平御览》卷八七四引《汉志》。
⑤ 同上书,卷八七四引《十六国春秋》。

然若晴霞状，红碧相霭，虚空五色。"《类说》卷二三《虹蜕天使》曰："其首似驴，五色若霞。"《开元占经》卷九八引《春秋感精符》亦有"九虹俱出，五色纵横"之语。可见五色石之说正是为了解释五色虹的存在。许多研究者推想五色与彩霞有关，而忽略了虹之五色亦若霞，宋人黄休复在《茅亭客话》中说："虹蜕首似驴，身若晴霞状。"前引诸条材料，亦多将虹与霞相比。当然，也不排除用石补天可能与"灵石信仰"有关。①杨堃先生曾提出"最早的女娲氏，则是夏王朝之前，我国母系氏族社会时代以石为图腾的先批的化身。所谓以石补天，不过是怀念这位始祖母的伟大功绩而已"②。但这与女娲补天造虹的说法并不冲突，因为前者说的是以石为补天材料的原因，本文关心的是用这些材料合成何物。

其三，虹霓每现于雨后，人们很自然地将它与雨后天晴联系起来，故赋予虹止雨的功能。朱熹曾谈到虹，曰："虹非能止雨也，而雨气至是已薄，亦是日色射散雨气了。"③这反证出在宋时虹能止雨仍是人们普遍信奉的观念。而"女娲补天神话，看似情景纷繁，实际上只是一个洪水为灾，女娲用种种方法诛妖除怪、堵塞洪水的故事。女娲可说是神话中最早的一个治理洪水的英雄。……一因为传说女娲补天，霖雨就止住了。由此看来，女娲又当是主晴霁之神"④。这样，说女娲补天导致虹的产生，就成了顺理成章的解释。甚至可以设想，上古之时，大雨过后，天空晴朗，虹霓渐现，初民认为这是经雨水冲洗，天

---

① 陶阳、钟秀编：《中国创世神话》，上海：上海人民出版社1989年版，第176页。
② 杨堃：《论神话为起源与发展》，《民间文学论坛》1985年第1期。
③ 《朱子语类》卷二《理气下·天地下》。
④ 袁珂：《古神话选释》，北京：人民文学出版社1979年版，第27—28页。

神显真容,并造神话说,这虹霓乃是女娲补天所留之痕迹。

其四,女娲曾登立瑤台,《楚辞·天问》云:

> 厥萌在初,何所亿焉?瑤台十成,谁所极焉?登立为帝,孰道尚之?女娲有体,孰制匠之?

闻一多认为八句皆问女娲事,其中所谓瑤台,乃女娲为帝所登立之台①。闻一多的高足孙作云继承师说,将第三、四句理解为"问女娲居住在十层高的玉台上,又相传在女娲之前,没有人类,从女娲起,才开始有人类,而那女娲所住的十层高的玉台,又是谁给她建造的呢"②。但是,瑤台的"细节在文献里失落了,唯《淮南子》谓女娲'浮游消摇,道鬼神,登九天,朝帝于灵门,尚存残迹"③。其实,瑤台很可能就是虹霓。首先,瑤与虹音近,乃一音之转;其次,瑤与虹形似,《说文》释"瑤"曰:"瑤,半璧也。"这正与虹的形状相同。再次,据《太平御览》卷十四引《搜神记》曰:"赤气若虹,自下而上,化为玉嗽。"因此,从女娲之瑤台亦可推出女娲与虹的关联,而瑤台的质料正与女娲补天所炼之五色石相当。

其五,女娲很可能是以虹为图腾的族群的成员。在已出土的大量汉画像石中,女娲常与伏羲并列在显著的位置,其关系一说为兄妹④,一说为夫妇⑤。闻一多依据人类学知识综合指出,此乃人类早期社会兄妹婚习俗的反映⑥。女娲与伏羲的这层

---

① 闻一多:《天问疏证》,上海:上海古籍出版社1984年版,第74—75页。
② 孙作云:《天问研究》,北京:中华书局1989年版,第179页。
③ 萧兵:《楚辞与神话》,南京:江苏古籍出版社1986年版,第337页。
④ 《路史·后纪二》注引《风俗通》"女娲,伏羲之妹"。
⑤ 《全唐诗》卷三卢仝《与马异结交诗》"女娲本是伏羲妇"。
⑥ 闻一多:《神话与诗》,北京:古籍出版社1956年版,第4—5页。

关系至迟在汉代已经建立，可以设想应该有更早的神话传说根据。故不妨从伏羲的出身来推测女娲的出身。据《拾遗记》卷一载"有青虹绕神母，久而方灭，即觉有娠，历十二年而生庖牺。""庖牺"即伏羲。可知伏羲应为虹之子，这样女娲也当是虹族成员。而虹族成员又可化身为虹，这大概就是"女娲地出"①的原因了。

既然已推知女娲补天说的是虹，下面就来讨论一下上古人民中以虹为天梯的观念。

虹，《说文》释"虹"曰"螮蝀也，状似虫，从虫，工声"。联系到《山海经·海外东经》所说"虹虹在其北，各有两首"。古人大概是把虹认作两头蛇之类的爬虫了。而虹的形象极易使人联想到桥，故虹又称虹桥。上官仪《安德山池宴集》诗有"雨霁虹桥晚，花落凤台春"句。而桥亦称虹，如陆龟蒙《和龚美咏皋桥》诗有"横截春流架断虹"句。杜牧《怀钟陵旧游》诗有"斜辉更落西山影，千步虹桥气象兼"句。而虹在天际，便被认作连接天地的桥梁。《太平广记》卷三九六引《祥验集·韦皋》曰："夫虹蜺，天使也，降于邪则为矣，降于正则为祥。"这种以虹为天使的观念，正是以虹可连接天地即天梯的信仰为基础的。

民族志的材料也提供了虹是天梯的佐证。古代斯堪的纳维亚的神话中就说虹是凡世和天堂之间的桥梁。②古希腊神话中的伊里斯为霓虹女神。古希腊人认为虹连接天地，是人和神的联系者，向人转达神的意旨。③太平洋一些岛上的居民认为虹是天

---

① 《抱朴子·释滞篇》。
② C. Winck, *Dictionary of Anthropology*, Totowa, New Jersey, 1984, p. 450.
③ D. 利明、E. 贝尔德著，李培茱译：《神话学》，上海：上海人民出版社 1990 年版，第 23 页。

梯，古代的英雄们顺着它升降。在德意志的民间传说中，虹是一座桥，正直人们的灵魂在自己守护天使的保护下顺着这座桥可以到达天堂①。中国彝族古歌《筑桥的歌》也说连接天地的是彩虹，天上人间相互婚配都是通过这座桥进行的②，可见以虹为天梯是世界上一种较普遍的观念。

《楚辞·九章·悲回风》更用生动形象的语言表述了虹为天梯的思想：

    上高岩之峭岸兮，处雌霓之标颠。据青冥而摅红兮，遂倏忽而扪天。

而《淮南子·览冥训》女娲补天故事的结尾，亦正是描写女娲缘虹登天的壮丽场景，"乘雷车，服驾应龙，骖青虬，援绝瑞，席萝图，黄云络，前白螭，后奔蛇，浮游逍遥，道鬼神，登九天，朝帝于灵门……"

至此，可以总结如下：就目前所知，中国古代神话中天梯有三种，一是特定的高山，二是特定的大树，三是五色斑斓、横跨天际的彩虹。

---

① 爱德华·泰勒著，连树声译：《原始文化》，上海文艺出版社1992年版，第299页。

② 张福山、傅光宇：《天梯神话的象征》，《思想战线》1984年第4期。

论中国古代的桑崇拜

从汤祷桑林、伊尹生于空桑和神木扶桑等神话传说以及先秦典籍所载后妃斋戒躬桑、生男以桑弧射天地四方、祭典设桑主等古俗中不难发现，中国上古之时存在着普遍的桑崇拜观念。桑崇拜产生的根本原因是当时人们物质生产的需要，生产与生殖两种因素的相互结合与促进，形成了中国古代跨越广阔时空的桑崇拜民俗。

植物崇拜（plant worship）是原始宗教常见的形式。在工业社会前，人类社会文化发展经历的几个阶段——采集和狩猎、初级农业、畜牧业、高级农业——无不与植物有莫大干系。林惠祥曾介绍了世界各地的植物崇拜习俗并指出甚至英文庙宇（temple）原意便是树木[1]。而中国汉字"社"，也不难从中窥见树木崇拜的身影[2]。英国人类学家弗雷泽在其代表作《金枝》中谈到早期人类崇拜树木花草的原因时说"在原始人看来，整个世界都是有生命的，花草树木也不例外。它们跟人们一样都

---

[1] 林惠祥：《文化人类学》，北京：商务印书馆1934年版，第289—291页。
[2] 据《说文》，"社"字古文作"社"，正像土上有木之形，又《墨子·明鬼》曰"必择木之修茂者，立以为丛社"。

有灵魂，从而也像对人一样地对待它们。"① 这样的认识是古代先民必然发生过的，至今在中国一些少数民族的宗教习俗和神话传说里仍可找到类似的观念。本文的任务，只是讨论植物崇拜中的一种，即根据古籍记载，说明中国古代曾存在着普遍的对桑树的崇拜。

一

"中国是全世界一个最早饲养家蚕和缫丝制绢的国家，长期以来曾经是从事这种手工业的唯一的国家，有人认为丝绸或许是中国对于世界物质文化最大的一项贡献。"② 丝织业的发达是与人工养蚕分不开的，而养蚕的基础全赖丰富的桑树资源。在中国古代桑树分布极为广阔，为养蚕业提供了良好的条件。这一点在古文献中屡有反映，正如夏鼐所说，"周代的文献中，《尚书·禹贡》提到当时生产蚕丝和丝织品的地方，《诗经》、《左传》、《仪礼》等书中很多地方，也提到蚕、桑、蚕丝和丝织品。"③

鉴于丝、蚕与桑的关系，可以说，古籍中有关桑、蚕、丝的记载 皆可视作桑树分布的证据。以《尚书·禹贡》为例，该篇记有九州土产，便甚多与桑有关者。

（兖州）厥贡漆丝，厥篚织文。
（青州）厥篚檿丝。
（徐州）厥篚玄纤、缟。

---

① 林惠祥：《文化人类学》，北京：商务印书馆1934年版，第289—291页。
② 詹·乔·弗雷泽著，徐育新等译：《金枝》，北京：中国民间文艺出版社1987年版，第169页。
③ 夏鼐：《我国古代蚕、桑、丝、绸的历史》，《考古》1972年第2期。

（扬州）厥篚织贝。
（荆州）厥篚玄纁玑组。
（豫州）厥篚纤、纩。

此六州皆贡丝织品，无疑当广有桑林。中央冀州未提到桑、蚕、丝，并不等于此处无桑，而是由于冀州无贡篚，故记载有阙。宋蔡沈注曰"冀独不言贡篚者，冀，天子封内之地，无所事于贡篚也"。因此，从周围各州情况看，倒是有理由相信冀州是富有蚕桑之地。梁州、雍州的贡篚项目中不见丝织品，也不等于该处无桑，因贡物皆是一地土特名优产品，梁、雍二州未贡丝，只不过表明丝织品非其强项，想来它们都还是有桑蚕业的。这种推测并不是毫无根据的，有蔡沈在《禹贡》"桑土既蚕"句下的注释为证，"桑土，宜桑之土。既蚕者，可以蚕桑。……九州皆赖其利。"

随着养蚕业的发展，古代中国劳动者除有效地利用自然界原有的桑林资源外，还有目的地在自己居住地的近旁大面积种植桑树，从而使采桑更为方便快捷。张舜徽在谈到中国古代园艺生产时说："殷代甲骨文中已有'桑'字，而周末孟子经常强调'五亩之宅，树之以桑'。可知几千年前，已普遍重视桑的栽植。"① 而采桑是妇女的工作，每次采桑都要攀树，既不方便也不安全，人们希望有既便于采摘又出产丰富的桑树。生产上的需要促使先民对桑树进行改良。大约在距今两千多年前的战国时期，中国已出现新培育的桑树品种，即矮株的"地桑"或称"鲁桑"，这种人工改良的桑树在战国铜器及汉画像石上的采桑

---

① 张舜徽：《中国古代劳动人民创物志》，武汉：华中工学院出版社1984年版，第11页。

图中极易见到。①

中国最早的诗歌总集《诗经》也多次提到桑、蚕、丝，其中又以桑最多。《鄘风·桑中》、《小雅·隰桑》、《大雅·桑柔》等篇自不必说，其余各篇中"桑"亦屡见不鲜，如写桑之所在的"阪有桑"（《秦风·车邻》）、"南山有桑"（《小雅·南山有台》），写鸟雀止于桑及食桑葚的"交交黄鸟，止于桑"（《秦风·黄鸟》）、"鸤鸠在桑"（《曹风·鸿鸿》）、"翩彼飞鸮，集于泮林，食我桑葚"（《鲁颂·泮水》），写住所周围有桑的"无踰我墙，无折我树桑"（《郑风·将仲子》），写整理桑树的"蚕月条桑"（《豳风·七月》），写采桑的"彼汾一方，言采其桑"（《魏风·汾沮洳》）、"桑者闲闲兮""桑者泄泄兮"（《魏风·十亩之间》），写伐桑枝为燃料的"樵彼桑薪"（《小雅·白华》）等。由此可知当时桑林的遍布及桑与人们日常生产生活的密切关系。

正因为桑树在古代随处可见，人们又经常与之打交道，反映到语言里就出现了大批与桑有关的名词概念，其中许多沿用至今。如"桑田"、"沧桑"、"桑海"、"桑麻"、"桑梓"、"桑榆"等皆是常用之熟词。桑之普遍还导致许多带"桑"字的地名出现，如桑林、桑丘、桑落、桑田、桑植、桑乾、采桑、空桑、穷桑、啮桑等。

由桑在中国古代人民生活中的重要地位，又形成种种与桑有关的古俗。如《礼记·月令》载季春之月桑事曰：

是月也，命野虞毋伐桑柘，鸣鸠拂其羽，戴胜降于桑，具曲植籧筐。后妃斋戒，亲东乡躬桑，禁妇女毋观，省妇

---

① 夏鼐：《中国文明的起源》，北京：文物出版社1985年版，第50—51页。

使,以劝蚕事。

又古时男子出生,有以桑木作弓、蓬草为矢,射天地四方之俗。《礼记·内则》曰:

> 国君世子生,射人以桑弧蓬矢六,射天地四方。

桑木还被用来做祭典时的神主。按古礼,人死改葬,还祭于殡宫叫虞,虞祭所立的桑木制的神主名桑主。《国语·周语上》"及期,命于武宫,设桑主,布几筵"。又桑主亦名桑封,《山海经·中经》曰"桑封者,桑主也"。我们怀疑虞祭以桑为神主,是因为"桑"与"丧"音近,桑主即丧主。《搜神记》卷十四述"蚕女"故事,谓女化蚕结茧于树上,众人"因吃其树曰'桑',桑者,丧也。"

二

朱天顺在研究中国古代宗教问题时论及植物崇拜,指出:"据我国古籍记载,被古人神化和崇拜的植物,首先是与农业生产有关的桑树和谷类植物。其次是桃、苇、菖蒲等。"[①] 在中国古代植物崇拜中率先提到了桑,这正是本文所关心的问题。种种迹象表明,中国古代曾有长期的和普遍的桑崇拜。前述后妃斋戒躬桑、生男以桑弧射天地四方及祭典设桑主等古俗中,已含有桑崇拜的因子。古中国桑树遍布,则为桑崇拜的普及提供了坚实的基础。

闻一多、郑振铎等人曾研讨过的"汤祷桑林",就是古代桑

---

① 朱天顺:《中国古代宗教初探》,上海:上海人民出版社1982年版,第87页。

崇拜的一个绝好例证。此故事见于多种古籍,据《吕氏春秋·顺民》:

> 昔者汤克夏而正天下,天大旱,五年不收。汤乃以身祷于桑林,曰:"余一人有罪,无及万夫,万夫有罪,在余一人,无以一人之不敏,使上帝鬼神伤民之命。"于是翦其发,磨其手,以身为牺牲,用祈福于上帝。民乃甚悦,雨乃大至。

关于"桑林",闻一多引郭沫若的意见以为即高禖,指出《墨子·明鬼》中的"燕之有祖,当齐之社稷,宋之桑林,楚之云梦也"。这段话所提到的祖、社稷、云梦均与桑林同一性质。① 又《路史·余论二》引束皙曰,"皋禖者,人之先也。"而"古代各民族所记的高禖全是该民族的先妣"②,所以,作为高禖的桑林与祖、社等同类是祭祀祖先,尤其是女祖先的圣地。桑在这里是祖灵的物化形式,是祖祀的象征。

"桑林"又是一种古乐舞的名称。《庄子·养生主》有"合于桑林之舞"的记载。袁珂以为,"当是成汤祷桑林之乐舞"。③ 不过"桑林"之乐的用途可能更为广泛,除祷雨外,一切在桑林举行的神圣活动中相伴的乐舞都应称之为"桑林"。此外,视桑为神木、以桑林为圣地的观念也不会仅限于诸侯国宋。宋为殷之苗裔,只是宋在当时更为突出罢了。川静先生所说极确"桑林是圣地,在那里举行歌舞,拥有许多巫女,并且举行授子

---

① 闻一多:《神话与诗》,北京:古籍出版社1956年版,第97—98页。
② 同上。
③ 袁珂:《中国神话传说词典》,上海:上海辞书出版社1985年版,第336页。

活动。也可以认为，不仅在宋的桑林，在一切有桑林的圣地都存在这类信仰和习俗。"①

在中国古代造人神话中亦留有桑崇拜的痕迹。《风俗通云》："女娲抟黄土作人。"②

《淮南子·说林训》曰"黄帝生阴阳，上骈生耳目，桑林生臂手，此女娲所以七十化。"据汉高诱注"上骈、桑林，皆神名。"其实，此处桑林就是桑树枝干，说的是女娲抟土造人时以桑枝为人体支架。人乃万物之灵，造人是神圣的事业，人体的原材料中有桑，可见桑在先民的心目中是具有神圣性质的。

古代传说中的许多著名人物（古帝、氏族先祖、贤者圣人等）的身世往往与桑有关，这也是上古中国曾实行桑崇拜的反映。例如少昊，便是其母皇娥与白帝子在穷桑爱情生活的结晶，晋王嘉《拾遗记》卷一曰：

穷桑者，西海之滨，有弧桑之树，直上千寻，叶红堪紫，万岁一实，食之后天而老。及皇娥生少昊，号曰穷桑氏，亦曰桑丘氏。

夏启与少昊相似，也是其父母在桑树之下交合的产物。屈原《天问》记录下了这段风流韵事。"禹之力献功，降省下土四方，焉得彼涂山女，而通之于台桑。"同属此类的还有姜嫄生周的始祖后稷的感生神话③。

---

① 自川静著，何乃英译：《中国古代民俗》，西安：陕西人民美术出版社1988年版，第177页。
② 据《太平御览》卷七八引。
③ 《艺文类聚》卷八八引《春秋元命苞》："姜嫄游阁宫，其地扶桑，履天人迹，生稷。"

上述几例说的是主人公之母的受孕与桑有关，另一些著名人物则是在诞生时涉及到桑。如为人熟知的伊尹生于空桑的故事。《吕氏春秋·本味》对此有较为详细的叙述：

有莘氏女于采桑，得婴儿于空桑之中，献之其君。其君令烰人养之，察其所以然。曰，其母居伊水之上，孕，梦有神告之曰"臼出水而东走，毋顾"，明日，视臼出水，告其邻，东走十里，而顾其邑，尽为水。身因化为空桑，故命之曰伊尹。此伊尹生空桑之故也。

此处"烰"字，高诱注曰"犹疱也"。袁珂先生沿用原注，将"烰人"译为"御膳房厨子"[1]。可是初生婴儿让厨子照料，似乎不大合情理，倒是龚维英所说的"烰，意为孵蛋，今犹言母鸡'烰'（抱）雏，俗语'烰（抱）小鸡儿[2]'"，可能更接近原意。古籍所载诞生与桑有关的尚有帝颛顼，《吕氏春秋·古乐》述颛顼"生自若水，实处空桑，乃登为帝"。被中华民族长期尊为"至圣"的孔子，其出生也离不开桑，依《史记·孔子世家》正义引《括地志》的说法，孔母"生孔子空桑之地"。

在中国古代神话传说中还有一棵赫赫有名的神木——扶桑。《山海经·海外东经》曰：

汤谷上有扶桑，十日所浴，在黑齿北，居水中。有大木，九日居下枝，一日居上枝。

郭璞注曰"扶桑，木也。"《说文》释"槫"亦曰"槫桑，

---

[1] 袁珂：《神话选译百题》，上海：上海古籍出版社1980年版，第224页。
[2] 龚维英：《原始崇拜纲要》，北京：中国民间文艺出版社1989年版，第153页。

神木,日所出也。"可见扶桑是木无疑,当是从桑崇拜演进而来。至于《说文》等处榑桑的"榑"字在山海经中作"扶",毕阮解释为"假音字"。依何新的意见,扶桑之"扶"在古书中本无定字,其语义不在这个字的字形中,而在其字音中①。但不同意何新紧接着说的"扶"就是"溥"。

按"溥"字太雅,其实"榑"、"扶"乃是它们更通俗的一个同音字——浮。在《说文》系统中,"榑"、"扶"、"浮"皆读如音,故扶桑或榑桑就是浮桑,是古人想象中浮于浩瀚东海的神树,这正与上引经文中扶桑在汤谷、居水中的描写相符。

作为神树的扶桑,其形貌在古文献中有许多夸张的描写。《艺文类聚》卷八又引《神异经》曰:

东方有树焉,高八十丈,敷张自辅,叶长一丈,广六尺,名曰扶桑。有椹焉,长三尺五寸。

在《海内十洲记》中,扶桑的高度激增:

扶桑在碧海之中,地方万里,……地多林木,叶皆如桑,又有椹。树长者数千丈,大二千余围。树两两同根偶生,更相依倚,是以名为扶桑。

早出的《山海经》中,扶桑之高已远不只千丈,《大荒东经》曰:

大荒之中,有山名曰孽摇頵羝。上有扶木,柱三百里,

---

① 何新:《诸神的起源》,北京:生活·读书·新知三联书店1986年版,第110页。

其叶如芥。

所谓"扶木",即扶桑,而将扶桑在中国古代神话体系中的地位和意义说得最清楚明白的是下面这段话:

> 天下之高者,有扶桑无枝木焉,上至于天,盘蜿而下屈,通三泉。①

如此扶桑上至于天,已具有天梯性质又下通三泉,可连接冥界。这是一棵神奇无比的"圣树",它可沟通天廷、凡间、地府,神、人、鬼都与它发生关系。扶桑已不仅仅是一棵太阳树,它实在是神话学中所说的世界树或宇宙树。钟敬文曾指出:"所谓扶桑,或作扶木或榑桑,大概是原始人民心目中的一种神树,也就是神话学上所称的'世界树'。"②

世界树或宇宙树,乃"世界的中枢,是尚无文字的民族,尤其是亚洲、澳大利亚和北美洲许多民族的神话和民间故事的广泛主题,这使他们能联系神界和圣域来理解人间和尘世。……在一种形式中,这种树是将天地结为一体的垂直中枢,在另一种形式中,这种树是地平线中枢上的生命之源。"③扶桑是太阳树,是天梯,是世界树、宇宙树、生命树,它能沟通三界,联络神、人、鬼,这一切神异其基础全在古时先民对桑的崇拜。

---

① 《古小说钩沉》辑《玄中记》。
② 钟敬文:《民间文学论集》上,上海:上海文艺出版社1982年版,第130页。
③ 覃光广等主编:《文化学辞典》,北京:中央民族学院出版社1988年版,第235页。

世界树的观念不仅存在于古代"扶桑"神话中,至今在中国各民族的神话传说中仍可找到许多例子,如南方的壮族的"旧月树"、苗族的"枫树"、彝族和阿昌族的"梭罗树"、崩龙族的"茶树"等,而在北方满、鄂温克、鄂伦春、蒙古、达斡尔等民族的萨满教神话中世界树观念尤为集中和突出。富育光在介绍萨满教的大育观时说,"在满族等北方诸民族中,还将宇宙比做'宇宙树'、'天树'或称'萨满树'。认为它长在天弯的中心,通贯宇宙,根须部是地界树干部为中界枝头分为七叉亦传九叉,称神界。这种观念反映原始人类初期的象形观念,比以数喻天观念要古远得多。"① 蒙古族古代神话说天地开初,有一座四棱山顶的中心长着一棵很大的树,从它的树杪向下看,世界是一片汪洋大海,海上漂着的大地就像卧倒的一匹小马,如果把牛一般大的石块从大树顶上抛下去,要过一年后才能落到地上②。这则神话也是对世界树的描绘,树漂浮在大海上,与扶桑树何其相似。

桑的神力,还传递到用桑木所制的器具上。"羿射十日"的神话中,羿有善射的神技,所赖非凡的武器为弓与矢。《荀子·儒效》曰:

羿者,天下之善射者也。无弓矢,则无所见其效。

其弓矢何来,或曰天帝所赐③,或曰夷羿自造④,但这些在

---

① 富育光:《论萨满教的天穹观》,载《萨满教文化研究》第一辑,长春:吉林人民出版社1988年版。
② 乌丙安:《神秘的萨满世界》,上海:上海三联书店1989年版,第63页。
③ 《山海经·海内经》"帝俊赐羿彤弓素矰,以扶下国。羿是始去恤下地之百艰。"
④ 《墨子·非儒下》:"古者羿作弓。"《吕氏春秋·勿躬》:"夷羿作弓。"

这里不是最重要的,重要的是制弓的材料。依《易林》所载,羿的神弓名"乌号",《太平御览》卷三四七引《风俗通》交代了乌号弓的用材:

> 乌号弓者,拓桑之枝。枝条畅茂,乌登其上,垂下着地。乌适飞去,从后拨杀。取以为弓,因名乌号耳。

原来羿用来射日的神弓正是用桑制成的。所谓乌,应即日(太阳)或负日之神鸟,"乌号"即太阳哀号也。而从"拓桑之枝""乌登其上"的描写看,又与扶桑相类。这段解释"乌号弓"的神话就是从扶桑神话引申出来的。联系前引《礼记》中以桑弧蓬矢射天地四方的习俗,亦可说明桑崇拜是古代普遍的观念。

桑的崇拜将人们对桑的来历也涂抹上了神圣的光环。至今流传在中国山东民间的《西荫氏找桑蚕》神话,说西荫氏(即西陵氏螺祖)看到百姓缺御寒之衣,遂在神的指示下历经千辛万苦到东海扶桑山找扶桑大仙,获得一包桑树种和一包蚕子,在骑雕返回时撒遍大地。于是,从东海边往西几千里到处长满了绿油油的桑树。[①]

三

远古的中国人为何以桑为崇拜对象,已有一些学者对此问题作了初步探讨。近年大力倡导生殖文化研究的赵国华认为桑崇拜源自生殖崇拜。在讨论花卉纹的象征意义时指出:"以出土彩陶上的花卉植物纹样为依据,结合《诗经》中的材料,我们

---

① 陶阳、钟秀编:《中国神话》,上海:上海文艺出版社1990年版,第633—636页。

推测中国的远古先民曾将多种植物作为女性生殖器的象征。这象征物为木本植物，或为桑（《鄘风·桑中》），……发现了崇祀高禖的起源秘密之后，我们便可以知道，殷商人的奉祀'桑林'，即为奉祀高禖，起源也正是因为殷商的先民曾以桑象征女阴，实行崇拜。……桑林就是桑树林。因为桑树叶片纷披，桑椹累累，所以被远古人类选为女性生殖器的象征物，别无任何奥妙。"①

生殖崇拜文化的研究在半个世纪前已有闻一多、郭沫若等前辈学者做过拓荒的工作，但在当今的中国学术界全面展开还是20世纪八十年代以来的事。目前，有不少学者从生殖崇拜的角度来重新审视中华古文化，取得了相当的成果。因此，在桑的问题上不难找到与赵国华相同或类似的见解。如傅道彬通过对"社"的考察，也认为，"所谓桑林的意义自然也是表现生殖崇拜的内容的。"②

不过，生殖崇拜只是问题的一个方面，尤其是具体到桑树上。这里可将桑崇拜与满族的柳崇拜作一比较。满族神话说，女真天母阿布卡赫赫的女阴变为柳叶落到人间，生育了人类万物。佛朵妈妈也是由女阴——形体为柳叶演化的女神。③ 神话传说，可以认定，满族的柳崇拜就是生殖崇拜。但桑与柳不同，桑在中国古代经济生活中占有十分重要的地位，正如费孝通所说，"家庭蚕丝业是中国农村中对农业不可缺少的补充。靠它来

---

① 赵国华：《生殖崇拜文化论》，北京：中国社会科学出版社1990年版，第223—224页。

② 傅道彬：《中国生殖崇拜文化论》，武汉：湖北人民出版社1990年版，第80页。

③ 李景江：《女真图腾神话初探》，载《中国神话》（第一集），北京：中国民间文艺出版社1987年版。

支付（A）日常所需。（B）礼节性费用。（C）生产的资本。"①所以，对桑的崇拜不能仅仅只是生殖崇拜。

在桑崇拜问题上，重温弗·恩格斯"两种生产"的观点是有益的。他在《家庭、私有制和国家的起源》第一版序言中指出："根据唯物主义观点，历史中的决定性因素，归根结蒂是直接生活的生产和再生产。但是，生产本身又有两种。一方面是生活资料即食物、衣服、住房以及为此所必需的工具的生产；另一方面是人类自身的生产，即种的蕃衍。"② 生殖崇拜论者看重的是后一种生产即人类自身的生产，这对中国学术界几十年来只注重生活资料的生产而不敢谈人的种群的蕃衍起到了纠偏的作用，但也不能由此形成谈人的生产成时髦，而谈其他物质的生产是保守的另一种偏向。许多思想家对这两种生产是同时并重的。孔圣人说："食、色，性也"，即是不偏不倚的。从人类思维的发生发展看，对食的意识应当早于对"色"的意识，起码从个体思维的发生发展看是如此。

中国古代极为普遍的桑崇拜应该是先民在生活资料的生产中对桑的依赖而产生的。正是由于在生产生活中与桑朝夕相处，人们才对桑树有了细致的观察，注意到它的旺盛生命力，遂视其为生殖繁衍的化身。而且，祈求桑树更多地生殖繁衍，最初是服务于养蚕业的，其后渐渐通过各种途径与人类的生殖联系起来。这有《礼记·月令》中"季春之月，……后妃斋戒，亲东乡躬桑"为例。还有《礼记·祭义》中"古者天子诸侯，必有公桑蚕室"一段作证。因此，在桑崇拜的问题上，台湾学者王孝廉的说法可能更为接近历史的真实。"桑树的养蚕治丝以及结生累累桑椹的功能，以及桑叶摘了再生，继续不衰的实际现

---

① 费孝通：《江村经济》，南京：江苏人民出版社1986年版，第142页。
② 《马克思恩格斯选集》第四卷，第2页。

象,使古代人对桑树产生了不死、再生与生殖的原始信仰,神话中的古帝颛顼、殷商的伊尹以及孔子的出生都有'生于空桑'的传说,殷商的后裔宋国以桑社做为自己土地的原始母神,到了后来的传说里,连桑椹也成九千年生一次的不死仙果。"①

综上所述,可以认为,桑崇拜源于人们物质生产的需要,又因与生殖崇拜相关联而进一步得到加强,由此形成中国古代跨越广阔时空的桑崇拜民俗。

---

① 王孝廉:《中国古典小说中的爱情》,台北:时报文化出版公社1978年版,第181页。

龙与中华文化的多元起源

无论是在生物的起源、人类的起源还是文化的起源问题上，历来都有一元发生论（Momo-genism）与多元发生论（Polygenism）的争锋。本文涉及的只是文化的起源问题。在人类文化研究史上，也出现过单一起源的论调。其中最著名的是传播注三义（Diffusionism）阵营中的泛埃及论（Pan-Egyptian theory），以为世界上一切文明的产生都起源于古埃及①。

对于中华文明，一些西方学者认为是由西方传播过来的，尽管中国现代考古最早发掘的小屯殷墟文化已是一个高度发达的文明。然而近几十年的考古研究表明，中华文化"西来说"是站不住脚的。考古学家夏鼐曾说："中国虽然并不是完全同外界隔离，但是中国文明还是在中国土地上土生土长的。中国文明有它的个性，它的特殊风格和特征。中国新石器时代中的主要文化已具有一些带有中国特色的文化因素。中国文明的形成过程是在这些因素的基础上发展的。"②

确定了中华文化的本生起源，剩下的就是回答一元还是多

---

① 祖父江孝男等主编，山东大学日本研究中心译：《文化人类学百科辞典》，青岛：青岛出版社1989年版，第281—282页。
② 夏鼐：《中国文明的起源》，北京：文物出版社1985年版，第103、100、98页。

元的疑问了。在中国长期以来流传甚广的说法是黄河流域一元文化发生论，即通常所说的黄河是中华民族的"母亲"或"摇篮"。然而，近年的考古发现从根本上动摇了中华文化一元发生论的基础。在北至黑龙江流域南抵珠江流域、东起东海之滨西达青海高原的辽阔的中国版图内，均不乏旧石器时代的文化遗存，这说明早在一万年以前中华民族的先民就不仅活动于黄河流域，而且足迹遍及现在版图的四面八方。① 至于新石器时代的文化遗址，迄今发现的更多达七千余处，经正式发掘的也在四百处以上。长江流域的浙江余姚河姆渡文化，其年代与北方黄河流域的仰韶文化早期（半坡）相同，或许开始还早。"从前我们认为良渚文化（约前3300—前2250年）是我们所知道的长江下游最早的新石器文化，并且认为良渚文化是龙山文化向南传播后的较晚的一个变种。实则这里是中国早期文化发展的另一个文化中心，有它自己独立发展的过程。"② 于是，有的学者提出"长江流域——中华民族远古文明的又一摇篮"的说法③。辽宁西部距今五千年的红山文化祭坛、女神庙和石冢群遗址的发现，又提醒人们中华文化存在着一个北方发源点的可能性。考古学家、时任中国考古学会理事长苏秉琦为第八届全国考古学会撰写了《关于重建中国史前史的思考》一文，指出"我国在一万年以内至商代以前的史前时期早就存在着六大文化区系，经过多次撞击、融合，最终凝聚成多源、一统的中国传统文化，这种传统铸就了中华民族经久不衰的生命力。"④

---

① 周国兴《长江流域——中华民族远古文明的几项重要贡献》，《史前研究》1983年第2期。

② 《人民日报》1991年9月21日。

③ 岑仲勉：《西周社会制度问题》，上海：上海人民出版社1957年版，第111页。

④ 苏秉琦：《关于重建中国史前史的思考》，《考古》1991年第12期。

民族研究的成果也表明中华民族是多元组合的，这从另一方面加强了中华文化多元发生论的理论基础。"世界上没有血统很纯粹的民族。民族既非单元，文化也就不会单元。反过来，文化越灿烂，民族的血统似乎越复杂。"① 对于中华民族的形成，梁启超早就说过："华夏民族，非一族所成。太古以来，诸族错居，接触交通，各去小异而大同，渐化合以成一族之形，后世所谓诸夏是也。"② 构成华夏的诸族，便是《礼记·王制》中提到的蛮夷戎狄，或如《周礼》所说的"四夷、八蛮、七闽、九貉、五戎、六狄"。民族学家费孝通近年综合学术界的有关研究成果，提出了中华民族多元一体格局的新观点③，可以说中华民族如此，中华文化也具有这种多元一体的结构。

今人对于史前期的了解，除了有赖于考古、民族学的研究外，还有古代神话传说。稍加留意便不难发现，古代神话中有关中华文化起源多元性的材料完全可以构成中华文化多元发生的另一有力证据。例如对人类文化演进至关重要的用火的发明，就有燧人钻木（《韩非子》）、炎帝钻木（《管子》）、伏羲钻木（《绎史》卷三引《河图挺辅佐》）诸说；又如弓箭，则有般（《山海经》）、羿（《吕氏春秋》）、倕（《荀子》）、挥（《说文》）等多位创造者；再如农业创始之功，在神话传说里又分别归到神农（《淮南子》）、后稷（《山海经》）、伏羲（《孔丛子》）、黄帝（《史记》）的名下。限于篇幅，在此仅以中华民族的标志和象征——龙为例，对中华文化的多源性作一些说明。

现在人们通常所能见到的龙的形象很明显是一个组合物。罗愿《尔雅翼·释龙》曰：

---

① 岑仲勉：《西周社会制度问题》，上海：上海人民出版社1957年。
② 梁启超：《饮冰室合集》，第11册。
③ 费孝通等著：《中华民族多元一体格局》，中央民族学院出版社1989年版。

龙者，鳞龙之长。王符言：其形有九似。头似驼，角似鹿，眼似兔，耳似牛，项似蛇，腹似蜃，鳞似鲤，爪似鹰，掌似虎也。

对龙的形象，闻一多结合人类学的知识较早对它进行了科学的解释。"龙究竟是什么东西呢？我们的答案是：它是一种图腾（Totem），并且只存在于图腾中而不存在于生物界中的一种虚拟的生物，因为它是由许多不同的图腾糅合成的一种综合体。……它的主干部分和基本形态却是蛇。……大概图腾未合并以前，所谓龙者只是一种大蛇。这种蛇的名字便叫做'龙'。后来有一个以这种大蛇为图腾的团族（klan）兼并了，吸收了许多别的形形色色的图腾团族，大蛇这才接受了兽族的四脚，马的头，鬣的尾，鹿的角，狗的爪，鱼的鳞和须……于是便成为我们现在所知道的龙了。"①

闻一多的研究极具启发意义，其后许多学者都沿用了龙的原型是蛇的说法。当然，争论依旧存在，闻一多的观点并不是所有人都接受的。而对龙自蛇出，闻一多只是提供了结论，限于其精力、兴趣等主观因素及当时考古学、人类学等学科在中国还不够发达的客观条件，他未能给出进一步充分的论据。因此，也有人对闻一多认为龙是以蛇为原型的图腾的说法提出了质疑，认为目前"考古学、历史学均无可信资料证明在中国历史上曾有过一个强大的以蛇为图腾的氏族部落，至于兼并与融合其他以马、狗、鱼、鸟、鹿为图腾的氏族部落的说法更是完

---

① 闻一多：《神话与诗》，北京：古籍出版社1956年版，第26页。

全出于臆想"。①

那么，上古到底有没有以蛇为图腾的文化集团呢？其实，这个问题应该是不难于回答。前引《周礼》述上古诸族有"八蛮"、"七闽"。据《说文》"虫部"所释："蛮，南蛮，蛇种。""闽，东南越，蛇种。"可知这是以蛇为图腾的集团应是无疑的。珥蛇、把蛇、操蛇、使蛇的族群数不胜数，如《山海经》言：

>   大荒之中，有山名曰成都载天。有人珥两黄蛇，把两黄蛇，名曰夸父。（《大荒北经》）
>   雨师妾在其北。其为人黑，两手各操二蛇，左耳有青蛇，右耳有赤蛇。（《海外东经》）
>   巫咸国在女丑北，右手操青蛇，左手操赤蛇，在登葆山，群巫所从上下也。（《海外西经》）

四海之海神，亦无不与蛇有关：

>   东海之渚中，有神，人面鸟身，珥两黄蛇，践两黄蛇，名曰禺。黄帝生禺。禺生禺京。禺京处北海，禺虢处东海，是为海神。（《大荒东经》）
>   南海渚中，有神，人面，珥两青蛇，践两赤蛇，曰不廷胡余。（《大荒南经》）
>   西海渚中，有神，人面鸟身，珥两青蛇，践两赤蛇，名曰弇兹。（《大荒西经》）
>   北海之渚中，有神，人面鸟身，珥两青蛇，践两赤蛇，名曰禺疆。（《大荒北经》）

---

① 刘志雄、杨静荣：《龙与中国文化》，北京：人民出版社1992年版，第5页。

四方的方位神，其伴随者也无非龙蛇之类：

> 东方勾芒，鸟身人面，乘两龙。(《海外东经》)
> 南方祝融，兽身人面，乘两龙。(《海外南经》)
> 南方蓐收，左耳有蛇，乘两龙。(《海外西经》)
> 北方禺疆，人面鸟身，珥两青蛇，践两青蛇。(《海外北经》)

这些记载，折射出上古曾有大量以蛇为图腾的集团存在的可能。

在众多崇蛇的集团中，包括了大量的太昊伏羲氏。据传，"帝女游于华晋之渊，感蛇而孕，十三年生庖牺"[①]，因而"伏羲人头蛇身"[②]。《左传·昭公十七年》，"太皞氏以龙纪，故为龙师而龙名"。杜预注曰："太皞伏羲氏，风姓之祖也。有龙瑞，故以龙命官。"从上述文字中，不难窥出在太昊伏羲集团中蛇图腾向龙转化的动向。

太昊伏羲氏是上古大型集团中最早以龙为图腾神的。在以后的漫长岁月中，随着各集团间的接触、交汇、融合，龙逐渐成为中华民族先民共同崇奉的对象。徐显之研读《山海经》多年以后认为《山海经》是一部氏族社会志，广泛记录了中国氏族社会末期各地区的图腾。"《山海经》时代，还大量地存在着各别的氏族图腾，但主要地区都以地区性的图腾出现。在这许多地区性的图腾中，龙已经占据重要的地位，大有成为全局性

[①] 《路史·后纪一》罗萍注引《宝记》。
[②] 《天中记》卷二二引《帝系谱》。

图腾的趋势。《南次三经》所说的珠江流域以龙为图腾,《南山经之首》和《南次二经》的长江以南地区以龙和鸟的联合体为图腾,《中次九经》的四川地区,以龙和马的联合体作为图腾。《东山经之首》的我国东北部分沿海地区,也是以龙为图腾的。《西次三经》的伊犁河流域,同样以龙为图腾。《北山经之首》和《北次五经》的我国北方和西北广大地区,又都以蛇为图腾。在古人看来,龙和蛇都是同一个类型的动物,并且认为蛇能变化成龙。"①

值得注意的是,此时龙图腾虽已占了主导地位,但仍可在一些区域看到龙与鸟、龙与马联合的图腾,也有单以蛇为图腾的地区(这类遗迹提醒人们龙形象来源的多元性)。在龙演化为整个中华民族图腾的历程中,炎黄集团接受太昊伏羲集团的图腾是决定性的事件。当然,接受并不等于原封不动地全盘引进,而往往是依据本族文化作适应性的改造,最后与自身文化有机地融为一体。经过这样改造的龙,"是新石器时代南北文化整合的结晶,是游牧文化与农业文化整合的结晶,是兽文化与鳞虫文化整合的结晶"。②何星亮设想了黄帝集团吸收改造龙文化的具体过程:"由于具有兽文化特征的黄帝部落集团习惯于崇拜有腿、爪和嘴阔头大的兽类,对无足、无爪、头小和身上无毛的蟒蛇会产生不舒心、不痛快的感觉,不少人甚至会感到厌恶和恐惧,为了适应本氏族部落成员的心理,首领们便开始重新塑造龙。因蟒蛇奔走如飞,像他们熟悉的野马(仰韶文化未发现有养马遗迹,当时野马尚未驯服)一样,于是以马头代替令人

---

① 徐显之:《山海经探原》,武汉:武汉出版社 1991 年版,第 91—92 页。
② 何星亮:《中国图腾文化》,北京:中国社会科学出版社 1992 年版,第 373—374 页。

害怕的蟒蛇头,并添上兽类的足和爪。"①

　　这里还可以补充一点,即黄帝族与虹有密切的关系。如《太平御览》卷六引《大象列星图》中所载之《轩辕寸·四变》中就有"立为虹蜺",而传说中黄帝之母有虫乔氏从名称上看即是虹霓。无论从古文字学、考古学还是民族学的证据看,虹与蛇似都是可以相互转化的对应物。黄帝族的崇虹,可很自然地转到崇蛇,故其对伏羲龙图腾的吸收也许是一个较为顺利的过程。

　　还有一些学者干脆认为黄帝族本就以龙蛇为图腾,故而不存在转化问题。如何光岳认为,华胥氏、女娲氏、神农氏、轩辕氏皆炎黄祖先,早就都以龙为图腾。②萧兵则指出,"从黄帝之称与黄龙、璜玉直接相连看来,黄帝应首先以龙蛇为主图腾,'熊'只是个强大的加盟氏族";"龙蛇崇拜在夏人集群里势力最强大,终于使龙蛇成为夏人集群的总图腾"。③

　　综上所述,闻一多认为中国历史上曾有过一个强大的以蛇为图腾的氏族部落并非"完全出于臆想"。同时,也应看到了龙的形象具有多元一体的性质。龙是上古四方百族文化交汇、融合的产物,它使各区域、各集团的地方神、氏族神逐渐走向统一,进而促进了诸种文化全方位的整合,龙成了诸族的共同祖先。包括龙神话在内的中国古代神话传说,可以从另一方面加深对中华文化多元起源结论的认识。

---

①　何光岳:《龙图腾在炎黄集团的崇高地位》,《中南民族学院学报》1992年第2期。
②　同上。
③　萧兵:《楚辞与神话》,江苏古籍出版社1987年版,第404、406页。

论人类起源过程中的若干问题

当人类有了自我意识之后,对自身由来的思考就一直不断进行着。千百年来,不知有多少哲人智士为之倾注满腔热情,求索毕生。刻在雅典达尔菲阿波罗神庙门廊石板上的一句古希腊箴言——"认识你自己"正道出了世界各族人民的这种渴望。然而,早期对人之由来的解答主要还限于神话的领域。直至19世纪中叶,查尔斯·达尔文等进化论者才第一次从科学的角度回答了这个问题,指出人类是由古猿演化而来的。其后,弗·恩格斯在《自然辩证法》中又揭示了劳动在从猿到人转变过程中的作用,初步解答了人类如何起源的问题。

前人并没有穷尽真理。查尔斯·达尔文、弗·恩格斯以后的一百多年中,科学技术又有了突飞猛进的发展。在人类起源方面,又发现了许多新的材料,也积累了新的研究方法和理论,本文打算结合百余年来科学研究的有关成果,探讨一下人猿转化过程中的几个重大问题。

一

大脑是思维的基础,动物和人类的思维都是建立在脑发展的基础上的。从猿向人转变之初,动物神经系统的发展已经有了若干亿年的历史。仅以脑而论，在昆虫的节状神经系统中已出现了庞大的脑神经节；到了低等脊椎动物，又出现了大脑半球，爬行动物更在大脑半球背外侧发生了一层新的结构——大脑皮层；在哺乳动物中，大脑皮层不断发展，灵长动物的脑已与人类近似。在这样的生理基础上，思维萌芽的显现应是预料中的事情。

对思维在动物中存在的事实，经典作家已作了一些说明。弗·恩格斯指出："但是，不用说，我们并不想否认，动物是具有从事有计划的、经过思考的行动的能力的。……动物从事有意识有计划的行动的能力，和神经系统的发展相应地发展起来了，而在哺乳动物那里则达到了已经相当高的阶段。"① "动物也能够认识，虽然它们的认识绝不是至上的。"② 弗·恩格斯的这些结论主要是根据人们对动物行为的观察而作的推测。20世纪以来，科学家们已经对动物的行为进行了大量细致的科学观察和实验，目前已能够对动物的智力状况作出较准确的估计。上述科学观察和实验包括人类学家、动物行为学家对现存灵长类动物的长期观察；心理学家对高级灵长类动物的思维实验以及心理学家、语言学家对灵长类动物的语言训练实验等，研究的结果都表明哺乳动物特别是灵长类动物已具备初级的思维能力。③ 这种初级的思维能力，是动物心理由低级到高级依次经历了感觉的（感性的）阶段和知觉的阶段而达到的，它被称为智力的阶段。④ 当然，由于没有语言，动物所认识的东西不能列入

---

① 《马克思恩格斯选集》第3卷，第516—517页。
② 同上书，第125页。
③ 朱长超：《试论用比较法研究意识起源的过程》，载钱学森主编《关于思维科学》，上海：上海人民出版社1986年版。
④ B. B. 波果斯洛夫斯基主编，魏庆安等译：《普通心理学》，北京：人民教育出版社1979年版，第43页。

概念，不能撇开现实对象而抽象地思维，因此它们的思维是具体的、动作性的，属于直观行动思维和具体形象思维，但却不能否认这是思维，因为即使在现代人类的思维中，这些思维形式仍与抽象逻辑思维占有同等重要的地位。

中国学术界在讨论人类起源问题时极少涉及思维因素，对思维发生与人类出现谁先谁后的问题也没有进行过认真的思考。不过，近百年来科学研究的成果仍在介绍人类起源的著述中有所反映。如有的学者认为："人类的意识是由古猿的意识发展而来的……当'形成中的人'对于工具有了一定的认识，了解到工具的作用及其对自己生活的关系，从而按照自己的意愿尝试制造工具的时候，本能的意识就发生了质的变化，于是开始有了人类的意识，……"①"在制造工具之前，必然有一个使用天然工具的过程，是经常使用而不是一般动物的偶尔或有时使用。在制造工具之前，也必然在头脑中初步形成了制造和使用这种工具的计划，也就是在制造工具之前应当已有一定的初级的意识，……因此可以推论，'非纯粹'的意识……是在制造工具之前产生的"。②

由此可见，在人猿转变过程中思维是一种连续性因素。长期的进化，使古猿有了相当丰富的心理储备，这就是建立在脑这个物质基础上的思维。虽然这只是一种原始粗糙的思维，但它却使古猿在遭遇到环境巨变的挑战时，能作出一系列的适应和调整，开始向人的方向转化。连续性的思维是古猿向人类迈进的内因，它构成了人猿转变的主动力。

---

① 陶大镛主编：《社会发展史》，北京：人民出版社1982年版，第11页。
② 吴汝康：《从猿到人》，载《普通生物学专题汇编》下册，北京：北京大学出版社1981年版，第200页。

二

"一切有机体都有一定程度的可塑性。"① 生物的生存、发展离不开环境。它们依靠环境,并对环境有一定的适应性。地球上环境的巨变多是在较短的时间内发生的,而生物有机体做出适应性的变化要缓慢得多。因此,为应付环境的变化,就需要生物有机体在结构和功能上有一定的可塑性。当然,不同物种的可塑性存在着差异,缺乏可塑性就无法适应环境的变化。

古猿之所以能够向人类转化,就在于它们在机体上存在着较大的可塑性。这表现在两个方面。首先,古猿长期的臂行(brachiation)"促使机体向下列方向进化:完善、敏捷、精确的双目视力,多方面的操作技能,眼和手的密切配合以及自觉地掌握牛顿万有引力等"②。灵巧的前肢在结构和功能上具有的可塑性,为古猿以后直立行走时通过前肢实现思维的结果以适应复杂的生存需要提供了保证。其次,古猿的大脑及其功能也具有一定的可塑性。科学研究发现,在高等动物和人类中其脑功能的潜力远没有完全发挥出来,学者们据此认为脑具有功能的剩余性③。以现代人为例,相对于其寿命,脑的潜力几乎是无穷的。动物心理学家通过训练动物学习人类语言也发现它们具有相当的语言学习潜力④。可以认为,三百万年前古猿的大脑也同

---

① D. A. 德斯伯里等主编,邵郊等译:《比较心理学——现代概观》,北京:科学出版社1984年版,第467页。

② 卡尔·萨根著,王志勇译:《伊甸园的飞龙》,石家庄:河北人民出版社1980年版,第63页。

③ 周昌忠编译:《创造心理学》,北京:中国青年出版社1983年版,第88—92页。

④ D. A. 德斯伯里等主编,邵郊等译:《比较心理学——现代概观》,北京:科学出版社1984年版,第189—204页。

样存在脑功能的剩余性,这使脑及其功能具有可塑性,从而奠定了古猿向人类进化的基础。

此外,自然选择也为进化提供了条件。古猿若不具备机体结构和功能上的可塑性,在遭遇环境巨变时,就不会下地直立行走、结成社会性群体并向人的方向转变,而会采取其他适应办法(如像现存灵长类动物那样退居小片森林)甚或灭绝。

三

不过,大自然赋予生物的可塑性毕竟是有限的,古猿向人转变的过程中若仅依赖于自然的恩赐,终难变为超越于万物之上的人类,因此从有限迈向无限需要一种全新的结构与功能。

人类的伟大,就在于其发展过程既不违背一定的生物规律,又超越了一定的生物规律,走出了一条新的道路。任何物种的器官都是有局限性的,人类却突破了这种局限。这个突破表现为人类在原有的自然界提供的生物性结构和功能之上创造出了新的结构和新的功能。人类在其生存活动中充分地运用了身外之物——各种各样的工具,从而延长了自己的器官。由于外在可利用的工具是无穷尽的,因此人类通过与工具的结合可以形成的结构上的"机体—工具系统"也就是无穷尽的了。以这种新结构为基础,人类发展出了其他各种动物都不具备的新机能,即"思维—劳动机制"。劳动使丰富的文化得以创造,而劳动传承本身就是文化的内容。文化犹如一套厚厚的外衣,把原本赤裸着来到世上的人类包裹起来,从而与别的动物形成了鲜明的本质的区别。同时,劳动对人类还具有自我驯化(self-domestication)之功用,不断使人类在行为上更加远离动物界。有了"机体—工具系统"和"思维—劳动机制",人类的生存便突破了其生物局限,而进入无限发展的新境界。

在新结构与新功能的形成中，思维起到了决定性的作用。前已述及，思维在人猿转变过程中是一种连续性因素，劳动的发生，就是在思维指导下作出的。马克思写道："什么是'有益的'劳动呢？只不过是能产生预期效果的劳动。一个蒙昧人（而人在他已不再是猿类以后就是蒙昧人）用石头击毙野兽，采集果实等等，就是进行'有益的'劳动。"① 中国出版的辞书中谈到劳动问题时亦说："人类劳动不同于动物的本能活动，是有意识、有目的的活动，并以能创造和使用生产工具为特点。"② 正是这种新的"思维—劳动机制"，保证了"机体—工具系统"倒不同于某些动物偶然使用工具所形成的机体与工具的临时性组合。新结构与新功能的相互配合与相互促进，最终使古猿完成了向人类的转化。

四

在人类进化的时间问题上，学界目前的共识是，在第四纪以前（即三百万年以前）人类还没有出现，这时地球上智力最发达的动物是古猿。同样可以确定的事实是，距今一万年左右结束了狩猎和采集为主要生活来源并开始驯养动物和栽培植物的晚期智人，在体质与智力发展上已与今天的人类无异。引起争议的是在这段已确定了上下限的时间区域（一般称为"旧石器时代"）中的哪一段为人类诞生的准确时间。一百年来，无数学者都在努力探求答案，提出了各种各样的假说，一些权威人士还根据世界各地陆续发现的化石资料将这段区域划分为不同的阶段。

试图确定人类诞生精确时间的人也许忽略了弗·恩格斯在

---

① 《马克思恩格斯选集》第3卷，第6页。
② 《简明社会科学辞典》，上海：上海辞书出版社1984年版，第447页。

《自然辩证法》中讲的一段话,"〔绝对分明的和固定不变的界限〕是和进化不相容的——'非此即彼!'是愈来愈不够了……一切差异都在中间阶段融合,一切对立都经过中间环节而相互过渡,对自然观的这种发展阶段来说,旧的形而上学的思维方法就不再够了。辩证法不知道什么绝对分明的和固定不变的界限,不知道什么无条件的普遍有效的'非此即彼!',它使固定的形而上学的差异相互过渡,除了'非此即彼!',又在适当的地位承认'亦此亦彼!',并且使对立互为中介,辩证法是唯一的、最高度地适合于自然观的这一发展阶段的思维方式。"①

正如人们无法准确指出未成年人是在某一天突然变为成人一样,人们也许永远无法确定古猿是在哪一天突然变成了人。应该摒弃"非此即彼"的思维模式,根据辩证法的思想,将上面所提到的时间区域看作一个中间阶段,不妨称之为"亦人亦猿"阶段。在国外,有一些学者将这一阶段称为人化过程(Sapienization)②,该过程中猿的特性不断减少,人的特性不断增多,此消彼长,偶然转为必然,量变引起了质变。"亦人亦猿"阶段的起点是猿,终点是人,人们的任务不是划界,而是应该随着化石资料的积累和科学水平的发展不断揭示这一阶段的各个细节。

五

劳动、语言、文化等因素是思维的产物,是古猿转变为人的过程里不同阶段的成果,而它们一经产生又会形成种种反馈(feedback),进而与思维一起共同构成进化的动力。人猿转化过

---

① 《马克思恩格斯选集》第 3 卷,第 535 页。
② 宋光宇编译:《人类学导论》,台北:桂冠图书有限公司 1980 年版,第 75 页。

程中的一些加速现象，就是由于这些因素的加入促成的。

首先，看一看劳动对脑的反馈。

人与动物的区别就在于人对自然界的作用是有意识的，这种作用就是在思维指导下的劳动。脑功能的超前发展是发生劳动的前提条件，而在劳动出现以后劳动实践又对脑的发展起到了反馈作用。

机体的活动能否对脑组织产生影响从而促进它的发展呢？答案是肯定的。20世纪50年代以来，随着生物学的进展，生理心理学家们在这方面做了大量的工作。许多实验证明，有计划地增加动物的活动量，会使动物在脑的重量、皮层厚度、胶质细胞数及突触连接数量上有一定的增长，并引起脑组织中的化学质及 DNA、RNA 的变化。① 这一切改变只是在短时间内发生的，可以想见，在从猿向人转变的数百万年的漫长历程中，劳动对脑的反馈作用将是何等巨大。著名的彭菲尔德（Penfield）大脑皮层机能定位图②，能使我们对劳动的反馈作用作全面的检视。

在从猿向人的进化中，脑始终是进化主动思维的物质基础。通过劳动对脑的不断反馈，同时也包括语言、思维对脑的反馈，使得脑量不断增加、大脑结构渐趋复杂、机能日益多样化，这样就以物质形式巩固了已获得的进化成果，这又为人猿转变过程向更高形式发展提供了可能性。

其次，是语言对思维的反馈。

无论从哪个角度来看，语言作为人与猿的根本区别之一都

---

① J. P. 查普林等著，林方译：《心理学的体系和理论》下册，北京：商务印书馆1984年版，第178—183页。

② 参见 R. F. 汤普森主编，孙晔等编译：《生理心理学》，北京：科学出版社1981年版，第14—15页。

是无可非议的。语言确实是人类最高的和独有的成就。语言是在思维发展到一定基础上产生的,它产生之后又反过来对思维发生巨大的影响。在此可以引用约·斯大林的一段话来作说明:"有声语言在人类历史上是帮助人们脱离出动物世界、结成社会、发展自己的思维、组织社会生产、同自然力作斗争并取得我们今天的进步的力量之一。"①

语言对思维的反馈作用被美籍华裔语言学家曾志朗作了很形象的描述:"如阿拉伯数字不被发明,数学不会发展到今天。一个好主意、想法如无一个好的符号来代表它也是枉然。一个符号系统被发明后,它拥有的聪明与才智比发明它的人还高。人类是唯一的动物能够发明文字符号反过来受其益无穷。"②

最后,看一下文化对人的反馈。

拥有文化,这是人类社会与动物群体最根本的区别。"传递文化比本能更加灵活,并且能够发展,这就是说,它能够蓄藏新的讯息,比突变和生物进化丰富动物的本能宝库要快得多。"③

文化是人类在进化中创造的,它一发生就开始按自己的轨道前进并迅速扩张,成为能反作用于人类的独立力量。文化的这种反馈在最近的几万年中尤为显著,它使得"亦人亦猿"状态迅速消逝,终于在大约一万年前进入现代人阶段。一万年来,人类在体质上的进化是微乎其微,如脑量并没有继续增加,但在文化上的进步是显著的,其发展呈几何级数的递增。文化成果的辉煌,又不得不归功于文化本身的反馈力。文化哲学人类

---

① 斯大林:《马克思主义和语言学问题》,北京:人民出版社1971年版,第35页。

② 曾志朗:《论文字组合在阅读历程及认知能力间的关系》,载《中国语文的心理学研究》,香港:文鹤出版有限公司1982年版。

③ A. 英克尔斯:《社会学是什么》,北京:中国社会科学出版社1981年版,第97页。

学的一位代表人物蓝德曼（Landmann）的一句话道出了人类与文化密不可分的关系："不仅我们创造了文化，文化也创造了我们。"①

一切生物都能依靠自己的活动在某种程度上改造自然。人猿揖别之初的使用工具和制造工具的活动，也还是对自然进行改造，只不过这种改造较之动物更加有意识罢了。唯有在产生了文化之后并利用文化的反馈作用，人类才成为世界上唯一的既能有意识改造自然，又能有意识改造自我的生物。

人类演化进程中的反馈作用自然不止上述三种，诸如直立行走、用火、杂食、集群生活、动植物的驯化、细密的社会分工、亲子依恋期的延长等等新生事物，都会对人猿转化增加一份推动力。这是一个极为复杂的过程，欲深入探明其间的种种关系及作用，尚需相关学科的研究者进行长期不懈的努力。

---

① 蓝德曼著，彭富春译：《哲学人类学》，北京：工人出版社1988年，第273页。

历史、层累与文化心理

历史研究的主要任务是什么？一般说来，历史研究要揭示真相，这当然不错。问题是仅仅揭示真相就足够了么？为什么要揭示真相？只是为了在数不胜数的故事中再加上一个？还是为今人增添一些谈资？抑或满足考据的嗜好？面对这些问题，不妨重温顾颉刚在几十年前讲过的一段话。当时他正在做"孟姜女故事"的研究，常有人问有关孟姜女的真实情形，他是这样回答的：

  实在的孟姜女的事情，我是一无所知，但我也不想知道。这除了掘开真正的孟姜女的坟墓，而坟墓里恰巧有一部她的事迹的记载之外，是做不到的。就是做到，这件事也尽于她的一身，是最简单不过的，也没有什么趣味。现在我们所要研究的，乃是这件故事的如何变化。这变化的样子就很好看了：有的是因古代流传下来的话失真而变的，有的是因当代的时势反映而变的，有的是因地方的特有性而变的，有的是因人民的想象而变的，有的是因文人学士的改窜而变的，这里边的问题就多不可数，牵涉的是全部的历史了。我们要在全部的历史之中寻出这一件故事的变化的痕迹与原因，这是一件极困难的事情，但也是一件极有趣味的事情呵①。

于是，历史研究者起码可以追问三个问题：历史是什么样子的？历史是如何变化的？为什么是这样的历史？

当然，历史是个太复杂的问题，笔者能力有限，只想从中国的土家族，一个个案讨论上述问题。讨论借用了文化心理学的一些思路。文化心理学是心理学中近年来发展很快的一个领域，与人文社会科学的许多学科有交叉②。有论者甚至认为"文化与历史成为文化心理学者首要关照之处"③。其实，学科界限本是人为，"各种社会科学家研究的最后目标都是人，不过他们是从不同的角度去研究人罢了"④。从根本追求看，历史学与心理学原无差异。正是在这个意义上，笔者同意顾颉刚的意见，历史的"样子"并不是最重要的，历史的"变化"与"原因"更有趣味。弄清"样子"是为了与"变化"相对照，是为了寻找"原因"，最终是为了把握人性。

一

分布在中国湘鄂川（渝）黔交界地区的土家族，是1956年10月才被确定的一个新的民族，这在中国55个少数民族中最后

---

① 顾颉刚编著：《孟姜女故事研究集》，上海：上海古籍出版社1984年版，第96—97页。

② 钟年、彭凯平：《文化心理学的兴起及其研究领域》，《中南民族大学学报》2005年第6期。

③ 余安邦：《文化心理学的历史发展与研究进路：兼论其与心态史学的关系》，《本土心理学研究》1996年第6期，第37页。

④ 魏镛：《社会科学的性质及发展趋势》，《云五社会科学大辞典》（第1册），台北：台湾商务印书馆1973年版，第5页。

确认。不过，土家族识别的时间虽比多数民族要晚，但其可追溯历史却一点也不晚。

目前对土家族族源的叙述，一般都是从廪君和盐神故事开始的。这是在许多古籍中都见记载的内容，因此被视为一种过硬的证据。故事原貌完整地保存在《后汉书·南蛮西南夷列传》中：

> 巴郡南郡蛮，本有五姓：巴氏、樊氏、瞫氏、相氏、郑氏，皆出于武落钟离山。其山有赤黑二穴，巴氏之子生于赤穴，四姓之子皆生黑穴，未有君长，俱事鬼神，乃共掷剑于石穴，约能中者，奉以为君，巴氏之子务相乃独中之，众皆叹。又令各乘土船，约能浮者，当以为君，余姓悉沉，唯务相独浮，因共立之，是为廪君，乃乘土船从夷水至盐阳，盐水有神女，谓廪君曰：此地广大，鱼盐所出，愿留共居，廪君不许，盐神暮辄来取宿，旦即化为虫，与诸虫群飞，掩蔽日光，天地晦冥，积十余日，廪君伺其便，因射杀之，天乃开明，廪君于是君乎夷城，四姓皆臣。廪君死，魂魄世为白虎。巴氏以虎饮人血，遂以人祀焉。

这段故事如今被认为是对土家族族源及早期迁徙史的忠实描写，在各类关于土家族的书籍和文章中引用率极高。不少资料告诉人们，类似的故事至今还在土家族民众中流传。例如，《湖北省志·民族》就是这样开始叙述的，接着描述了巴人在廪君之后向鄂西、湘西、川东等地的迁徙过程以及土家族的形成。[①]

但是，这种确定性的说法存在的时间其实并不太久。在影

[①] 刘孝瑜主编：《湖北省志·民族》，武汉：湖北人民出版社1997年版，第45页。

响较大的白皮书《土家族简史简志合编》中，对土家族的族源是几说并存的。"一说是巴人后裔；一说是由贵州迁来。"之后，该书用了较多篇幅介绍江西迁来说。最后表示，"上述关于土家族民族来源的几种说法，均无确据，比较可靠的结论还有待于进一步的研究"①。一直到1981年出版的《中国少数民族》对土家族的介绍，依然在族源问题上保持上述三说，而且在巴人说的一百余字中并没有提到廪君②。

廪君的名字在一些历史文献中有记载，潘光旦当年就提到《世本》、《后汉书》、《水经注》、《晋书》、《通典》、《蛮书》、《录异记》等典籍的记录③。王明珂曾在台湾"中央研究院中国古代典籍电子资源"上代为检索"廪君"条目，从《后汉书》至清代文献共有66段之多。但古时并无"土家"之名，上述文献中的"廪君"没有与"土家"并称。那么，廪君是如何与当今的土家族挂上钩的呢？

二

为此，近年笔者对湖北省位于三峡地区的利川市、恩施市、建始县、巴东县、长阳县进行了多次田野调查。选择这些调查地点的理由是，文献记载中巴人祖先廪君的活动区域主要在邻近三峡地区的清江流域。清江是长江流出三峡后接纳的第一条较大的支流，发源于利川，流经恩施、建始、巴东、长阳等地；如今，清江沿岸是土家族重要的居住区。在许多场合，清江被

---

① 中国科学院民族研究所、湖南少数民族社会历史调查组编：《土家族简史简志合编》（初稿），北京：中国科学院民族研究所1963年，第7—8页。

② 国家民委民族问题五种丛书编辑委员会中国少数民族编写组：《中国少数民族》，北京：人民出版社1981年版，第544页。

③ 潘光旦：《潘光旦民族研究文集》，北京：民族出版社1995年版，第183—184页。

称为"土家的母亲河"。调查路线基本上就是沿清江而下,走访各地有关部门,考察一些重要的土家族聚居点。

调查中发现,在上述地区的民间几乎找不到有关巴人祖先廪君的传说故事,老百姓也很少知道廪君这个人物。在清江的发源地利川,不仅普通百姓,"文化人"对廪君也同样十分陌生。利川市政府文化局的一位负责人告诉调查者:"从资料上看,这里廪君的故事老百姓不知道,盐水女神也是如此。是从《后汉书》上看到的,然后告诉大家。"在恩施、建始、巴东,所到之处除了政府民族文化部门外,人们都不太知道廪君的故事,民间没有遇到这方面的讲述活动,廪君只是存在于书本里。本地许多熟知地方故事、风物传说的长者,对廪君也全无所闻。

巴东县却有个例外。在清江靠近长阳县的巴东南部地方有一村镇,名水布垭,调查者听到一点关于廪君和盐神的说法,不过这依然只是个别"文化人"知道。此处山水与长阳相连,长阳那边是盐池河,有一座两县都能看到的山峰,酷似女性头部,被说成是"盐水女神"。当地一位"文化人"告诉调查者:"向王庙这边不多,白虎传说也不多。关于廪君和德济娘娘,这里山上有个美人头,可能是德济娘娘,河对岸有个男人头,可能是廪君或者向王。但是这里民间文化不高,老百姓不知道。"但邻近的长阳县的"文化人"认为,该说法不可靠:"山上有个美人头,有人说就是盐水女神,那是搞旅游工作的人瞎编的。"

长阳的情况有些不同。这里是政府授予的"全国民族文化先进县",确实让人有些特殊的感觉。调查者抵达长阳后,向一些人问起廪君和盐水女神,果然就能听到兴致颇高的讲述。最初接触到的人有长阳县"民族文化研究会"的负责人、县"文化局"的曾经的负责人、县民族事务委员会的干部、地方志的编纂人员等。这些人都能讲出与上述《后汉书》大致相同的故事。在长阳武落钟离山管理区和渔峡口镇，管理人员、干部、接待人员等也多能讲述廪君和盐神的故事。

但真正走入民间，情况与周边其他地区依然大致相同。在廪君和盐神故事的关键地点武落钟离山（传说中廪君的祖居地）和盐池村（传说中盐水女神的故里），并没有多少人会讲廪君和盐神的传说，而且被调查者一些人根本不知道这些传说，一些人表示听到过廪君和盐神的名字，但说不出他们的故事。按照以往采集民间故事的做法，调查者找到被村民认为能讲故事的老年人，可他们却表示只会说《三国》、《水浒》、《说唐》以及当地山川庙宇等自然人文景观的风物传说，偏偏不会说廪君和盐神。至于在偏离上述关键地点的其他区域，人们就更不清楚廪君和盐神的故事了。

了解的结果，长阳民间向王的故事有一些，以前有向王庙以及其他一些与向王有关的纪念物，还能了解到当年船工祭祀向王的风俗。但正如长阳资丘的一位"文化人"所说："向王我从小就知道，但知其然不知其所以然，后来才知道与土家族的先祖渊源有些关系。现已形成共识，约定俗成：土家族崇拜白虎，廪君是土家的祖先，这已被大家公认。但小时候很模糊，好像这方面的解释并不多……这有个认识过程。"

三

具体揭示向王·廪君与土家族关系的是潘光旦。潘光旦从同治《长阳县志》中发现，纂修者根据清代当地一位读书人彭淑的意见，提出"向王"就是廪君，所谓向王的"向"，就是巴务相的"相"变来的，是"土语讹'相'为'向'耳"。建立起这种联系后，潘光旦认为："准此，则《长阳县志》上所散见的向王滩、向王渡乃至向王桥，便无一不是廪君的遗迹所存

或后来巴人所以纪念廪君的事物。"① 所谓彭淑的意见,是目前广为征引的其一首竹枝词:

> 土船夷水射盐神,巴姓君王有旧闻。
> 向王何许称天子,务相当年号廪君。

词下还有自注:"巴东、施南、长阳,在处有向王天子庙,甚不经。按《水经注》引《世本》,廪君务相乘土船而王夷水,射杀盐神,巴人以为神。疑'向'为'相'之讹矣。"② 这样一个可以从语言学规律上解释的判断,如今已为许多人接受。

当年与潘光旦接触过的人也是这样回忆的。长阳一位从事文化工作的老先生告诉调查者:"廪君和向王的关系最早是潘光旦先生指出的。他1956年到长阳,看了长阳的县志……指出土家族是古代巴人的后裔,清江是巴文化的发源地,向王就是廪君,这时我们才知道向王是廪君。……(1984年长阳土家族)自治县成立后,长阳(县政府)下决心出了一本《廪君的传说》,实际上廪君的传说并不多。我们出这本小册子已经是掘地三尺了。"

难怪调查者找不到廪君与盐神故事的民间讲述。原来将近20年前,在民间找这类故事已经是"掘地三尺了"。渔峡口是长阳最西最靠近巴东的地区,是长阳的纵深所在,长阳的辖区东西向长为93.5公里,南北较窄为63公里,长阳至渔峡口公路里程近百公里,也是大家认为土家族民族特色保留最多的地区

---

① 潘光旦:《潘光旦民族研究文集》,北京:民族出版社1995年版,第278页。
② 杨发兴、陈金祥编注:《彭秋潭诗注》,北京:中国三峡出版社1997年版,第190页。

之一。长阳县文化馆的一位负责人告知那里的民间故事多,并且有和廪君、盐水女神相关的:"民间故事渔峡口有些。……渔峡口那里传说向王老祖公老了居此。那里覃姓的传说向王死后化白虎升天。盐池河那边有温泉,说雾气中飘来一女子与老祖公成亲,就是盐水女神的传说。"

不过在渔峡口调查依然所获不多,盐池村的情形已如前述,在白虎陇这个关键地点,村民中对廪君与盐神故事还是只有一位参加过县志编写的老"文化人"说得清楚。资丘镇文化站的负责人则根据亲身经历的田野调查,基本上否定了这些故事原本就存在于民间的可能性:"廪君、盐水女神传说在民间流传的很少,它实际上有很多东西是文化人杜撰出来的。我老家紧挨着渔峡口,我爷爷是老教书先生,他对民间传说很熟悉,成天给我讲故事,但印象中他从没给我讲过这方面的故事。我爷爷活到现在也是一百多岁了,他没讲过的,我就相信民间没有。到目前为止,特别是关于廪君和盐水女神的故事,它只是在文化界、文化人中间知道,在民间人们并不清楚。"

四

那么,廪君与盐水女神的故事,在目前清江流域的土家族人群中是失落了还是本来就没有?这是个暂时还难以解答的谜。其实,从搜集上来的故事看,涉及廪君与盐神的部分都与《后汉书》中的记载太相似了。① 心理学的研究告诉人们,在口耳相传的过程中,记忆的变形是相当大的。② 一个故事历千百年而没

---

① 长阳土家族自治县民族文化研究会、长阳土家族自治县民族事务委员会合编:《廪君的传说》,1995年版。
② 弗雷德里克·C. 巴特莱特、黎炜译:《记忆:一个实验的与社会的心理学研究》,杭州:浙江教育出版社1998年版。

什么改变,是很不容易做到的,而"廪君"、"巴务相"这样的名称,更是很难在口头流传。可能的情形是,民间故事的整理者知道古籍中廪君和盐神的故事,在加工过程中自觉不自觉地向这个标准靠拢。

于是,今天在清江流域的长阳等地廪君故事可以找到,但故事基本上是在文本中,民间的口传很难发现。要让这个传说故事生根,就需要寻找现实的证据。这样一来,最大的问题就是文献和实物的结合,文献所说的要落实到可见的物象上。历史舞台上活动的人物早已逝去,民众的口碑又难以确证,现在能找的就是历史人物活动过的地点。古文献谈到廪君故事时提到几个地名,武落"钟离山"、"夷水"、"盐阳"、"夷城"等,其中夷水是清江,这个历来没有多大争议。剩下的几个地点,最重要的当然是武落钟离山了。对于武落钟离山,历代文献有个大致的说法,那就是在今长阳境内。这种说法激发了长阳一批有心人去寻找这座历史上至关重要的名山。

寻找的高潮是在20世纪80年代初期,关键人物是长阳的一位文化工作者。按文献记载结合自己的认识,他沿着长阳境内的清江来来回回跑了好多遍,终于找到一座符合他心目中条件的山峰。为此,他发表了三篇论证巴人发源于长阳的文章,被称之为"张氏三论"。十几年后,这些文章与作者的其他作品合并为《武落钟离山考》,成为长阳"民族文化建设"中的一个重要成果。[①]

还有人在继续寻找更多、更可靠有关廪君、盐水女神、向王的证据。曾长期担任长阳文化部门负责人的一位民族文化研究者就坚信还应该有许多与廪君有关的实物遗存,他自己就一

---

① 张希周编著:《武落钟离山考》,香港:天马图书有限公司2000年版。

直在关注相关的石刻、石碑、石像等等。加入寻找队伍的有各行各业的人。例如武落钟离山的一位管理人员，这些年就一直在武落钟离山周围地区寻找有关的实物。又如长阳资丘镇一位土家族农民，听说武落钟离山上的向王庙虽已修复，但向王天子的神像没找到，于是他就以照相为业，在清江两岸走乡串户、攀山越岭，到处打听向王庙的旧址，然后在废墟中仔细翻检。几经周折，他终于找到被县政府民族文化部门认可的向王天子和盐水女神像。

考古学家也在寻找。清江流域最有名的古人类遗址在长阳，是 1956 年发现的人类早期智人"长阳人"化石出土地，年代距今近 20 万年。不过，由于年代久远，中间存有缺环，目前只有个别人将它与土家族联系在一起考虑。而与巴人有关的考古学研究却相当兴旺，近 20 年来考古发掘已出土石器、陶器、骨器、铜器等万余件，还有大批商周石器的甲骨。尤其是长阳渔峡口附近的香炉石遗址，出土文物既多又十分典型，被认为充分反映了巴人的文化特征，是早期巴文化，距今约 4000 年，已命名为"香炉石文化"①。"香炉石遗址的位置，距离当年的武落钟离山也不会太远。所以历史考古学家以历史文献的记载为依据，并紧密结合地下出土的历史文物和当地的民间传说，断定鄂西清江长阳为中国远古时期巴人的故乡，应是符合历史事实的。"② 考古学专家认为，经多年发掘和研究，巴人历史文化中的许多问题已逐渐清晰，例如廪君活动的时代、夷城所在地、廪君巴人的迁徙路线、巴族起源、巴人崇虎问题等③。

---

① 王善才主编：《中国早期巴文化长阳香炉石遗址发掘与研究》，长阳民族文化研究会编，1997 年。
② 王善才：《鄂西清江长阳，远古巴人故乡》，《土家学刊》2002 年第 1 期。
③ 杨华：《土家族先民——巴人历史文化研究述评》，《中南民族学院学报》2001 年第 1 期。

寻找工作还包括建立古今姓氏上的联系。当年《后汉书》廪君故事中提到的几个姓氏，多数还可在如今土家族地区找到踪迹，有些至今还是"大姓"。潘光旦在那篇著名的《湘西北的"土家"与古代的巴人》中将姓氏作为重要证据进行讨论并重点讲了"向"与"相"的关系，认为两字原是同音字记录时出现分歧①。近年不断有文章继续讨论姓氏问题并补充新的证据。如巴东的研究者1981年在长岭、马眠调查时，有向姓老人自称："我们原来不是现在这个向字，是木目相。"在清江南面也有这个情况。② 有人从湖北鹤峰《向氏族谱》中找到了"向"自"相"出的证据。③ 还有研究者指出"相"、"向"有尖团音之别，而鄂西汉语方言尖团不分，确实容易相混，并补充了利川、巴东等地土家族中至今还有相姓的资料④。

目前，这类寻找活动和相关的研究工作已经被汇入"巴土文化"的搜集、整理与加工中。按照"长阳民族文化研究会"负责人的说法："所谓'巴土文化'，首先，我们理解，它是一种在一定时空范围内的族群文化。"⑤ 在他们编辑的第一本《巴土研究》论文集中，收录了45篇文章，共有巴人廪君、文物考古、图腾崇拜、风土人情、民族人物、"三件宝"艺术、民族文学、方志宗谱八个栏目⑥。从栏目看，涉及的方面已经相当

---

① 潘光旦：《潘光旦民族研究文集》，北京：民族出版社1995年版，第276页。
② 李德胜：《"向王"考辨》，载王子君、陈红、郑子华主编《巴土研究》，长阳民族文化研究会编，1999年。
③ 向国平：《土家族向姓源流考》，《土家学刊》1997年第4期。
④ 董珞：《巴风土韵——土家文化源流解析》，武汉：武汉大学出版社1999年版，第62页。
⑤ 王子君、陈洪、郑子华主编：《巴土研究》《序》，长阳民族文化研究会编，1999年。
⑥ 王子君、陈红、郑子华主编：《巴土研究》，长阳民族文化研究会编，1999年。

丰富。

"巴土文化"研究的兴起与20世纪八九十年代"巴文化"热有关。为配合长江三峡、清江水利工程建设，全国文物考古工作者对长江三峡地区进行大面积的考古发掘，获取了大量资料，一批著名学者因此大力倡导巴文化研究，并提出这一带的夏商时期遗存应是"早期巴人遗存"[1]。由于巴文化受到重视，"巴蜀文化"、"巴楚文化"之类的提法相当风行，"巴土文化"的提法也应是受此启发。"巴文化"热让基层文化工作者也感受到了，并积极行动起来汇入热潮。例如在长阳，舞剧《土里巴人》在全国一炮走红，新编的巴山舞被广泛推行，以"巴文化"为号召的旅游开发进行得轰轰烈烈。此外，还有故事讲述、山歌采集、遗址修建、藏品展出等。

五

在上述湖北省三峡地区的利川、恩施、建始、巴东、长阳等地，近几十年出版印行的关于土家族文化的书籍已数以百计，其中涉及巴人和土家族历史的文字较之《后汉书·南蛮西南夷列传》中不足三百字的记录增加了何止百倍。于是，又看到了顾颉刚所说的"层累的历史"。历史是由人来书写的。在本文讨论的个案中，有许多力量会影响到历史书写，例如政治、经济、文化诸种因素。这里从文化心理的角度切入，由于诸种力量的作用会影响到人们的思维方式，内中机制应该相当复杂，限于学力仅讨论如下数端。

---

[1] 杨华：《土家族先民——巴人历史文化研究述评》，《中南民族学院学报》2001年第1期。

1. 历史厚重感的追求

中国人对历史十分看重,这已是不争的事实。有学者更提出中国人有"崇古"心理①。在中国人的社会化历程中,"悠久历史"是反复被强调的话题。"长阳民族文化研究会"负责人就是这样表述历史的:"作为土家族,历史悠久,上溯炎黄,古称巴氏,故尔,现在土家人乃是古代巴人的嫡系族裔;而就地缘论,土家族之于长阳,就更有非同寻常的关系,因为古代巴族的一位杰出人物——巴务相,便出生在八百里清江中下游的武落钟离山的赤穴中,早在后汉书所征引的《世本》中就有记载。数典不可忘祖。"② 比较族群历史的长短,很可能会成为涉及尊严的问题。例如武落钟离山的发现者向调查者解释当初用业余时间研究巴人的缘由:"古代巴人是个世界性的问题,现在研究土家、巴人的专家都不清楚。国际上一百多个国家关注,我当时搞是为国家争光。"

2. 现实需要的回应

中国人重历史,同时中国人也很现实。历史的层累,很多是对现实需要的回应。在三峡地区湖北省区域内的土家族中,现实需求主要有两个,一是民族文化塑造,一是旅游经济发展。③ 恩施州和宜昌地区的长阳县、五峰县,都因民族文化的理由在编写系列的丛书。以长阳为例,一位长期从事文化工作的老先生告诉调查者:"1982年开始,长阳要申请成立土家族自治县,我们开始下工夫搞向王的传说。我们查找了土家族文人写

---

① 汪凤炎、郑红:《中国文化心理学》,广州:暨南大学出版社2004年版,第345—346页。

② 王子君、陈红、郑子华主编:《巴土研究》《序》,长阳民族文化研究会编,1999年。

③ 拙文《民间故事:谁在讲谁在听?——以廪君盐神故事为例》,《民间文化》,2001年第1期。

的竹枝词,资丘刘氏祠堂、对舞溪向王庙的石刻,组织船工座谈向王的故事。"而上述地区近年的旅游发展,也多以巴人或土家的历史为号召,客观上造成历史的层累。

3. 本地情结

自我中心是无论个体还是群体都具有的心理倾向,本地情结就是一种表现。在关键地点武落钟离山的争论中,武落钟离山管理委员会里一位从开发时就参与进来的管理人员回忆道:"将这里(武落钟离山)定为土家族发源地,曾在全国引起争论。湘西三彭写了大量文章反驳。1990年,湘鄂川黔的专家学者、知名人士对土家族发源地进行论证,实地考察。通过对赤、黑二穴、向王庙、清江夷水和古碑文的论证,专家们一致公认这里就是武落钟离山,是土家发源地,并留下了笔墨。"这是湖北省与湖南省的争论。湖北省内也对一些地点有争论,例如夷城,就有"恩施说"与"长阳渔峡口说"之争。小到一县之内,也会有不同意见,如武落钟离山之于长阳。直到今天,对该山是否就在现今这个位置还是有多种看法,长阳民族文化研究会的一个负责人表示:"武落钟离山不一定在那里,五个部落怎么住得下,我也不相信,可能是一个范围。"不过,他紧接着补充道:"廪君不管怎样活动,都沿着清江,所以,我们认为,廪君是长阳生、长阳长、长阳埋的,这是结论。"

4. 确证的诱惑

接着上面的叙述继续思考,还有确证的诱惑会影响到人们的行为。心理学中讲到验证性偏见(confirmation bias),指人们往往会去寻找那些支持自己信念的信息[①]。从前文的介绍可以看出,不少人对于武落钟离山的所在是有异议的,或者说一开始

[①] 戴维·迈尔斯著,侯玉波等译:《社会心理学》,北京:人民邮电出版社2006年版,第83页。

是有异议的。但是，人们有对长阳的热爱，也有对外宣传的需要，他们很希望尽快落实武落钟离山的确切地点。有了这种立场，对某些疑问也可以有新的解释，如"至于与部分史料记载方位不符的问题，也难说史料是百分之百的准确，这就需要依赖今后地下文物考古发掘来进一步进行科学的论证"[①]。武落钟离山在长阳，这是"大同"，历史文献也是这样记载的；至于武落钟离山是不是就在现在这个地方，则是"小异"。他们也表示，如果找到更符合条件的地方，武落钟离山可以再"搬"过去。

5. 科学化或曰合理化

科学教育的普及使得中国人思维中具有了科学化的倾向。在盐池村就有一位退休老教师用科学知识来重新解说廪君和盐神的神话，这也是在当下人们常识系统中合理化的努力。我们曾有一位著名的民族研究专家接受调查者的访问，他从民族学的角度对廪君神话的一些关键点给予解说："向王是廪君，这在地方志上有说法，长阳廪君庙最有趣的是男性崇拜，对面山上有女性生殖器的形象，是原始的生殖崇拜，这是很早的，可见那地方是土家或巴人原始神秘的地方。渔峡口有白虎陇，但是夷城不应在此，附会了、太小了。廪君牺牲了爱情，应该在恩施。那是原始社会后期。王善才在渔峡口发现了石器，但是不能说有石器就是夷城。现在的武落钟离山应该是有根据的，《施南府志》就有记载，这里有悬棺，是巴人。当然，这毕竟只是个传说，历史不可深究，有个影子在那里就行了。例如说禹生西羌（四川北川等地），只能说这是一种文化现象，是个符号，禹可能在这里住过，不能用历史学来说。人是走动的，传说也

[①] 龚发达：《夷水古风》，北京：人民文学出版社1993年版。

是走动的。向王和白虎联系在一起，应该是廪君没有问题。"这里说的是大方向、大原则，而且指出了民族学与历史学的某些差异。由于年代久远、人事变迁，一些东西要严格的一一对应恐怕很难。有意思的是，这里谈到"廪君牺牲了爱情"，这种"爱情说"恐怕有袁珂的影响在其中①，带有一些今人解读古代神话传说的痕迹，也应视作一种合理化。

---

① 袁珂：《古神话选译》，北京：人民文学出版社1996年版，第69—71页。

女性与家庭：社会历史和文化心理的追问

一　导言：自由的丧失

家庭对个体的重要性是怎么强调都不过分的，因为除了一些非常态的案例，绝大多数人一出生就会面对着自己的家庭，并且还将在这个家庭中发育成长。这种与家庭的联系就男女两性而言是同样的，在类似中国这样的社会里女性与家庭联系的强度恐怕还要超过男性。从家庭的角度看，女性在其一生中主要承担的是为人女儿、为人妻和为人母的角色。从家庭的角度看，她首先在其生长家庭（family of orientation）做女儿，如果她不是夭折或终生不嫁，那么她将组成自己的生育家庭（family of procreation）。在生育家庭中，她先是担当妻子的角色；在生育了子女之后，她又具备了母亲的角色。对女性这几个阶段的人生角色，自古以来有所谓"三从"之说。《仪礼·丧服》曰："妇人有三从之义，无专用之道，故未嫁从父，既嫁从夫，夫死从子。"此外，她们还应该具备"妇德"、"妇言"、"妇容"、"妇功"四德。当然，在不同的时代人们对"三从四德"的具体理解及执行情况会有很大的不同。

角色（role）或曰社会角色是心理学、社会学、人类学上的一个概念，指人在一定社会背景中所处的地位或所起的作用[1]。在家庭里，依性别、年龄、辈分等原则可以划分出不同的人生角色，家庭的每个成员都有其相应的角色位置，甚至具有一个角色丛（role set）。家庭内亲属的划分恰与角色划分有相通的原则，因此可以利用亲属关系来确定角色关系。中国传统家庭里的亲属称谓几乎是世界上最复杂的类型，其人生角色自然也多种多样，本文限于篇幅只能选取其中几种女性扮演的基本角色加以讨论。我们所关心的内容包括：这些角色的规范是什么，是否随时代而变化，社会及家庭对这类角色的期待是否合情合理，女性本身如何认识自己的角色等等。当然，这样的处理方式难以全面把握家庭中角色的诸相，但人生角色常常是成对出现的，讨论其中一种角色，实际上同时增加了对另一角色的认识。

本文所讨论的是中国社会里女性与家庭的关系。随着女性心理学等学科的发展，人们对女性角色的关注越来越强烈。在这里，对性角色（sex roles）和性别角色（gender roles）的区分是必要的，前者指的是建立在生理基础上的角色，后者指的是建立在社会文化基础上的角色。[2] 站在社会历史和文化心理的立场上谈女性与家庭，当然更多涉及的是性别角色。传统中国家庭中女性所受的拘束（或曰压制）极多已是人所共知的事实。从时间上看，对女性各种家庭角色规范的拘束有越来越多、越

---

[1] 孙晔：《角色理论》，载《中国大百科全书·心理学》，中国大百科全书出版社1991年版，第173—174页。

[2] 埃托奥·布里奇斯著，苏彦捷等译：《女性心理学》，北京大学出版社2003年版，第1—2页。

来越严的趋势，其中尤以宋代为一个转折点。这种拘束不仅仅是理论上的，而且同时伴随着实际的操作。乔健认为这样一个过程与哥登卫塞（Goldenweiser）和吉尔兹（Geertz）所说的"内衍"（Involution）有相似的特征。① 从空间上看，女性应遵守的行为准则在内容及程度上都有地区差异。以中原汉族和周边少数民族为例，在女子婚前交往、婚后的离婚权、寡妇的再嫁等方面，一些少数民族的妇女要比汉族妇女拥有更多的自主性。②

如果按多数女性的情况将她们的生命历程划分为生长家庭和生育家庭两个阶段的话，那么相比较而言女性在自己的生长家庭中还是较为自在的。在先秦时期，许多地区的男女青年婚前可以较为自由地来往。《诗经》的一些篇章中，甚至描绘了青年男女邂逅相遇便结为夫妻的浪漫故事。有人根据《汉书·地理志》中对各地风俗的记录及汉代的古诗，认为这种男女交往相当自由的风气一直延续到汉初。③

对家庭中女性严加约束的论调也是早就浮现出来了的。譬如前引《仪礼》中的妇女"三从"说以及汉代刘向编校的《列女传》和班昭所著的《女诫》。不过，文化的规定是一回事，人们的实际社会生活却不一定完全按此办理。对女性的禁锢有一个发展的过程，总的看起来是越来越严厉，但在刘向和班昭的时代，响应者尚不是太多。此外，在总的发展趋势下，还会因各种因素出现反复。譬如在唐代，由于胡地之风等因素的掺入，

---

① 乔健：《性别不平等的内衍和革命：中国的经验》，载马建钊等主编《华南婚姻制度与妇女地位》，南宁：广西民族出版社1994年版，第243页。

② 严汝娴主编：《中国少数民族婚姻家庭》，北京：中国妇女出版社1986年版。

③ 徐秉愉：《正位于内——传统社会的妇女》，载杜正胜主编《吾土与吾民》，台北：联经出版事业公司1983年版，第153页。

使得"唐代妇女在思想、言论和行动上比起前代或后代妇女都要自由一些"①。在幼年至少女阶段,"只要家境不是十分贫寒,那么她的生活一般都会是无忧无虑的"②。我们从流传至今的唐代诗歌中,就不难读到描写当时青春少女天真活泼地与同伴嬉戏玩耍的篇章。

可惜少女的这种自由自在的日子到宋代便开始发生了重大改变。改变是由多种原因造成的,宋代社会所面临的内外环境都会对此产生影响,而直接的原因是对女性婚前贞操问题的强调。这里对贞操与贞节两词略做分别:后者说的是已婚妇女的事,前者则关乎未婚女子,即所谓的童贞问题。陈东原曾说:"到了宋代,我发现对于妇女的贞节,另有一个要求,便所谓'男性之处女的嗜好'了。古代的贞节观念,很是宽泛,渐紧渐紧,到了宋代,贞节观念遂看中在一点——性欲问题——生殖器问题上面。从此以后,女性的摧残,遂到了不可知的高深程度!"③ 这样一来,新婚之夜检查新娘是否处女就成了婚礼中不可少的仪式,贺客们都极为关心男方在翌日清晨出示新娘"落红"的标志。若新娘果为处女,男方还要向女方送去上书"闺门有训,淑女可钦"之类的喜帖,而女家也以此夸耀邻里。若新娘已非完璧,则常会发生被男方所休的悲剧,而女家亦颜面尽失。

于是,为了保全颜面,有女之家就要从小防范,尽力使女儿不出闺房一步。南宋洪迈曾记有《吴小员外》故事,说的是酒肆当垆少女因应邀与客同饮,其父母便训责道:"未嫁而为此

---

① 程蔷、董乃斌:《唐帝国的精神文明——民俗与文学》,北京:中国社会科学出版社1996年版,第235页。
② 同上书,第239页。
③ 陈东原:《中国妇女生活史》,上海:上海书店1984年版,第146页。

态，何以适人？"该女竟羞惭而死①。宋人话本《刎颈鸳鸯会》的主角蒋淑珍，生得甚是标致，因难逢佳偶，常"垂帘不卷"，"高阁慵凭"，说话人对此颇多非议。据话本所说，"闾里皆鄙之"②。这女子大门未出，二门不迈，只不过卷帘看世界，便为时论不容。可见南宋时受贞操观的影响，督促女子婚前严守闺房、不与男子接触已成风气。

与规范女性行为的女教相配合，自宋代起妇女缠足之风逐渐普及于民间。缠足是一种摧残肌体正常发育的野蛮举动，它正好满足了对女性施行控制的需要，因而颇受热心礼教者的欢迎。林语堂便指出："缠足是妇女被幽禁、被压制的象征，这个说法并不过分。宋代的大儒家朱熹也非常热衷于在福建南部推行缠足的习俗，作为传授中国文化、提倡男女隔离的一个手段。"③流传民间的《女儿经》说得明白："为甚事，裹了足？不因好看如弓曲。恐她轻走出房门，千缠万裹来拘束。"④因此，裹足是为了裹心，行为的控制是为了达成对心理的束缚，被裹了足的女孩只好老老实实地在娘边做女了。

虽然对妇女的缠足历代都有人提出反对的意见，但这种呼声从未影响到文化的主流层，一直到 19 世纪末的"戊戌变法"时期，妇女缠足问题才被作为戕害妇女肢体、闭塞妇女心智并最终阻碍到民族振兴的大事被提出来。此后又经过几十年的努力，这项禁锢妇女的野蛮制度终告完结。⑤需要指出的是，缠足的推行在全国并不平衡，柳诒徵便曾根据宋元各代笔记资料说

---

① 薛洪等选注：《宋人传奇选》，长沙：湖南人民出版社 1985 年版，第 203 页。
② 洪楩编：《清平山堂话本》，上海：上海古籍出版社 1992 年版。
③ 林语堂：《中国人》，杭州：浙江人民出版社 1988 年版，第 141 页。
④ 转引自陈东原《中国妇女生活史》，上海：上海书店 1984 年版，第 204 页。
⑤ 拙文《戊戌不缠足运动的文化透视》，《社会学研究》1996 年第 3 期。

明缠足有中原与边陲、汉族与非汉族群、城市与乡村等诸种差别,后者相对来说要求较松。① 如分布在中国南方的客家人,虽是由中原地区陆续迁来,其妇女却无缠足之俗②。此外,虽然自宋代以来少女的生活受到了较以前更多的干预,但相对于婚后到婆家的生活,这期间依然是大多数女性一生中最美好的时光。在流行女书的湖南江永一带,就有不少歌唱少女自由自在生活的民歌,如《我在家中做女好》歌唱道:"我在娘边做女好,我在爷边做女好。我在哥边做妹子,我到婆家做媳妇。媳妇后头没得穿。"③ 因此,就对中国传统家庭中女性所受的约束而言,婚嫁前后恐怕有一个明显的转变。

二 婚姻的门槛

婚嫁是人生的大事,也是社会的大事。在中国传统社会中,青年男女的婚姻多由包办,依"父母之命,媒妁之言"。所以,那时的婚姻首先并不是当事人个人的事,而是两个家族群体间的事,如《礼记·昏义》所说的"合二姓之好"。在许多地方,婚姻的当事人甚至在举行婚礼前都从没有见过面。例如,在20世纪30年代,江苏农村中男女青年的婚姻大事完全由父母安排,谈论自己的婚姻被认为是不适当和羞耻的,婚配双方互不

---

① 柳诒徵编著:《中国文化史》,北京:中国大百科全书出版社1988年版,第492—493页。

② 李泳集:《性别与文化:客家妇女研究的新视野》,广州:广东人民出版社1996年版。

③ 宫哲兵:《女性文字与女性社会》,乌鲁木齐:新疆人民出版社1995年版,第173页。

相识,在订婚后还要避免见面。① 在同时期的福建农村,按照规矩一个年轻男子在成婚前也不能与其未婚妻的家庭有来往,所以就会出现他与其未来的岳父对面不相识的情形。②

历史上汉文化系统中实行的是婚后从父居(patrilocal residencc),是男娶女嫁。所谓嫁,即是离家,《方言》释"嫁"曰:"往也。自家而出谓之嫁,由女而出为嫁也。"故婚嫁中角色的变化以女方为大。依照惯例,女性在婚后连自己的姓氏都要发生改变,丈夫的姓将贯于本来的姓之前。新娘在婚礼中还有一项象征性的仪式是辞宗,即拜别自家的祖先,到男家后又有庙见,即拜见新郎家的祖先。人们常以此刻为新娘新身份开始的标志,从此,她行为处事就要符合夫家设定的角色规则。

从父居的婚后居住制度对女性地位的约制已经受到许多学者的重视。法国的人类学家雅克·勒穆瓦纳(Jacques Lemoine)在讨论中国与其周边地区妇女的地位时说:"我们看到两个结构的特点:(1)居住形式(从夫居或从母居)。(2)继嗣(父系、双边系或母系)。无疑这两个参数相当程度地限定了妇女在不同社会中的命运。一旦有任何变异,妇女的命运就随之转变。居住形式可能是决定性的要素,此点值得我们三思。"③ 在这种婚后居住情形下,女性落入夫方的亲属网络中,其地位常常受到有意的压抑。作为相反的例子,在入赘婚中,女性的地位通常

---

① 费孝通著,戴可景译:《江村经济——中国农民的生活》,南京:江苏人民出版社1986年版,第30页。
② 林耀华著,庄孔韶、林宗成译:《金翼——中国家族制度的社会学研究》,香港:香港三联书店1990年版,第10页。
③ 雅克·勒穆瓦纳:《功能与反抗:论中国与其周边地区妇女地位》,载马建钊等主编《华南婚姻制度与妇女地位》,南宁:广西民族出版社1994年版,第237页。

都较高。① 有研究者还发现，在入赘婚模式中，人们的性别偏好转向更多地喜欢女孩，从而降低了传统上一定要生男孩的生育需求。②

由于居住制度的原因，夫家便常对新娘摆出一副严厉的面孔，使出种种手段欲令新娘驯服，这从以下胡朴安编《中华全国风俗志》的几条材料中可见一斑。在安徽六安，花轿抬至夫家，夫家大门须紧闭，"有至一句钟之久者，云系折磨新妇之性情也"；新郎、新娘拜堂后，送新娘入房，"房中预备火炉一具，中烧木炭，故意火不旺，黑烟四出，让新娘围火炉圆转，云亦系磨折新娘之性情者"③。在浙江萧山，新娘依次拜见族戚，"然后燕飨，新妇高坐堂皇，盖舅姑燕之也，名曰坐席。新妇虽珍错满前，饥肠辘辘，决不敢尝一脔。下午，以四女郎陪新妇燕饮，亦不一举箸，形式而已，名曰坐头次饭"④。久等、烟熏、饿饭，若比起江西吉安对新娘的折磨已算是不幸中的大幸了。据《吉安婚俗奇谈》条所云：

新娘乘舆诣乾宅时，无论冬夏，必穿棉袄一件。每当炎夏溽暑，热气逼人，所乘之舆，四周闭塞……（新娘）汗流浃背，勉强忍受，其苦与囚禁者相去几希！其俗例必穿棉袄者，盖亦有故。向例当新娘入乾宅与新郎交拜祖宗

---

① 李学钧：《入赘婚俗与妇女角色：湘南过山瑶个案分析》，载马建钊等主编《华南婚姻制度与妇女地位》，南宁：广西民族出版社，第187页—197页。

② 严梅福、石人炳：《中国农村婚嫁模式在生育率下降中的作用》，《中国人口科学》1996年第5期；拙文《人类生育、社会控制与文化心理氛围——从民族志材料出发对生育文化的讨论》，《民族研究》2003年第3期。

③ 胡朴安：《中华全国风俗志》下编，石家庄：河北人民出版社1986年版，第270页。

④ 同上书，第250页。

> 天地后，新娘不得用自己之足行动，须其长辈如伯父、叔父之类抱负而行。当抱负而行之时，友人亲戚或邻舍，无论大小长幼，皆得任意以木棒击新娘之背臂等处。柔弱女子，谁能任此困苦者？于是无论冬夏，皆预穿棉袄以为抵御之用。①

据说当地人对此俗"亦莫知其原因何在"，其实，这依然如烟熏、饿饭等一样，是折磨新娘性情，给她个下马威，让她认清自己在夫家的地位。

当新娘有如许之难，就不难理解她初到夫家时战战兢兢、如履薄冰的心态了。旧时婚嫁中有"见舅姑"（即见公婆）礼，据《礼记》中《士昏礼》、《檀弓下》等篇载，亲迎的次日新妇要早早起来，沐浴盛装，恭恭敬敬地等待公婆的接见，"妇人不饰，不敢见舅姑"。同时，也就明白了，为何在全国各地都有哭嫁的习俗。因为出嫁之女从此将脱离父母的庇护，去到一个甚至连新郎的模样与性情都全然不知的莫测世界。

娘家自然深悉女儿在夫家的困境，《礼记·曾子问》："孔子曰：'嫁女之家，三日不息烛，思相离也。'"可知在孔子的时代，嫁女之家已经为女儿到夫家后的处境忧愁得夜不能寐了。为了声援孤身在外的女儿，后世出现了"暖女"的习俗。宋赵德鲭《侯鲭录》卷三曰："世之嫁女，三日送食，俗谓之暖女，《广韵》中正有此说。"女儿初到婆家，一切尚不能适应，难免存有恐惧之心。在关键时刻，娘家的探望对女儿坚守角色岗位、尽力适应新环境无疑是极大的鼓舞。

面对男家人众有意无意地压抑自己的地位，新娘也会作出

---

① 胡朴安：《中华全国风俗志》下编，石家庄：河北人民出版社1986年版，第291页。

一些争身份的回应。在《中华全国风俗志》中,载有浙江湖州的新娘进夫家门时要立门槛及私坐新郎袍角,据说这样一来日后便可制伏公婆和丈夫。① 又同书《寿春迷信录》载:"新娘出嫁时,有以红布制荷包置之怀中者,谓之塞婆嘴。俗意以为可以制服翁姑也。"② 当然,这样的反抗,相对于夫家强大的攻势力量显得太过微弱了一些。

更激烈的行动也在发生着。在实际的社会生活中,另有一种群体形式的反抗,这就是曾广布于中国南方而至今犹有迹可寻的新婚女子"不落夫家"。不落夫家亦称坐家或长住娘家,在壮、侗、布依、苗、瑶、黎、彝等民族及一部分汉族中相沿成习。一般在婚礼当天或数日后,新娘即返回娘家居住,每年只在农忙或节日去夫家短期逗留。居住娘家的时间各地不等,短的两三年,长的可达十余年,何时去夫家定居多以是否怀孕生子为准。为坚定不落夫家的决心,两广等地的女子还常结成姊妹会相互督促,如清梁绍壬《两般秋雨庵随笔》卷四载:"广东顺德,村落女子多以拜盟结姊妹,名'金兰会'。女出嫁后,恒不返夫家,至有未成夫妇礼,必俟同盟姊妹嫁毕,然后各返夫家。若促之过甚,则众姊妹相约自尽。"对不落夫家的习俗,以往学界多以为是母权制的遗痕,其实该俗能长期延续,自应有实际的功能。如前所述,女性从娘家为女到婆家为媳,扮演的角色一下子增加了许多,而角色有一个习得的过程。不落夫家的习俗减缓了新娘角色转换的激剧性,使她们能以娘家为基地从容适应夫家的生活环境。联系到不落夫家地区多盛行早婚的

---

① 胡朴安:《中华全国风俗志》下编,石家庄:河北人民出版社1986年版,第239页。

② 同上书,第286页。

事实，这种功能更不难体会出来。①

早婚是传统中国社会较为普遍的现象。有学者根据历史文献列出了中国古代若干朝代官方或半官方对结婚年龄的规定："周代以前：男三十岁，女二十岁。唐贞观令：男二十岁，女十五岁。唐开元令：男十五岁，女十三岁。宋天圣令：男十五岁，女十三岁。宋嘉定令：男十六岁，女十四岁。司马氏书仪：男十六岁至三十岁，女十四岁至二十岁。朱子家礼：男十六岁，女十四岁。明洪武令：男十六岁，女十四岁。大清通礼：男十六岁，女十四岁。"② 需要指出的是，这些规定通常是最后期限，因而实际的结婚年龄往往还要早。中国历史上的各朝政府多将人口减少视作严重的社会问题，颁布早婚令就是希望民众快生多生。③ 有关近代中国妇女生活的研究也表明早婚现象普遍存在。④ 前文提到"不落夫家"风俗时已指出早婚增加了女性角色适应的困难，在婚龄和妇女地位的研究中人们也发现初婚年龄的大小与自主婚姻密切相关，从而认为"平均初婚年龄的上升是妇女地位提高的重要标志之一"⑤，故早婚可能也是导致女性家庭地位较低的一个原因。

---

① 拙文：《对早婚和"不落夫家"的新认识》，《广西民族研究》1989年第4期。

② 史凤仪：《中国古代婚姻与家庭》，武汉：湖北人民出版社1987年版，第85页。

③ 冯尔康：《古人社会生活琐谈》，长沙：湖南出版社1991年版，第137—143页。

④ 郑永福、吕美颐：《近代中国妇女生活》，郑州：河南人民出版社1993年版。

⑤ 沙吉才主编：《当代中国妇女家庭地位研究》，天津：天津人民出版社1995年版，第75页。

三 家庭的形态

谈论女性与家庭的话题，自然少不了要检视家庭形态对女性在家庭中地位的影响。家庭类型是学者们常与婚后居住方式联系起来考虑的因素。例如，乔健在讨论广东北部排瑶中各种男女平等的表现时认为，其社会结构里的新居制和核心家庭的盛行是两种重要的影响因素。[①] 中国大陆 20 世纪八九十年代的一些调查显示出核心家庭中女性的地位较高，有研究者指出："家庭结构与女性地位关系密切。它的重要性仅次于婚后居处。……从女性地位来看，核心家庭因其轴心为夫妻关系，最宜于培植平等的原则，有益于女性权利的增加从而有利于女性地位的提高。"[②] 台湾的一项有关妇女就业与家庭角色、权力结构的研究发现妇女就业、都市化程度、本身之年龄及受教育程度等等因素都对妇女的家庭地位无显著影响，而"唯一影响妇女决策权力的是家庭型态。家庭型态之所以影响妇女家庭地位，显然是由于家庭成员组成之差异，即在核心家庭中只有夫妻及子女，而扩展家庭除了夫妻子女外还包括父母或已婚兄弟之配偶家庭"[③]。对于大家庭中的女性，古德（W. J. Goode）在其《家庭》一书中曾有形象的描述："如果一位新娘进入一个扩大家庭，她若动一动反抗或越轨的念头，她将找不到任何人支持她这样做，而且，没有地方可以隐藏，家中的每个人都会认为，

[①] 乔健：《广东连南排瑶的男女平等与父系继嗣》，载乔健等编《瑶族研究论文集》，北京：民族出版社 1988 年版，第 115—119 页。

[②] 孟宪范：《改革大潮中的中国女性》，北京：中国社会科学出版社 1995 年版，第 149 页。

[③] 吕玉瑕：《妇女就业与家庭角色、权力结构之关系》，《中央研究院民族学研究所集刊》第 56 期（1984 年）。

她应当适应新的环境。"①

扩大家庭对媳妇的压制有其深刻的原因，这类家庭是靠纵向的代际间关系联系的，而非横向的夫妻关系。限制媳妇，"盖欲防止夫妻情感联系之强烈，而对扩大家庭之团结与生存发生危害"。这样一来，媳妇自然常感到"翁姑难以伺候，妯娌难以相处，夫之情爱不能独享，处处受压迫"，所以她对大家庭的感情较淡却是分家的积极促动者。② 分家当然对家长的权威损害甚大，对女性地位的提高则相当有利。李亦园先生在谈到台湾地区的"吃伙头"制度时就指出："父母的权威很明显的终止于儿子成婚自立之时。"③ 核心家庭和扩大家庭对妇女地位的影响既如上述，剩下的问题就是看传统中国社会是否为一个大家庭占主导地位的社会了。对于这一问题，海内外学者向有争议，而较近的研究颇倾向于认为大家庭曾是中国社会盛行的家庭类型④。有人根据中国半个多世纪来的人口统计资料说明家庭规模的总趋势是在变小。⑤ 大陆近五十年（尤其是近二十年）的城乡调查也表明核心家庭在迅速增加。⑥ 这种趋势反过来也说明在不太久以前，中国社会还是以大家庭为主导的，传统社会中女性的家庭角色就是建立在这个基础上的。

---

① W. 古德著，魏章玲译：《家庭》，北京：社会科学文献出版社1986年版，第145页。

② 龙冠海主编：《云五社会科学大辞典·社会学》，台北：台湾商务印书馆股份有限公司1973年版，第248页。

③ 李亦园：《文化的图像（上）——文化发展的人类学探讨》，台北：允晨文化实业股份有限公司1992年版，第221页。

④ 同上书，第226—233页。

⑤ 沙吉才主编：《当代中国妇女家庭地位研究》，天津：天津人民出版社，1995年版，第360—362页。

⑥ 孟宪范：《改革大潮中的中国女性》，北京：中国社会科学出版社，1995年版，第145—148、295、298页。

其实，即使在大家庭环境中，只有夫妻二人在场的私密空间对做妻子的是较为有利的。人们熟知的"张敞画眉"的典故及李清照、赵明诚的夫妻生活，就向人们充分显示了古时夫妻间的恩爱。近代湖南江永的女书中；有关做媳妇的歌词，几乎都是"苦"与"难"的咏叹；而在反映夫妻关系的歌词里，则绝大多数是说感情深厚、相处和睦的。① 民间"娶了媳妇忘了娘"的俗语，也从反面表明了小家庭中的夫妻联系很容易超过大家庭中代际间的联系。在中国历史上，夫妻关系上有所谓"七出"的条例，指的是男子单方面享有离婚的权利。这很明显是男权的表示，是男女不平等的标志。但我们若进一步观察一下，就会发现许多的出妻事件并不是丈夫的主谋，而是丈夫家庭的意志。例如《孔雀东南飞》中的焦仲卿、南宋的陆游，还有《清平山堂话本·快嘴李翠莲记》中的张狼，都并不愿与自己的妻子分离。在费孝通调查的江村情况也是如此，"休妻通常是由婆婆提出，甚至违背自己儿子的意愿"。② 在夫妻间做丈夫的往往还会怕老婆，历史上上至皇帝公侯，下至平民百姓，都有数不清的怕老婆的记录，如在"唐代前中期，夫柔妻刚、丈夫'畏妻'竟成一代风气"③。对此现象，文艺作品中也有许多反映，如《笑林广记》等民间笑话书中就有大量丈夫惧内的故事。在小说《红楼梦》中还看到，天不怕、地不怕的"呆霸王"薛蟠在妻子金桂面前倒是服服帖帖的。

从家庭的角度看，除了家庭类型外，家庭中实行的继嗣制

---

① 宫哲兵：《女性文字与女性社会》，乌鲁木齐：新疆人民出版社1995年版，第163—167页。

② 费孝通著，戴可景译：《江村经济——中国农民的生活》，南京：江苏人民出版社1986年版，第36页。

③ 中国伙伴关系研究小组著，闵家胤主编：《阳刚与阴柔的变奏——两性关系和社会模式》，北京：中国社会科学出版社1995年版，第220页。

度也是影响妇女地位的一个重要因素。人们早就注意到,中国社会传统上的父系继嗣制度(patrilineal descent)。从历史记载来看,起码自西周时起在血缘集团世系排列上完全排斥女性成员地位的父系单系世系原则已广泛实行①。继嗣关系到世代间地位、权力、职位、财产等的传递,单系的偏重使父母对于儿女之间不能一视同仁。"在父系社会中女儿是泼出去的水,长大了还是不能享受父母的庇护,分担父母的责任,继续父母的事业。"② 因为没有继承权,结婚后的女性除了从娘家带来的嫁妆,再无别的财产可以作为在婆家争地位的资本了。

四 社会的规范

按照形象化的说法,家庭是社会的细胞,所以讨论家庭问题还应常将眼光移到家庭以外。女性的家庭角色是受整个社会环境制约的,这种制约主要体现在主流的思想观念或曰社会规范对人们心理和行为的影响上。一项有关中国历史上男女两性关系的研究在结论部分谈及儒家经典的作用:"战国秦汉间儒生以阴阳概念解释《周易》,把男人定为阳性,居上,与天、君、父并列,把女人定为阴性,居下,与地、臣、子并列,以适应父权制的统治关系社会模式。汉武帝又重用大儒董仲舒,后者提出'三纲五常'的理论,从此男尊女卑就成了千古不变的真理。"③ 对当代中国性别规范与妇女地位的研究在进行了大量调查分析后指出:"关于性别态度的规范,对妇女家庭地位有着重

---

① 冯天瑜等:《中华文化史》,上海:上海人民出版社1990年版,第200页。
② 费孝通:《生育制度》,天津:天津人民出版社1983年版,第162页。
③ 中国伙伴关系研究小组著,闵家胤主编:《阳刚与阴柔的变奏——两性关系和社会模式》,北京:中国社会科学出版社1995年版,第401页。

要的影响作用。不同种类的性别规范,对妇女地位有着不同的制约作用、决定形式与程度。性别规范的现状直接或间接表明妇女地位的水平。"[1] 台湾有关妇女就业的调查在得出就业对于其家庭内之角色和权力结构没有显著影响的结论后也推测"可能是因传统父系社会规范仍持续支配着家庭中的角色结构"[2]。确实,思想观念或社会规范的作用是十分值得注意的,它们会直接制约着女性在家庭中的角色行为,还会影响到人们在诸如家庭类型[3]、继嗣制度、婚后居住模式之类与女性家庭地位有关的各方面行为的选择,从而呈现出与女性家庭角色间的复杂扭结。

在中国,男女隔离的思想是很早就建立起来了的,如儒家经典中早已有"男女授受不亲"之类的说法,《礼记》等书中更对此有细致的规定。男尊女卑的观念也已渗透到民间,例如《诗经·小雅·斯干》中生男载璋、生女载瓦的区别,便反映出当时人们对女儿的轻视。尤其值得注意的是,在汉代出现了刘向编校的《列女传》和班昭所著的《女诫》,以后历朝历代仿此编写的女教读物层出不穷,这是社会文化塑造女性角色的有意识的努力。

女教思想及读物到宋代达到了一个高峰。因为社会上对婚前贞操的看重,于是青春少女也被家庭努力禁锢在闺房之中不让其与外界接触。司马光在《家范·女》中就重提"女子十年

---

[1] 沙吉才主编:《当代中国妇女家庭地位研究》,天津:天津人民出版社 1995 年版,第 320 页。

[2] 吕玉瑕:《妇女就业与家庭角色、权力结构之关系》,《中央研究院民族学研究所集刊》第 56 期(1984 年)。

[3] 庄孔韶:《近四十年"金翼"黄村的家族与人口》,载庄英章、潘英海编《台湾与福建社会文化研究论文集(二)》,台湾"中央"研究院民族学研究所 1995 年版,第 183—186 页。

不出"的旧话并大段复述班昭《女诫》里对少女的要求。后世流传甚广的《闺门女儿经》开篇就是有关在家做女儿的行为规范:"四字女经,教尔聪明。娘边做女,莫出闺门。行莫乱步,坐莫摇身。笑莫露齿,话莫高声。轻言细语,缓步游行。"[1] 谢和耐在论及此时妇女地位时也说:"显然,道德法则通常是很严厉的,反对越出妇道半步。一个女子,婚前需守身如玉,而一旦出阁则应忠于丈夫孝敬公婆。"[2]

女性婚后在夫家受到的规范约束就更多了。司马光在《家范·妻》中说:

> 为人妻者,其德有六:一曰柔顺,二曰清洁,三曰不妒,四曰俭约,五曰恭谨,六曰勤劳。夫,天也,妻,地也。夫,日也,妻,月也。夫,阳也,妻,阴也。天尊而处上,地卑而处下。……故妇人专以柔顺为德,不以强辩为美也。[3]

流行民间的《女儿经》系列读本,对此则有更通俗、更细致的规定,如《闺门女儿经》即曰:"嫁作媳妇,敬奉大人。夜瘆夙兴,茶水时温。丈夫为大,小心尊敬。呼茶随到,双手递呈。"[4] 有关的观念已凝固在汉语言里,如《释名·释亲属》:"妇,服也,服家事也。"《说文》释"妇"亦曰:"妇,服也。"而与"妇"同音的"夫"字,学者竟会有完全相反的解释。《白虎

---

[1] 徐梓、王雪梅编:《蒙学便读》,山西教育出版社1991年版,第240页。
[2] 谢和耐著,刘东译:《蒙元入侵前夜的中国日常生活》,南京:江苏人民出版社1995年版,第122页。
[3] 司马光:《家范》,上海:上海古籍出版社1992年版,第51页。
[4] 徐梓、王雪梅编:《蒙学便读》,太原:山西教育出版社1991年版,第240页。

通·三纲六纪》:"夫妇者,何谓也? 夫者,扶也,以道扶接也;妇者,服也,以礼屈服。"

社会规范对做母亲的自然也有许多要求。司马光《家范·母》开篇有一段概括性的话:

> 为人母者,不患不慈,患于知爱而不知教也。古人有言曰:"慈母败子。"爱而不教,使沦于不肖,陷于大恶,入于刑辟,归于乱亡。非他人败之也,母败之也。自古及今,若是者多矣,不可悉数。①

《三字经》中有"养不教,父之过"语,依是说,养的责任在母,教的责任在父。《家范》则坚持母亲也有教育的责任,这有历史上孟轲之母等著名的榜样。如此,母亲便具有了双重负担,整日在家庭中操劳,而"父亲们照例完全不必分担家庭杂务,诸如:养育儿女、让全家人吃饱、使家庭中的事务正常运作、让人人都能穿暖"②。有研究者发现,在传统社会中母亲常抱有特别的欲望帮助儿子去取得成就,或许这正是女性证明自己人生价值的途径。③ 母亲的这种做法,换来的是子女们的热爱和尊敬。在前面提到的妇女"三从"中,未嫁从父、既嫁从夫是较为确实的,而夫死从子"这最后一'从'自然从来也未真正实行过"④。因为传统社会既有男尊女卑的观念,也讲究孝亲的原则,并且后者是更根本的做人准则。林语堂就曾提醒西

---

① 司马光:《家范》,上海:上海古籍出版社1992年版,第14页。
② 熊秉贞:《明清家庭中的母子关系——性别、感情及其他》,载李小江主编《性别与中国》,北京:生活·读书·新知三联书店1994年版,第515页。
③ 同上书,第524页。
④ 林语堂:《中国人》,杭州:浙江人民出版社1988年版,第117页。

方人研究一下《红楼梦》中贾母的地位,他甚至认为男人是社会的统治者,女人是家庭的统治者①。当然,我们以为"女主内"主要说的是女性管理家庭内部事务的责任,责任与权威还不是一回事。

考察社会规范对家庭中女性的约束,寡妇可作为典型的例子来看一看。② 在传统社会"男主外、女主内"的模式下,一个女子失去了丈夫就等于没了依靠,生活的艰难是自不待言的。生活无靠是寡妇的大患,欲去此大患,便需另寻依靠,去找合适的人再嫁。在较早的时期,寡妇再嫁并不是难事,甚至还受到鼓励。尚秉和在《历代社会风俗事物考》一书中即指出,自周迄宋妇女皆不讳再嫁,其"圣人家妇改嫁"条曰:"《礼·檀弓》:'伯鱼死,其妻嫁于卫。'……夫孔子在春秋,为第一讲礼之家矣,乃其子死,子妇不免于嫁,何况其他!"③ 他又引《左传》中材料说明春秋时女子守寡其家即亟为择配,并列举此后两汉、魏晋、唐宋名族中皆不乏女子再嫁的例子。④ 黄家遵也用大量史料说明宋代以前寡妇再嫁是极其平常的事情,还特别提到唐代公主再嫁的现象。据对唐书公主列传的统计,"当时再嫁的公主系23人,其中嫁过两次的占了24人,嫁过三次的也有3人"⑤。皇室尚且如此,民间的寡妇再嫁就更是难以计数了。

在中国许多少数民族中,寡妇再嫁也是极平常的事,有的民族还明确规定寡妇必须再嫁。但是,在中原地区,自宋代起

---

① 林语堂:《中国人》,杭州,浙江人民出版社1998年版,第120—122页。
② 拙文:《寡妇问题——社会史立场的检讨》,《湖北大学学报》1998年第2期。
③ 尚秉和:《历代社会风俗事物考》,长沙:岳麓书社1991年版,第208页。
④ 同上书,第208—210页。
⑤ 黄家遵:《中国古代婚姻史研究》,广州:广东人民出版社1995年版,第267页。

寡妇的社会生活发生了一次根本性的转变，这就是对她们禁止改嫁、逼令守节。《近思录》卷六中载有北宋程颐的一段著名答问：

> 问："孀妇于理，似不可取，如何？"曰："然。凡取，以配身也。若取失节者以配身，是已失节也。"又问："或有孤孀贫穷无托者，可再嫁否？"曰："只是后世怕寒饿死，故有此说。然饿死事极小，失节事极大！"①

同样的思想在司马光的《家范》中也有所表现。《家范·妻》曰："妻者，齐也。一与之齐，终身不改，故忠臣不事二主，贞女不事二夫。"② 为进一步阐明这种思想，《家范》中还举出了历代许多贞烈女子的事迹。到了南宋，更多的文人儒士成为妇女贞节的热心鼓吹者，同时，他们还尽自己的可能对周围妇女的实际生活加以干预。如从《朱文公文集》卷二十六中可以看到，朱熹便曾在给陈师中的信里劝陈鼓励其丧夫之妹守节，以成"人伦之美事"。这样，《礼记》、《列女传》、《女诫》等书中倡导的"夫死不嫁"理想，在宋代（尤其是南宋）以后，渐渐演变成一种实际的行为。

应该说，宋儒的努力是相当成功的，其证据是宋以后各朝烈女人数的骤然增加。黄家遵在《历代节妇烈女的统计》一文中根据《古今图书集成》所收资料，分别列出历代节妇数目比较表和历代烈女数目比较表。其中节妇的人数，宋以前的仅占

---

① 《四部精要》第12册，上海：上海古籍出版社1993年版，第1166页。
② 司马光：《家范》，上海：上海古籍出版社1992年版，第52页。

0.26%，而宋以后的竟占了 99.74%，烈女的情形与节妇几乎一样①。近代的报纸杂志也提供了大量有关的材料。例如在广东番禺，"乡间妇女，视贞节二字最重，足称节妇、烈女、贞女者，随处有之，而再醮者则百不一二，间有之，辄为姊妹所不耻，绝之终身"②。随着贞节论调的确立，寡妇即便打算再嫁也立即面临着一大困难，即他们在众人眼里已失去了处女的童贞，大大地贬了值。另一方面，在民间信仰中又以寡妇为不吉，认为她们身带晦气。这种信仰得到了贞节论的鼓励，更是甚嚣尘上，如《中华全国风俗志》"广东之多妻"条曰："寡妇俗称孤孀，又称鬼婆，人咸目为不祥人，以为其夫主之魂魄，常随妇身，有娶之者，必受其祟，故辄弃置不顾，无人再娶。"③从这些事例中，我们可以看到社会规范对女性地位的深刻影响。

再嫁的路被堵死，寡妇只好守节，这正合于社会文化的需要。但人非草木，也会有自己生理与心理上的诉求，寡妇这方面的种种情状，热心于立贞节牌坊的正人君子们却无心理会。潘光旦在为英国学者蔼理士（Havelock Ellis）的《性心理学》作注解时，从前人笔记中抉发出几则反映寡妇心理活动的珍贵材料，读来令人触目惊心。如清青城子《志异续编》卷三介绍"一节母，年少矢志守节"——

> 每夜就寝，关户后，即闻撒钱于地，明晨启户，地上并无一钱。后享上寿。疾大渐，枕畔出百钱，光明如镜，

---

① 黄家遵：《中国古代婚姻史研究》，广州：广东人民出版社 1995 年版，第 245—248 页。

② 胡朴安：《中华全国风俗志》下编，石家庄：河北人民出版社 1986 年版，第 387 页。

③ 同上书，第 373 页。

以示子妇曰:"此助我守节物也!我自失所天,孑身独宿,辗转不寐,因思鲁敬姜'劳则善,逸则淫'一语,每于人静后,即熄灯火,以百钱散抛地上,一一俯身捡拾,一钱不得,终不就枕,及捡齐后,神倦力乏,始就寝,则晏然矣。历今六十余年,无愧于心,故为尔等言之。"①

这位节母用劳损肌体的方法来抑制身心的冲动,最终得以安心辞世。但我们却不能安心地认同这种无人性的贞节观。从这篇节母的自白中,可以读出了礼教的冷酷与残忍,看到了礼教对女性的摧残。

清人沈起凤《谐铎》卷九《节妇死时箴》条中记载了另一位节妇对守节心理的诉说,她同样有六十余年的守节经历,但她最终以生命的代价换来了对礼教虚伪性的认识。临终时,她召孙曾辈媳妇环侍床前,告诉她们若不幸青年寡居自量可守则守之,否则干脆改嫁。众人愕然,以为她在说昏话,她却紧接着说出一番道理:

尔等以我言为非耶?守寡两字,难言之矣。我是此中过来人,请为尔等述往事。我寡居时,年甫十八,因生在名门,嫁于宦族,而又一块肉累腹中,不敢复萌他想。然晨风夜雨,冷壁孤灯,颇难禁受。翁有表甥某,自姑苏来访,下榻外馆。我于屏后观其貌美,不觉心动,夜伺翁姑熟睡,欲往奔之。移灯出户,俯首自惭。回身复入,而心猿难制,又移灯而出,终以此事可耻,长叹而回。如是者数次。后决然竟去,闻灶下婢喃喃私语,屏气回房,置灯

---

① 蔼理士原著,潘光旦译注:《性心理学》,北京:生活·读书·新知三联书店1987年版,第404页。

桌上。倦而假寐，梦入外馆，某正读书灯下，相见各道衷曲。已而携手入帏，一人趺坐帐中，首蓬面血，拍枕大哭，视之，亡夫也，大喊而醒。时桌上灯荧荧作青碧色，谯楼正交三鼓，儿索乳啼絮被中。始而骇，中而悲，继而大悔，一种儿女之情，不知销归何处。自此洗心涤虑，始为良妇。向使灶下不遇人声，帐中绝无噩梦，能保一生洁白，不贻地下人羞哉？因此知守寡之难，勿勉强行之也。①

这确实是刻骨铭心的记忆。人们一般能想象得到寡妇外在生活上的困苦，其实相比较而言她们内心的痛楚更甚。在中国历史上，不乏殉节的女子在丈夫亡故后，也自尽随之而去。对照上述守节寡妇身心的煎熬，寻死未尝不是一种解脱。"饿死事小，失节事大"的话或者可以改动一字，谓之"饿死事小，守节事大"。有时候，活着并不如死了轻松。殉节赴死，实在是走投无路时两害相权取其轻的办法。

五 讨论：资源与地位

对于女性家庭地位问题的综合解释，人们常从资源贡献、文化背景等角度展开讨论。如有研究者提到 Blood and Wolfe 的资源理论（resource theory）："该理论指出，在配偶家庭中，家庭权力的分配，乃由夫妻所拥有的相对资源而定，这资源包括教育程度、职业、收入以及社会参与。也就是说，夫妻之中教育程度或职业、收入较高者或对外界社会之参与较多的一方可

---

① 蔼理士原著，潘光旦译注：《性心理学》，北京：生活·读书·新知三联书店 1987 年版，第 401—402 页。

能拥有较大的权力。"① 还有研究者提到罗德曼（Rodman）的资源论和考德威尔等（Cordwell et. al.）的意识形态论："根据资源论，夫妻在家庭中的权利平衡主要取决于双方对婚姻的'资源贡献'。这里所说的资源主要包括收入、受教育程度和职业威望等。……根据这种理论（指意识形态论），妇女的家庭地位主要取决于一些文化因素：如当地的道德观念、性别规范、宗教信仰和一般的社会准则。考德威尔等人（1973）认为，在发达国家中'资源论'能较好地解释妇女的家庭地位，而在发展中国家，'意识形态论'的说服力可能更强一些。"② 当然，上述研究者并不满意于这些理论，他们或提出了反面的证据，或认为这类解释尚不完善需作重要补充。如沙吉才等人通过对众多变量的筛选，认为妇女的社会资源占有、妇女的经济收入、区域（社区）文化、家庭结构、夫妻感情等五组变量是决定妇女家庭地位的关键。③

我们以为，资源理论较明显的是以配偶家庭为对象发展起来的，对包含有多种类型的中国传统家庭解释力不够充足。但若将资源作更宽泛的理解，指女性能给家庭带来的从物质层面到精神层面的各种贡献（从女性自身的角度看，则是她拥有的资本），或许能发现女性家庭角色与它的根本性相关。这样一来，女性的经济收入及受教育程度自然是一种资源，会影响到其家庭地位，如庄英章所说："这些条件和贡献大大地提高了妇

---

① 吕玉瑕：《妇女就业与家庭角色、权力结构之关系》，《中央研究院民族学研究所集刊》第56期（1984年）。
② 沙吉才主编：《当代中国妇女家庭地位研究》，天津：天津人民出版社1995年版，第339页。
③ 同上书，第339—340页。

女在家庭和社会的地位。"①

从物质层面看，女性从娘家带来的嫁妆当然也是一种资源。有学者在讨论分家问题时谈到了女性的嫁妆，"有的娘家给的很多，甚至给田产，但这是陪嫁，为使女儿在婆家有地位"②。从精神层面来看（其实这背后包括着物质基础），女性的家庭背景也是资源。在传统社会中两个家族要联姻，人们考虑的便是相互间身份地位是否般配，这就是通常说的"门当户对"。马之骕在《中国的婚俗》中介绍近代河北地区的婚俗时写道：

> 所谓"门当户对"，是指双方家庭的社会地位及其财产多寡而言。人们为子女选择对象，对于这点特别重视。在乡村计算财富的方法，多是以耕地面积为标准。大多是地主对地主，中农对中农，贫农对贫农，界限分明，很少逾越。城市居民则以所做生意大小来定夺。城市商贾也有与乡村地主联姻者，但双方的经济状况，必须大致相同。此外诗书传家的门第，很少有与屠户之家联姻的，官宦之家也少有与商人之家联姻的，因我国社会思想，一向崇尚士绅……③

门当户对的理念已转换成具体的计算，不难看出人们对这件事是多么认真。确实，家庭背景十分重要，它还可影响到日后夫妻间的角色关系。在宋明话本《金玉奴棒打薄情郎》中，金玉

---

① 庄英章：《家族与婚姻——台湾北部两个闽客村落之研究》，台湾"中央"研究院民族学研究所1994年版，第269页。

② 冯尔康：《古人社会生活琐谈》，长沙：湖南出版社1991年版，第62—63页。

③ 马之骕：《中国的婚俗》，长沙：岳麓书社1988年版，第193页。

奴出钱出力让丈夫成就功名，可科举得意的丈夫在走出贫寒后，只因为玉奴是乞丐头的女儿，竟要将她谋害。①

在《家庭》一书中，古德对资源的看法就较为宽泛，如他曾指出"亲属也是配偶拥有的相对资源"②。在传统中国这样的从父居社会里，男性就比女性拥有更多的亲属资源。中国有句古话："人多势众。"从本文前面所引的许多材料中，可以看出初到夫家的女性对这句话是应该深有体会的。这又涉及了文化规则或曰意识形态的影响，因为在不同的文化中对资源的确定会有不同。从文化心理学的角度看，对资源的认定是一个主观的心理历程。传统中国是一个十分看重亲属关系的社会，人们在生活中很注意构织自己的亲属网络，关于这一点已经有许多学者指出过。例如长期从事中外民族性对比的心理人类学家许烺光在概括1949年以前中国文化的基本特性时就说过，"亲属关系是人生最重要的财产，甚至胜于财富，较其他任何的关系都好"③。亲属胜于财富，这便是中国社会中亲属可视作资源的极好说明。

女性在家庭中还有一项资源是子女。从夫家接受的角度看，一个女子在生了孩子后无疑与其夫乃至夫家其余成员有了较紧密的关系。夫妇双方加上孩子，这就是费孝通所说的"稳定的三角"："婚姻的意义就在建立这社会结构中的基本三角。"④ 费孝通在江村调查时发现，已婚妇女如果能生一个孩子，特别是

---

① 抱瓮老人：《今古奇观》，北京：人民文学出版社1991年版，第644—645页。

② W. 古德著，魏章玲译：《家庭》，北京：社会科学文献出版社1986年版，第122页。

③ 许烺光著，张瑞德译：《文化人类学新论》，台北：联经出版事业公司1979年版，第108页。

④ 费孝通：《生育制度》，天津：天津人民出版社1983年版，第65页。

一个男孩,她的地位将会得到提高。在生孩子前,丈夫对她的态度是冷淡的,至少在公开场合是如此。生了孩子后,他们就能比较自由地交谈,彼此之间也能较自然地相处。对于其他亲属来说,情况也是相同的。"真正使丈夫的家接受一个妇女的,是那个孩子。对孩子的关怀是家中的一种结合力量。"① 有了孩子的女性,又多了一个母亲的角色,固然会遇到一些初为人母的困难,但孩子同时使她增加了在夫家挺起腰杆的资本。而中国传统文化的重男轻女倾向使生了男孩的妇女有了更多在夫家挺直腰杆做人的资本。"对一个妇女而言,更重要的是,唯有生儿子才可以取得其在夫家的权力与地位,并能藉着情感维系以获得权力地位的充分保障。"② 客家地区盛行的童养媳婚则从反面提供了证据,如有的报道说:"女方父母认为女孩总是要嫁,晚嫁不如早嫁,反正女孩是别人家的,'赔钱货'、'妹仔屎'。男方父母却希望从早抱个女孩抚养,将来成亲不但可以节省'身价银',而且能更好地同家公家婆相处,增强婆媳感情,以便早日添丁生子。"③ 让女儿早嫁人是因为越养越赔钱,让媳妇早进门是因为想省钱——减少资源的耗损,就等于增加了资源。

如此看来,女性的嫁妆是资源,女性的家庭背景以及与此相关的亲属关系也是资源;女性自身的经济收入和受教育程度是资源,女性所生的子女也是资源。甚至女性的容貌、脾性等都可视作资源,当夫家听到旁人称赞自家的媳妇长相好、脾气

---

① 费孝通著,戴可景译:《江村经济——中国农民的生活》,南京:江苏人民出版社1986年版,第34页。

② 庄英章:《家族与婚姻——台湾北部两个闽客村落之研究》,台湾"中央研究院"民族学研究所1994年版,第240—241页。

③ 李泳集:《性别与文化:客家妇女研究的新视野》,广州:广东人民出版社1996年版,第38页。

好时，难道不是一种所得？当然，对资源的情况还应做综合全面的考虑。本文所检视的主要是家庭中的性别这个维度，而在传统中国社会年龄、辈分等维度都在家庭内的权力地位结构中起着作用。正如前文在讨论"三从"问题时所说，母亲这个角色就因其年龄、辈分等方面的关系而在家庭中有着较高的地位。所以，女性在家庭中的角色、地位应该是由其所代表的总和资源所决定的。同时，前面的讨论还说明了资源的认定以及资源在人们眼中的分量与社会文化的规定有关。因此，广义的资源加上文化限定，这就是我们设想的可能影响女性家庭地位的原因。

中国乡村社会控制的变迁

社会控制是通过社会力量使人们遵从社会规范、维持社会秩序的过程。本文对中国乡村社会控制的历史变迁进行了探索，逐项评说了乡遂制、保甲制、宗法制、乡约制等传统的社会控制制度，分析研究了礼与法在乡村社会控制中的作用，指出礼法并施、各用其长是中国乡村数千年社会控制实践中形成的行之有效的控制手段，并认为这种有中国特色的控制手段对我们构想今后的乡村社会控制制度极具参考价值。

一

社会控制（social control）是随着人类社会的发展而逐步建立起来的，在从猿向人转变之初是无此制度的。古籍中对人类社会的初始阶段作了生动的描述。《吕氏春秋·恃君览》："昔太古尝无君矣，其民聚生群处，知母知父，无亲戚兄弟夫妻男女之别，无上下长幼之道，无进退揖让之礼，……"或：《列子·汤问》："长幼侪居，不君不臣；男女杂游，不媒不娉"，可见那时的人类尚处于一种散漫无拘的自由状态。

但是，既然群处就必会发生群中个体间的互动，互动而无规则，社会生活就无法维持，尤其是人口增长而致群的规模越来越大之时。这一点不独人类为然,动物亦是如此。群居生活的动物如蚂蚁、蜜蜂等,均可见到等级森严、分工明确的喀斯特制(caste);在更高等的动物中,其群体生活规则的完备更为人类所始料不及。以珍·古多尔为代表的一批学者对野生灵长类动物的长年观察研究,为我们提供了这方面十分有价值的材料①。不过,动物的群体规则只是出于本能,还称不上社会控制。

至于在人类社会中社会控制制度是如何发生的,柳宗元在其《封建论》中提出了自己的意见:"彼其初与万物皆生,草本榛榛,鹿豕狉狉,人不能搏噬,而且无毛羽,莫克自奉自卫。荀卿有言,必有将假物以为用者也。夫假物者必争,争而不已,必就其能断曲直者而听命焉。其智而明者,所伏必众。告之以直而不改,必痛之而后畏,由是君长刑政生焉。故近者聚而为群。"《白虎通》则解释道:"君,群也。群下之所归心也。"

我们现在已经知道,人类这种刚发生"君长刑政"的群居生活即所谓的氏族制度。20世纪末古典进化论者的研究成果可窥古代氏族生活的部分面貌,摩尔根的《古代社会》一书对此探讨尤详。在氏族制度中,有许多是直接关系到社会控制的内容。如氏族要共同推举自己的首领(酋长);氏族成员间不得通婚(氏族外婚制);同氏族的人必须互相帮助、保护,特别是在受到他族人欺侮时要群起复仇;财产归氏族全体成员共有,死者的财产必须留在氏族内;甚至氏族各个成员的名字,也须表示其氏族归属。②用这种眼光去看中国古史,许多学者认为氏族

---

① 参见珍·古多尔著,刘后一等译《黑猩猩在召唤》,北京:科学出版社1980年版;郑开琪、魏敦庸编《猿猴社会》,北京:知识出版社1982年版。

② 参见亨·摩尔根著,杨东纯等译:《古代社会》,北京:商务印书馆1983年版,第61—85页。

在中国古代是普遍存在的，如岑家梧指出："古代所说'九黎'、'三苗'，《尚书·尧典》中所谓'以亲九族，九族既睦，平章百姓，百姓昭明，协和万邦'中的'九族'、'百姓'、'万邦'，可能都是氏族。"①而处在汉族周围的中国各少数民族中，至今犹可见到氏族制的遗迹。城市的出现与发展不过是四五千年来的事情，在此之前人们所生活的区域都是通常所称的"乡"。因此，上述氏族制中的社会控制之法，实即上古乡村所实际发生的社会控制。

二

在文字记载中，周代的乡遂制已经是十分完备的乡村社会控制制度。周是渭水中游黄土高原上的一个古老部落，周室之兴基于农业，其始祖弃被后世尊为农神。《书·吕刑》曰："稷降播种，农殖嘉谷。"《诗·大雅·生民》中也有对周人先祖种植技艺之精的歌颂。农业既为周室之根本，他们对乡村社区的精心组织也就不足为奇了。"乡遂者，直隶于天子而行自治之制之区域也。王城为中央政府，王城之外郊甸之地，即自治之地方。"② 乡遂制具体情形在《周礼》中有详细记载。《周礼·大司徒》曰："令五家为比，使之相保；五比为闾，使之相受；四闾为族，使之相葬；五族为党，使之相救；五党为州，使之相赒；五州为乡，使之相宾。"这里最根本的是相保。所谓相保，即"互保此五家无奸宄"③，这是在"国"的制度，在"野"则为遂制。《周礼·遂人》曰："五家为邻，五邻为里，

---

① 岑家梧：《中国原始社会史稿》，北京：民族出版社 1984 年版，第 35 页。
② 柳诒徵：《中国文化史》上册，北京：中国大百科全书出版社 1988 年版，第 131 页。
③ 尚秉和：《历代社会风俗事物考》，长沙：岳麓书社 1991 年版，第 169 页。

四里为赞,五赞为鄙,五鄙为县,五县为遂。"其法与乡制同。每一等级之组织均有专人负责,在乡制中分别称为比长、闾胥、族师、党正、州长、乡大夫;在遂制中分别称为邻长、里宰、赞长、鄙师、县正、遂大夫。他们各有专职,如乡大夫"各掌其乡之政教禁令。正月之吉,受教法于司徒,退而颁之于其乡吏,使各以教其所治,以孝其德行,察其道艺"①。

在乡遂制度中,社会控制之规则已至极轨。如对所属之人口及物产均不时作详尽调查,《周礼》中有多处记载,如"(闾胥)以岁时各数其闾之众寡,辩其施舍";"(里宰)掌比其邑之众寡,与其六畜、兵器";"(遂大夫)以岁时稽其夫家之众寡六畜田野,辩其可任者,与其可施舍者"。人口及财物的调查本就是为更好实行社会控制做准备,《周礼》中也透露出了这方面的信息:"考其德行道艺,而兴贤者能者"、"察其微恶而诛赏"。又各级官员对其属民有教导之责。有法制教育:"(州长)正月之吉,各属其州之民而读法,以考其德行道艺而劝之,以纠其过恶而戒之。若以岁时祭祀州社,则属其民而读法,亦如是。"② 有技术教育:"(遂大夫)掌其遂之政令,以教稼穑"③。至于行役、赋贡之征敛,自然也是各级官员应尽之责。

依《周礼》所载之乡遂制度看,彼时乡村社区已处在政府的严密控制之下,平民百姓的一举一动皆难逃统治者的耳目。这是一张无形的大网,正如《管子·禁藏》所称:"夫善牧民者非以城郭也,辅之以什,司之以伍,伍无非其人,人无非其里,里无非其家,故奔亡者无所匿,迁徙者无所容,不求而约,不召而来,故民无流亡之意,吏无备追之忧。"通观《周礼》中所载之乡遂制,毕竟太过完备整齐,固然可用以作为中华文化早

---

① 《周礼·乡大夫》。
② 《周礼·州长》。
③ 《周礼·遂大夫》。

熟的一个证据，便也使人怀疑其贯彻执行的可能性。金景芳指出，《周礼》作者虽"得见西周王室档案，故讲古制极为纤悉具体，但其中也增入作者自己的设想"①，如"九畿"、"九服"之说便与《尚书》、《国语》等书所载不合。因此，乡遂制中是否渗入作者的理想也不可怀疑，我们实难将《周礼》中所述均认为是历史上之实事。

三

在中国的广大乡村，确实可考并延续两千年而在20世纪上半叶尚可见到的社会控制制度是保甲制。此制在不同时期有着不同的名称，实质却无大异。在保甲制中，不仅有自上而下的垂直控制，更以株连的方式迫使平民百姓相互间实施水平的监视。只要看看宋朝的话本，当出了"杀人公事"，为追嫌疑犯"脚不点地"、"赶得汗流气喘，衣服拽开"的"却是两家邻舍"，便可见此法的残酷了。②

保甲制的源头可追溯到商鞅在秦所推行的新法：什伍连坐法。此法"令民为什伍，而相牧司连坐。不告奸者腰斩，匿奸者与降敌同罚"③。商鞅的新法，由于其可靠的信誉及得力的措施，在当时的秦国得到了彻底的贯彻。诚如《战国策·秦策》所言："今秦妇人婴儿，皆言商君之法。"可见其深入民心。而商鞅本人，在孝公死后遭惠王追捕，逃亡途中"欲舍客舍"，舍人以"商君之法，舍人无验者坐之"为由相拒，亦是新法厉行之明证。④

---

① 《文史知识》编辑部编：《经书浅谈》，北京：中华书局1984年版，第46页。
② 《京本通俗小说·错斩崔宁》。
③ 《史记·商君列传》。
④ 同上书。

秦统一后，秦汉乡村所实行的社会控制制度是乡亭里制，《汉书·百官公卿表》曰："大率十里一亭，亭有长。十亭一乡，乡有三老、有秩、啬夫、游徼。三老掌教化，啬夫职听讼、收赋税，游徼徼循禁贼盗。"这里掌教化的是三老，其所施行的是思想控制，啬夫、游徼们则负责实际可见的行为控制。

到魏晋南北朝之时，出现了"三长制"，即以五家为一邻，立邻长；五邻为一里，立里长；五里为一党，立党长。三长制之设立，目的在均赋税、平徭役，并兼教化、兴学等功能，所以之职皆关社会控制。可注意之处，三长制有明显模仿《周礼》乡遂制的痕迹，《魏书·食货志》即曰："邻里乡党之制，所由来久，欲使风教易周，家至日见。以大督小，从近及远，如身之使手。"

隋唐时期，又有"邻保"之制度。《旧唐书·职官志》："百户为里，五里为乡，两京及州县之郭内分为坊，郊外为村，里及坊村皆有正，以司督察。四家为邻，五邻为保，保有长，以相禁约。"此制要旨是使民众互相督察、互相禁约，这与商鞅的"什伍连坐法"的精神是一致的。《唐律·斗讼》就规定邻保之内对诸如强盗杀人之事有告发之责，否则"杖六十"。《通典·食货》载《唐律·捉亡》亦规定邻里遇杀人放火诸事如不相互救助将受处罚。邻保之上的里在城郭为坊，郊外为村，里有里正，其职"掌按比户口课植农桑，检察非违，催驱赋役"，也无非是对乡民的控制。

保甲之名首见于宋，为王安石所行新法之一。《宋史纪事本末》卷三载，按熙宁三年颁行的《畿县保甲条例》的规定，各地农村住户不论主户客户，均立保甲，其法："十家为保，有保长；五十家为大保，有大保长；十大保为都保，有都保正、副。……每一大保，夜轮五人警盗，凡告捕所获，以赏格从事。

同保犯强盗杀人，强奸略人，传习妖教，造蓄蛊毒，知而不告，依律伍保法"。而王安石组织保甲的重要目的"是建立严密的治安网，把各地人民按照保甲编制起来，以便稳定封建秩序"。①

保甲法是直接师承商鞅的"什伍连坐法"的，这一点连王安石的反对者也看出来了。②《宋史纪事本末》卷三载王安石"尚法令则称商鞅"。魏了翁在《周易折衷》中也说，王安石"新法皆商君之法"。

元代的乡村组织多半沿袭宋制，所特殊者是设立了"社"的组织。《元史·食货志》载："县邑所属村疃，凡五十家立一社，择高年晓农事者一人为之长。增至百家者，别设长一员；不及五十家，与近村合为一社。"社立社长，"以教督农民为事，凡种田者，立牌橛于侧，书某社某人于其上，社长以时点视劝诫。不率教者，籍其姓名，以授提点官责之。其有不敬父兄及凶恶者亦然，仍大书其所犯于门，俟其改过自新，乃毁。如终岁不改，罚其代充本社夫役"。真可谓先礼后刑，用心周悉。

明太祖统一天下后，又在前代基础上设里甲制。《明太祖实录》卷一三五载，"其法以一百一十户为里。一里中，推丁粮多者十人为之长，余百户为十甲，甲凡十人，岁役里长一个，甲首十人，管摄一里之事"。里甲设立之初，其目的在"命天下郡县编赋役黄册"。后在实行中，里长、甲首的职责渐增，其社会控制的功能亦愈显。满人入关，为加强统治参照宋明之制，在乡村设立牌甲和里甲两种制度。其里甲制与明代全同，牌甲制则是仿照宋代之保甲。

《清史稿·食货一》载："世祖入关，有编置户口牌甲之令。

---

① 邓广铭：《辽宁西夏金史》，北京：中国大百科全书出版社1988年版，第39页。

② 《宋史纪事本末》卷三。

其法，州县城乡十户立一牌长，十牌立一甲长，十甲立一保长。"甲的功能仍是社会控制："凡甲内有盗窃、邪教、赌博、赌具、窝逃、奸拐、私铸、私销、私盐、踩曲、贩卖硝磺，并私立各色敛收聚会等事。"保甲制一直到20世纪上半叶民国时仍在断断续续地实行。30年代费孝通在江苏农村做社会调查时正遇到保甲制的恢复。"按此制度，每十户为一甲，每十甲为一保。……还实施了在同一个保甲之内，人与人相互担保的制度，使人们可以互相检查。"① 中国历代乡村所实行的保甲制，是一种地缘性的社会控制制度。若从控制的效果看，实可算是地缘性控制中最为严密的一种。所以自其产生后的两千余年里，一直是历代统治者乐于采用的控制手段。

四

人类社会组织的构成随着历史的发展，依次由血缘而地缘而业缘发生着变动。但是，"汉文化独特的格局和传统，自有复杂的生成机制，而其中关键之一是氏族解体不充分，血缘纽带在几千年的古史（乃至近代史）中一直纠缠不休，社会制度和组织发生过种种变迁"，但由氏族"社会遗留下来的，以父家长为中心、以嫡长子继承制为基本原则的宗法制的家庭、家族却延续数千年之久，构成社会的基础单位"②。故钱穆认为中国社会与西方社会不同，应称之为"宗法社会、氏族社会，或四民社会"③，而"中国为宗法社会氏族社会，实行三四千里而未

---

① 费孝通：《江苏经济》，南京：江苏人民出版社1986年版，第78—79页。
② 冯天瑜：《中国文化史断想》，武汉：华中理工大学出版社1989年版，第34页。
③ 钱穆：《现代中国学术论衡》，长沙：岳麓书社1986年版，第211页。

变"①。

村落作为乡村社区的基本聚落形式本是一种地缘的组合，可在中华大地从南至北、由东往西的广大区域里，处处可见如"张家村"、"王家村"、"李家庄"、"赵家墩"、"刘家台"之类的单姓村落，在此血缘和地缘牢牢地扭结到了一起。闽西的客家更筑起以家庭为单位的封闭式土堡或土楼，将这种血缘与地缘合一的形式推向了高峰。"家庭社群包含着地域的涵义，村落这个概念可以说是多余的。"② 血缘与地缘重合，对家庭的控制往往就成了对村落控制的同义语。考察中国乡村社会控制制度的变迁，不可不注意宋朝，因为"宋代在物质文明和精神文明所达到的高度，在中国整个封建社会历史时期之内可以说是空前的"③。上文已提及，保甲之名便是宋人创用，而在乡间此时更引人注目的是大量自发组成的父系血缘宗族共同体的涌现。宋代宗族共同体的普遍出现，使得中国乡村社会控制制度为之一变，一般乡民除了身受保甲式的地缘性网络控制外，同时也陷于宗族式的血缘性网络包围之中。宗法制在中华文化中历史悠久，《礼记·大传》对此制有系统叙述。宗法制的主要内容有三：一曰嫡长子继承制，二曰分封制，三曰严格的宗庙祭祀制度。④ 然从《礼记》及史籍记载看，周代宗法的施行范围主要在大夫、士的阶层，或可称之为统治阶级或上层的宗法制。而宋代所勃兴的宗法制在施行范围上与周代有根本的不同，它更

---

① 钱穆：《现代中国学术论衡》，长沙：岳麓书社1986年版，第212页。

② 费孝通：《乡土中国》，北京：生活·读书·新知三联书店1985年版，第72页。

③ 邓广铭主编：《辽宋西夏金史》，北京：中国大百科全书出版社1988年版，第105页。

④ 冯天瑜等：《中华文化史》，上海：上海人民出版社1990年版，第196—199页。

多地表现出下层的民意的特性。因此，几乎居住在乡间的每个平民百姓都无一例外地被划在各个宗族共同体之中。宗族作为社会组织实体一经成立，就行使其社会控制之职，这可以从形成文字的宗规、族约中反映出来。如明万历年刊本《长沙檩山陈氏族约》就有四纲领、二十六细目①：

一、尊君：祝圣寿、宣圣谕、讲礼法、急赋役；
二、祀神：礼先师、处里社、谨乡仇、秩乡厉；
三、崇祖：修族谱、建祠堂、重墓所、秩义社、立宗子、绢嗣续、保遗业；
四、睦族：定行次、遵约法、肃家箴、实义仓、处家塾、助农工、养士气、扶老弱、恤忧患、戒豪悍、严盗防。

各细目之中包含了从思想到行为的诸种内容，让人可以很明显地体会到社会控制的意味。宗法之制源于礼，但其实际施行却在礼的脉脉温情下夹杂着血腥气息，由此显现出作为中国封建社会四大绳索之一的族权的严厉。到过山东曲阜孔府的人，多半会对陈列堂上的"家法"留下深刻印象。宗族对违反规约者轻则罚谷罚款，重则责打、逐黜族籍。《宋史·陆九韶传》记载的宋代陆氏这一家族，"子弟有过，家长会众子弟责而训之，不改，则挞之；终不改，度不可容，则言之官府，屏之远方焉"。到20世纪20年代的湖南乡间，还可看到"祠堂'打屁股'、'沉潭'、'活埋'等残酷的肉刑和死刑"②。

宗法制度的普及，使"保甲为经，宗族为纬"的控制网络

---

① 转引自史凤仪《中国古代婚姻与家庭》，武汉：湖北人民出版社1987年版，第218—219页。
② 毛泽东：《湖南农民运动考察报告》，《毛泽东选集》第一卷，第31页。

得以完备，统治阶级自然喜从中来。如王德臣在《麈史》中所言，宋太宗在出行中亲自接见宗族长，以示关顾，王朝对有关宗族给予"诏岁货米千斛"①之类的优宠。历代政府并给予宗族领袖以种种特权，如清朝最高统治者规定尊长族人"训诫子弟，治以家法，至于身死，亦……不当按律拟以抵偿"②。

对普及民意的宗法制度，封建社会的理论家也表现出极大的热情。早在北宋理学家张载就大声疾呼："管摄天下人心，收宗族，厚风俗，使人不忘本，须是明谱系世族与立宗子法。宗法不立，则人不知系来处，古人亦鲜有不知来处者。宗子法废，后世尚谱牒，犹有遗风。谱牒又废，人家不知来处，无百年之家，骨肉无统，骨肉无统，虽至亲恩已薄。"③朱熹对此社会现象则力证其理论上的合理性，如他曾表彰洪氏宗族："洪门义氏，累世义居……此天性人心，不易之理。"④

由于统治者的提倡，早年滥觞于王室的宗法制度自宋以后在民间得到日益巩固。仅以近代文献为例，就可见乡村宗族之盛。如民国《福建通志》卷二一引乾隆《邵武府志》："乡村多聚族而居，建立宗祠，岁时醮集，风犹近古"；同治《苏州府志》卷三引《县区志》："兄弟析烟，亦不远徙，祖宗庐墓，永以为依，故一村之中，同姓者至数十家或数百家，往往以姓名其村巷焉。"光绪《石埭桂氏宗谱》卷一载："每逾一岭，进一溪，其中烟火万家，鸡犬相联者，皆巨族大家之所以居也。一族所聚，动辄数百或数十里，即在城中者亦各占一区，无异姓杂和。以故千百年犹一日之亲，千百世犹一父之子"。政府之鼓

---

① 《宋史·许祚传》。
② 《雍正朝起居注》五年五月初十日条。北京：中华书局1993年影印本。
③ 《张子全书》卷四《宗法》，台北：台湾中华书局1976年版。
④ 《朱文公文集》卷九九《知南康榜文》，上海：上海书店1999年影印本。

励宗法自治，甚至承认宗族的自主裁判权，究其原委在于宗法族约与国家法律的根本利益是一致的。儒家学说将"齐家"与"治国"视为一事，"宗族与国法相辅相为用，族权与联合统治乃是中国封建社会法制的一个重要特点"①。邱睿在《朱子家礼》卷一中引程颐所言："若宗子法立，则人知遵祖重本；人既重本，则朝廷之势自尊。"

从表面上看，宗法制度与保甲制度有异：后者是统治者刻意设立，前者乃民间自发组成。但前已述及，统治者对宗法制曾给予许多正面的鼓励。此外，历代政权还通过国家法律的形式将同族中人捆绑在一起，这就是与保甲的连从具有同样性质的族刑。从《史记·秦本纪》中的"法初有三族之罪"、《汉书·刑法志》中的"秦用商鞅连坐之法，造三夷之诛"一直到《魏书》中的"房门之诛"和唐宋以后法典中的"缘坐"，皆是这种族内一人犯罪，余皆株连的残酷刑法。于是乎，同族中人也像在保甲中一般，不得不互监视、相约束了。

这样，自宋以来普及乡间的宗法制度便成为保甲制度的强助，共同构织了乡村社会控制的天罗地网。且以近代武昌东乡为例，即可略见二者默契配合之一斑："东乡分二里，里以下有村正、族正，族支出为房长。族正、房长，协助村正者也。同宗者虽远家千里，族正皆有管理之责。任其事者年有更代。民有争执之事，先经本系族正、房长暨村正与村之贤德者平之；不果，巨绅里保再平之，而后上达。"② 而宗法制度，缘于礼，重血缘，似乎更适合中国的国情，因此其社会控制的功能更显

---

① 史凤仪：《中国古代婚姻与家庭》，武汉：湖北人民出版社1987年版，第221页。

② 胡朴安：《中华全国风俗志》下编，石家庄：河北人民出版社1986年版，第314页。

著。《清朝经世文编》卷五八载,乾隆时江西巡抚陈宏谋在《选举族正族约檄》中称:"族房之长,奉有官法,以纠察族内子弟。名分既一定,休戚原自关,比之异姓之乡约保甲,自然便于觉察,易于约束。"

五

社会控制是"通过社会力量使人们遵从社会规范,维持社会秩序的过程",它"既指整个社会或社会中的群体、组织对其成员行为指导、约束或制裁,也指社会成员间的相互影响、相互监督、互相批评"①。

生活在现代社会中的人们,一提到社会控制所想到的就是法律。其实,无论从纵向的历史记载看,还是从横向的民族志材料看,"法律并不是效力最高的控制工具。说服性的控制工具,如暗示、模仿、批评、报酬、赞许、反映等,往往比法律有较高的功效。"② 这层道理,孔子在《论语·为政》中说:"道之以政,齐之以刑,民免而无耻;道之以德,齐之以礼,有耻且格"。由此导致了"法"与"礼"的对垒。"二者的区别……在形式上,'法'不仅要求成文公布,而且将宗法仪式、仁义礼智、风俗习惯对个人的言论等排除在外,从而有别于'礼'"③。从更深一层比较,人之于法是被动的遵从,人之于礼则是主动的实践。

法家是重法轻礼的。《管子·任法篇目》曰:"君臣上下贵

---

① 费孝通主编:《社会学概论》,天津:天津人民出版社1984年版,第181页。
② 《云五社会学大辞曲·社会学》,台北:台湾商务印书馆1971年版,第98页。
③ 段秋关:《中国古代法律及法律观略析》,《中国社会科学》1989年第5期。

贱皆从法，此谓大治。"《韩非子·有度篇》曰："矫下上之失，诘下之邪，治乱决缪，绌羡齐非，一民之轨，莫如法；属官威民，退淫殆，止诈伪，莫如刑。"这是刑法为社会控制的最佳选择。

儒家是看重礼的，并认为礼可代替法。《礼记·曲礼》曰："夫礼者，所以定亲疏，决嫌疑，别同异，明是非也。……道德仁义，非礼不成；教训正俗，非礼不备，纷争辨讼，非礼不决，君臣上下，父子兄弟，非礼不定，宦学事师，非礼不亲，班朝治军，莅官行法，……非礼不诚不庄。"其余如《孝经》言"安上治民，莫善于礼"、《礼记·祭统》言"凡治人之道，莫急于礼"、《礼记·中庸》言"为政先礼，礼者政之本欤"、《荀子·礼论》言"礼者，政之挽也；为政不以礼，政不行矣"，在儒家文献中比比皆是。被称为"最后一个儒家"的梁漱溟在20世纪70年代写成的《人心与人生》一书中，也是依此来设计未来世界大同境界的："有礼俗而无法律，因为只有社会而无国家了。这亦就是没有强制性的约束加于人，而人们自有其社会组织秩序，此组织秩序有成文的，有不成文的，一切出于舆情，来自群众，旧日的刑赏于此无所用之，而只胡舆论的赞许、鼓励或者制裁。"①

在中国历史上，对礼的重视也确实达到了一个相当丰富的高度。以杜佑所撰《通典》一书为例，在《食货》、《选举》、《职官》、《礼》、《乐》、《兵刑》、《州郡》、《边防》八典中，《礼》的篇幅独占半壁。很多学者都指出了中国社会的"礼"的特色，如费孝通先生便说："从基层上看去，中国社会是乡土

---

① 梁漱溟：《人心与人生》，上海：学林出版社1984年版，第247页。

性的①",而"乡土社会是'礼治'的社会"。

在前述中国乡村的社会控制中,保甲制度主要是由法而生的,宗法制度主要是由礼而生的。除此之外,在行保甲、复宗法的宋代,又出现了"乡约"这样新生的社会控制。乡约发轫于宋神宗时关中之《吕氏乡约》。《宋元学案·吕范诸儒学案》载:"吕大钧,字和叔,与横渠(张载)为同年友,心悦而好之,遂执弟子礼,于是学者靡然知所趋向。横渠之教,以礼为先。先生条为乡约,关中风俗,为之一变。"《宋史·吕大防传》载,乡约要求:"凡同约者,德业相劝,过失相规,礼俗相交,患难相恤,有善则书于籍,有过若违约者亦书之,三犯而行罚,不悛者绝之。"由乡约法所聚合起的社会组织,是一种强调传统伦理的地缘性互助团体,大体益于地方治安。南宋朱熹对此制大加称许,此后的明代尤其是清代的统治者曾多次颁布"圣谕",普及推广此制于广大乡村。

直至民国初年,尚有若干地区用乡约之旧制。如山西之村本政治:"某某村公议禁约如下,不准贩卖金丹洋烟,不准聚赌窝娼,不准打架斗殴,不准游手好闲,不准忤逆不孝,不准儿童无故失学,不偷窃田禾,不准毁坏树木,不准挑唆词讼,不准缠足,不准放牧牛,不准侵占别人财产。"②上述条约,无一不是社会控制。还有采访村仁化之法,其"仁化之标准:亲慈、子孝、兄爱、弟敬、夫义、妻贤、友信、邻睦。上之八项标准,派员往各县调查,据实报告,择优褒扬,并专刊于报,名曰

---

① 费孝通:《乡土中国》,北京:生活·读书·新知三联书店1985年版,第49—50页。

② 转引自柳诒徵《中国文化史》下册,北京:中国大百科全书出版社1988年版,第842页。

《村话》。"① 这完全是将儒家所推崇的礼拿来规范乡民实际的行为，可谓礼治极致。

在中国各少数民族中，广大乡村也有类似乡约的控制制度。较著名的如瑶族的石牌制，至迟在明代已出现。瑶族村民们为解决纠纷、平息争端推举出有威信的头人，制定公认的行为准则，勒之木石，即为石牌律。各个石牌的具体条文并不完全一致，但概括起来无非以下几方面："1. 阐明订阅石牌的目的是维护社会秩序。2. 保护私人财产。3. 保护生产。4. 保障人身安全。5. 保护入山公平买卖的行商小贩。6. 防匪盗。7. 维护山主的权力。"② 其余如苗族"议榔"，布依、侗、水等族的"合款"，海南岛黎族的"峒"，台湾高山族的"社"等，均是与乡约类似的社会控制制度。

社会控制一般可分为外在化控制（externalcontrol）和内在化控制（internalcontrol），法治属于前者，礼治属于后者。中国儒家的理想，当然是走内在化控制的路子。孔子曾告诉颜渊："为仁由己，而由人乎哉？"③ 费孝通治在谈中国社会的乡土性时说："在一个熟悉的社会中，我们会得到从心所欲而不逾矩的自由。这和法律所保障的自由不同。规矩不是法律，规矩是'习'出来的礼俗。从俗即是从心。"④

在一些小而孤立的乡村社区中，礼治的方式确可收到实效，并且礼这种人们熟悉的社会控制方式较之外加的异己的法制方式，更易为人们接受。王同惠女士介绍了20世纪30年代实行石

---

① 转引自柳诒徵《中国文化史》下册，北京：中国大百科全书出版社1988年版，第842页。

② 胡起望等：《盘村瑶族》，北京：民族出版社1983年版，第116页。

③ 《论语·颜渊》。

④ 费孝通：《乡土中国》，北京：生活·读书·新知三联书店1985年版，第5页。

牌制的瑶民对外加法治的态度："自从民国十九年广西省政府颁布了各县苗瑶户编制通行之后，花篮瑶不久就受编了。每村都有一个由政府名义委任的村长。幸亏名义上的村长只有名义，仍没有什么权力来利用这名义。在'户编制度'之外，仍有'头目制度'；名义村长之外，仍有实际村长。而一切本务的运行仍靠着他们原有的头目制度。"① 不过，随着社会的发展，孤立封闭的局面必然被逐步打破，而礼"空为仪式者，令不必行②"。

是故"宋朝以后，礼的调整作用总的看起来呈下降的趋势。统治阶级面对日益尖锐的阶级矛盾、民族矛盾，不得不由重礼而改为重刑了"。③ 礼与法的这种易位，其实是社会变迁所必然遭遇到的现实，因为"陌生人所组成的现代社会是无法用乡土社会的习俗来应付的。"④

六

在中国历代乡村控制方式的选择中，对礼的推崇大大超过了对法的呼唤。在理想型（idealtype）的"乡土社会中，法律是无从发生的"，因为每个人都生于斯、死于斯，大家长年累月处在一个面对面的小群体中，"每个孩子都是在人家眼中看着长大的，在孩子眼里周围的人也是从小就看惯的⑤"。这样的社会里，个人自然重视旁人对自己的评价，自然要讲礼，连盗贼也为留

---

① 王同惠：《花篮瑶社会组织》，上海：商务印书馆1936年版，第39页。
② 《章太炎全集》（四），上海：上海人民出版社1985年版，第77页。
③ 张晋藩：《再论中华法系的若干问题》，《中国政法大学学报》1984年第2期。
④ 费孝通：《乡土中国》，北京：生活·读书·新知三联书店1985年版，第7页。
⑤ 同上书，第5页。

下日后一块生活的落脚地而奉行"不吃窝边草"的准则。孔子是雄辩的,但在《论语·乡党》中,"孔子于乡党,恂恂如也,似不能言者"。因为在他看来,为"士"的一个重要标准,就是《论语·子路》中所言"宗族称孝,乡党称弟"。要做到这一点,行为就需小心翼翼,符合礼俗。然而,舆论上礼的优势并不等于在实际社会生活中礼可以完全取代法。宗法制和乡约制皆源于礼,礼的施行要求全民普遍的自觉。《礼记·礼运》载:"孔子曰:大道之行也,天下为公。选贤与能,讲信修睦。故人不独亲其亲,不独子其子……货恶其弃于地也,不必藏于己;力恶其不出于身,不必为己。是故谋闭而不兴,盗窃乱贼而不作,故外户而不闭,是谓大同。"但这一状态起码从目前看是从未达到过的。礼发生于孤立稳定的环境,可"鸡犬之声要闻,老死不相往来"的小社区,在老子的时代就已经是无由寻觅的昔日黄花。是故宗法制度、乡约制度,亦必配备相应的制裁手段,否则绝难实施。连僻处深山、民风淳朴的瑶民,也要在其石牌制中附加罚款、没收家产、炮打、死刑、株连诸种刑法[①]。可见中国的礼治,并没有人们设想的那么易行。礼作为一种理想的规范而存在,维系它的力量依然要借助法,所谓"德礼为政教之本,刑罚为政教之用"[②] 是也。

前文已说过保甲制有对礼的借重,而宗法乡约之制同样有对法的依赖。礼与法二者,在中国乡村社会控制中名虽对立,实可相通。这或许就是中庸,是《礼记·中庸》所言"执其两端,用其中于民"。后儒生也看出圣人的大同境界难以兑现,遂有汉,荀悦:《申鉴》卷二《时事》"德刑并用,常典也"的说法。董仲舒

---

① 胡起望等:《盘村瑶族》,北京:民族出版社1983年版,第117页。
② 长孙无忌:《唐律疏议》卷一。

明确提出"阳为德,阴为刑"①的理论,虽重礼,却已给法留下了相应的地位。两汉以来历代统治者的"阳儒阴法"政策,实即礼法并施、各用其长。这就是中国乡村社会控制所走过的道路,大概可以称之为中国特色吧。

今天,中国社会正快步向现代化迈进,封闭孤立的状态将不复存在,健全与完善法律制度已成为当务之急。但是,中国社会毕竟有几千年礼的积淀,广大乡村尤其如此,社会控制制度的改革必须考虑这种国情,否则"单把法律和法庭推行下乡,结果法治秩序的好处未得,而破坏礼治秩序的弊病却已先发生了。"②考虑国情,利用传统的探索已在进行。近几年中,中国广大乡村政府与村民联合制定的村规民约,正在不同程度地发挥着作用,甚至在边远的少数民族地区,村村寨寨也多联系各自民族传统立有规约③。在农村发展工业途径的选择上,费孝通等人提出不打散农民家庭,而是把工厂搬到农民身边的离土不离乡的办法,认为"这是我们几十年来养成的乡土社会向工业时代过渡的比较妥当的道路"④,这同样是结合传统因素与现代因素的尝试。对传统的宗族团体,台湾省的学者也设想让其在现代社会继续发挥积极的作用。⑤这些有益的设想及实践,对我们构思今后中国乡村社会控制制度有极大的启发意义。法制观念的增强和法律措施的普及是必然的趋势,也是现代社会必须

---

① 《汉书·董仲舒传》。
② 费孝通:《乡土中国》,生活·读书·新知三联书店1985年版,第7页。
③ 可参见拙文《广西融水红瑶婚姻、家庭及习俗心态调整·村民民约》,《广西民族研究参考资料》(1987年);孙秋云《社会变迁中的瑶族青年·政治生活方式》,《中南民族学院学报》1991年第2期。
④ 费孝通:《社会调查自白》,北京:知识出版社1985年版,第36页。
⑤ 陈绍馨:《姓氏·族谱·宗亲会》,《台湾的人口变迁与社会变迁》,台北:联经出版事业公司1979年版。

具备的条件。只不过在推行法律的过程中莫要忘记中国的国情，莫要忘记还有其他的传统方式。当然，对传统的合理利用不等于对传统的全盘恢复。新的社会控制制度与旧时最大的不同在于今日的乡民不再是被动的受控制者而是主动的参与者，这是"由之"向"知之"的转变。以史为鉴，立足现实，我们是能开辟出一条中国式的乡村社会控制制度之路的。

宗族文化与社区历史

——以湖北土家族地区为例

一 宗族的讨论

在海内外许多学者眼中，中国社会的一大特性就是它的宗族性或曰宗法性，例如钱穆即曰："中国本无社会一辞，故无社会学，亦无社会史。然中国社会绵延久、扩展大，则并世所无，余尝称之曰宗法社会，氏族社会，或四民社会，以示与西方社会之不同。"① 有鉴于此，钱穆进一步指出："故欲治中国之政治史，必先通中国之社会史，而欲通中国之社会史，则必先究中国之宗法史。"② 当代一些学者在谈到宗族研究的价值时也认为："宗族是中国历史上存在时间最长、流布最普遍的社会组织，拥有的民众之广泛为其他任何社会组织所不能比拟。中国人的宗族关系是最主要的社会关系，宗法精神贯穿于中国古代及近代社会结构中，是维系社会结构的纽带，是稳定社会的因素。"③

---

① 钱穆：《现代中国学术论衡》，长沙：岳麓书社1986年版，第11页。
② 同上，第203页。
③ 冯尔康：《中国宗族社会》，杭州：浙江人民出版社1994年版，第1页。

那么什么是宗族呢？对此，学者们却并无统一的看法。冯尔康在《中国宗族社会》一书中归纳出四种有关宗族的说法：1. 强调"家"对宗族的作用，认为族是家庭的扩延；2. 认为宗族是有宗法的、共识的、首领的血缘群体；3. 把宗族分为两个层次，或者说两种类型并给予相应的定义；4. 强调姓氏的作用。综合这几种说法，冯尔康等人提出了自己的主张，认为宗族是由男系血缘关系的各个家庭在宗法观念的规范下组成的社会群体。① 从历史上看，这样一个界定是比较符合中国社会（尤其是明清以来数百年间）实际的。需要说明的是，多数学者所讨论的中国的宗族是宋代之后在中国许多地区出现的社会组织，它与上古的宗族或宗法制度颇有区别。

宗法制在中华文化传统中历史悠久，《礼记·大传》中对此制有详细的叙述。但从《礼记》及其他史籍的记载看，当时宗法的施行范围主要在大夫和士的阶层，或可称之为统治阶级或上层的宗法制。而宋代所勃兴的宗法制，在施行范围上与《礼记》中所记载的周时的宗法制有了很大的不同，它更多地带有下层的民间的特性。因此，广大农村区域内的平民百姓几乎都成了宗族共同体网罗的对象。

除了历史学家之外，近几十年来中外人类学家也十分关注中国宗族问题的研究。在人类学中宗族被学者们视为继嗣群的一种类型，即世系群（Lineage）。早在20世纪20年代，美国学者库普（D. Kulp）就根据在广东凤凰村的调查写出了《中国南方的乡村生活》一书，对中国宗族组织的表现与功能做了初步研究。此后，中国人类学家林耀华、费孝通等人也开始用人类学的观点考察中国的宗族，有关论点散见于他们所著的《金

---

① 冯尔康：《中国宗族社会》，杭州：浙江人民出版社1994年版，第8—10页。

翼——中国家族制度的社会学研究》、《乡土中国》、《生育制度》等书中。而最具国际影响的是英国人类学家弗里德曼（M. Freedman）的作品，在五六十年代他分别推出了《中国东南部的宗族组织》和《中国的宗族与社会：福建和广东》两部专著，系统论述了中国宗族组织的社会经济功能，并引发了一股研究中国宗族文化的热潮。

在有关中国宗族问题的研究中，美国华裔人类学家许烺光从比较的角度概括出中国宗族组织的一些特征。在《宗族、种姓、俱乐部》一书中，他对比了中国、印度、美国这三种文化，指出"在家庭与国家之间广阔的中间地带，中国人最重要的集团是宗族，印度教徒最重要的集团是种姓，美国人最重要的集团是俱乐部"。[①] 在文化比较的视野下，他总结道："一般来说，宗族具有下述特征：1. 名称；2. 外婚；3. 单系共同祖先；4. 作为核心的性别——父系宗族为男性，母系宗族为女性；5. 在所有或大多数成员之间相互交谈或指某个人时使用亲族称呼；6. 许多社会的宗族还有某种形式的公共财产；7. 某种程度的连带责任。……中国的'族'除了上面提及的七个特征外，还有下列诸特征：8. 父方居住；9. 因婚姻关系妻子自动成为其配偶所属宗族之成员；10. 有用来教育和公共福利的财力；11. 共同的祖先崇拜形式；12. 宗族的祠堂；13. 宗族的墓地；14. 行为规则的制度；15. 有一个进行裁决、平息纷争的宗族长老会议。"[②] 这样一些特征对于我们在实际调查中认识中国的宗族是相当有帮助的。

[①] 许烺光：《宗族、种姓、俱乐部》，北京：华夏出版社1990年版，第7页。
[②] 同上书。

二 文化的面貌

说中国是一个宗族社会，这是在总体上笼统而言的。以中国历史之长、地域之广，宗族文化在表现上肯定会有许多的差异。弄清中国的宗族文化在不同时段、不同地区的具体状貌是宗族研究能够深入下去的必然要求。为此，1996年1—2月和1998年8月对湖北西部的长阳、宣恩、来凤等土家族聚居区的宗族现状进行了调查。

湖北西部的土家族聚居区是中国土家族分布较集中的区域，这里除土家族外，还有在人口上与土家族相当的汉族，另有苗、侗等少数民族，这样一种格局和中国大多数民族地区是类似的，即大混居、小聚居。小聚居使得在一定范围内的文化表现出民族的特性，大混居则使得各民族之间有了难以避免的文化接触和文化交流。因此，调查就并没有局限于土家族中，而是在以土家族为主的情况下兼顾了这一区域中的其他民族。为了行文上的方便，调查的区域仍称作鄂西土家族地区。

通过调查发现，目前鄂西土家族地区的宗族文化在社会中的影响力是比较小的，体现宗族文化的相关载体与人们的有关活动不易看到。前述许烺光概括出的宗族特征大多数已不复存在。例如，在长阳土家族自治县，见不到用于宗族活动的祠堂，也没有族长之类的宗族领袖；现实社会生活中的族规、族训亦不具有对人们的约束力；除某些家庭中保留着的老谱外，新修的族谱、宗谱极为罕见；同宗不婚、同姓不婚的婚姻规则倒是依然执行，但这却不一定是宗族文化的力量；不存在集体性的家族祭祀活动，各个家庭中有在堂屋正中设神龛的，但似乎贴共和国领袖画像的更多；至于财产继承则主要是依据国家法规处理，适当地考虑传统的习俗。总之，这里看不到完整的宗族组织形态。①

在恩施土家族苗族自治州的宣恩、来凤等地，宗族文化的现状与长阳大致相仿，同样没有实际存在的宗族组织和提供族众共同活动的祠堂。不过，恩施地区新修族谱的情况似较长阳为多，仅笔者搜集到的就有宣恩《龙潭河谭姓家谱》、宣恩《侯氏族谱》、来凤《田氏新族谱》等，还有涉及区域更广的《苗族满姓嬗衍史》和《南方满姓嬗衍史》等。在传统的遗留方面，宣恩、来凤地区各族群众家中堂屋正中供奉"天地君亲师位"的也比长阳普遍，"天地君亲师位"的两侧通常还书有标出堂号的"历代祖先"字样，如宣恩县沙道区当阳坪村的满姓家中两侧文字即为"九天司命太乙府君"和"河东堂上历代祖先"。对于"天地君亲师位"，还有一种写法是"天地国亲师位"，这在与来凤毗邻的湖南省龙山县的土家族中也是如此。据朱炳祥了解，在民国之前一般人家皆书"天地君亲师位"，在民国之后改为"天地国亲师位"②，而现在看到的则是并存的两种写法。

既然在被调查地区没有完整形态的宗族组织，当然也就没有族长之类的宗族领袖了。不过，调查中注意到一些"能人"在本姓氏群众中所具有的重要地位和所发挥的显著作用，从而使他们成为社区里的经常出头露面的角色。在长阳，"宗族'能人'在调解本宗族群众家庭内部纠纷（如兄弟分家、后妈虐待前房子女等），号召扶持本宗族内遭天灾人祸的困难户，参与调解与外姓群众纠纷方面，都还有一定的作用和影响；群众选举

---

① 孙秋云、钟年、张彤：《长阳土家族的宗族组织及其变迁》，《民族研究》1998年第5期。

② 朱炳祥：《土家族"家先崇拜"的田野调查及分析》，《中国人类学学会通讯》1998年9月1日。

村、组干部时也往往是投本姓本宗'能人'的票①"。在来凤的旧司乡，一位田姓的被访者认为现在实有名分的族长虽然没有，但某些姓氏暗中可能会有个"头头"，他就自认是周围一带田姓"暗中的族长"，因为大家有什么婚丧嫁娶、分家析产之类的事多半要找他，与其他姓氏间有些纠纷摩擦更免不了得他出面解决。而村干部的选举中同姓的人选本姓中的"能人"的情况，在这次调查的宣恩的椒园、沙道及来凤的旧司、百福司等地也是较为普遍的现象。

从上述的鄂西土家族地区看，目前宗族文化在社会上影响力较小的状况似乎各民族之间表现的并无多大的差异，土家族、苗族中是如此，汉族中也是如此。其实，在这一区域内不仅仅是宗族文化，整个社会文化的其他层面也都是大同小异。作为人数较多的两个民族，土家文化吸收了许多汉文化的成分，汉文化也吸收了许多土家文化的成分，甚至不少文化事象到底谁是"源"、谁是"流"已难以一一辨识。

三 意识的遗留

目前鄂西土家族地区宗族组织缺乏、宗族活动较少，但并不是说这里就没有了宗族文化。从宗族文化的不同层面考虑，起码这里在宗族意识上还有一些遗留，这可从人们在现实中的行为反映出来。

与宗族文化最直接相关的是修谱。最近几年，各地新修的家谱、族谱在调查所到的地方几乎都有发现，当然这些谱书与传统的谱书已经有了不少区别。从体例上看，传统的谱书一般

---

① 孙秋云、钟年、张彤：《长阳土家族的宗族组织及其变迁》，《民族研究》，1998年第5期。

包括谱名、谱序、凡例、谱论、像赞、恩荣录、先世考、族规家法、祠堂、五服图、世系、传记、族产、契据文约、坟茔、年谱、吉凶礼、艺文、名绩录、仕宦记、字辈谱、续后篇、领谱字号等。① 而现行的谱书则较传统谱书简化了许多，除了谱名、谱序、凡例外，主要内容就是先世考（或称宗族源流）、世系和字辈谱。内容的选择当然有现实的依据，如恩荣录登载的是皇帝对宗族中做官者及其亲属的敕书、诰命、赐字、赐匾、赐诗、御谥文、御制碑文及地方官府的赠谕文字等，这在今天看来已与时代不合；族规家法也是旧时代的产物，如今已失去其社会控制的功用；祠堂、族产乃至坟茔多已不存，吉凶礼则久已不行，故上述内容在谱书中似可有可无。

值得注意的是，在这一地区进行的修谱活动中活跃着一些积极分子的身影，他们自愿付出相当多的劳动和时间，甚至投入一定数量的经费四处访求线索、联络族人，负责谱书的编写、印制和发放。这些人一般都有些文化知识，多半还是国家干部或教师，因而在本姓群众中具有一定的影响和威望。例如在宣恩县所搜集到的《龙潭河谭姓家谱》的总纂是现任宣恩县史志办公室主任；《苗族满姓嬗衍史》和《南方满姓嬗衍史》的副主编及湖北省的负责人是县民族中学的退休教师；《侯氏族谱》的编纂由一人独立完成，其编纂者也是退休教师。这些积极分子的姓名及事迹在新修的谱书中经常能得到反映。

在中国，宗族之下还可以分出"房"的概念，同房者的关系更为亲密。在调查中，很多人认为由于许久已经没有宗族活动了，故人们对宗族的"族"已较淡漠，而对"房"却有较为清晰的把握。来凤旧司的田先生就谈到，在"姓"、"族"、

---

① 欧阳宗书：《中国家谱》，北京：新华出版社1992年版，第102—108页。

"房"三者中,现在"房"的概念很清楚,彼此间的亲疏就是以此来分别的,而所谓"房",即是指同一个公公传来的后人。宣恩高罗小茅坡营的冯先生也说他们对大房、二房、么房都知道,而他即属么房,班辈大,但人少、力量弱,不过一般都不分,也不闹宗派。来凤百福司镇河东区的彭先生告诉我们,大家平常关系都很好,有事时则讲房、讲同一个公公。讲究"房"的概念,其中便含有宗族意识的遗留。

在同姓中讲房,在多姓杂处时同姓也有辨别亲疏的作用。正是在宗族复兴的宋代"社会上出现了强调对姓氏(血缘关系的外在表现)认同的《百家姓》"[1]。对姓氏的强调,可视作宗族意识的一种流露,至今在中国人的社会生活中依然是联络感情的手段。乔健在《"关系"刍议》一文中曾将同姓归入"亲属"中作为中国人最重要的关系类型。"从近亲起,这个因素的应用几乎可以无限制地推广下去,所谓一表三千里者,同宗同姓自然都可包括在内。"[2] 在鄂西土家族地区对姓氏的认同是较为普遍的现象。许多被调查者反映在"有事"时人们认同姓,譬如在来凤旧司,田姓和向姓发生争执,同姓的就会互相帮助。另一个注重姓氏的场合是在乡村基层组织的选举时,相同姓的一般会选与自己同姓者出任干部,村中某个姓氏人多,村干部成员也肯定多。来凤百福司镇的一个官员说,在河东管理区,因为彭、向等姓氏人多,故"非彭、向的干部压不住场"。所以,不光由村民自选的干部与当地姓氏的分布有极大的关联,就是上级委派干部也要考虑姓氏这个因素。

---

[1] 拙文《宗法、保甲、乡约——两宋时期的乡村社会控制》,历史月刊(台湾)1996 年第 8 期。

[2] 乔健:《"关系"刍议》,《社会及行为科学研究的中国化》,1982 年乙种第十号,《中央研究院民族研究所专刊》。

与姓氏相关的还有对本姓祖先的纪念。本文在前面已经提到这些年被调查地区的许多家庭的堂屋中又贴上了"天地君亲师位"的条幅,有的还标出了自己所属的堂号。虽然在调查中发现,一些家庭的这类做法只是在模仿别人,但天天面对写着"历代祖先"之类的文字,无疑会唤起对先人的怀念。在土家、苗、侗等族中本就有崇拜祖先的传统,宗族文化里对祖先认同的强调正好与之契合。而在民俗中过年过节尤其是春节、清明节、中元节时对祖先的祭祀包括扫墓依然是不会被忽略的活动,当然这些活动一般只在个体小家庭或极近的亲属范围内举行,很少以宗族的名义卷入大批人众共同参加。

四 社区的历史

从调查时搜集到的新旧地方志、新旧族谱以及访问而得的资料看,鄂西土家族地区在半个世纪以前是存在着宗族组织的,以宗族组织的活动场所宗祠为例。在 20 世纪 50 年代前长阳地区所建的大小宗祠就有 51 座,其中土家族的覃、田、李、刘、张、秦、向、谭八大姓的宗祠就占了 30 座。长阳地区各姓氏也"均各修有族谱";"县域各祠,均定有族规,制有族训。族中子弟如有不逊,族长即动用族人施以家法,轻者捆绑吊打,重者沉水活埋"。① 在宣恩沙道的当阳坪,被访者告诉说,1949 年前有家族长,负责处理族内各项事务。

在来凤的旧司,1949 年以前也有宗族组织,其中田、向、洪三姓建有祠堂,还有公田,家族内人死了也埋在一个地方。据报告人说,旧司地方在 1949 年前讲族、讲姓、讲狠,有的宗

---

① 《长阳县志》,北京:中国城市出版社 1992 年版,第 658—660 页。

族还有枪，姓氏间、宗族间的纠纷经常发生。宗族组织许多活动，如旧司田姓以前舞狮是出了名的，扎龙灯、龙船和踩高跷的技艺也很好。在宣恩、来凤等地，旧时修族谱也是十分普遍的现象。

近百年来的社会变革对中国宗族文化产生了强烈的冲击，而作为重要的社会控制力量的宗族组织则受到历代王朝的认可，一些官员还认为这种血缘性的控制较保甲等地缘性控制更具效果。[1]

自民国以后，中央政府开始更重视县以下行政机构的设立并直接实施对乡村的社会控制。在长阳，民国初年即设立区一级机构；1934年起奉命整建保甲、调查编定户口，计6区、89联保、452保、4363甲，并在联保内筹建"国民小学"；到了1944年，又奉命查编保甲户口，并对14岁以上公民制发国民身份证。[2]

在宣恩，同样多次编查保甲户口，如1933年全县编成4区、33联保、194保、2004甲；1941年实行新县制，全县设13乡，下辖170保、1549甲；1948年全县登记门牌户口，凡年满18岁者均发国民身份证。[3]

在来凤，民国初年县以下设区、乡、保、甲，各委以官长；1933年，区以下乡、镇设联保办事处，由联保主任负责；1940年，撤联保，改设乡长、镇长，下设民政、经济、文化、警卫等股，乡、镇以下设保办事处，设保长、干事等，分管警卫、户籍、文教等事项，保以下设甲，由甲长负责。[4]

---

[1] 拙文《中国乡村社会控制的变迁》，《社会学研究》1994年第3期。
[2] 《长阳县志》，"大事年表"，北京：中国城市出版社1992年版。
[3] 《宣恩县志》，"大事记"，武汉：武汉工业大学出版社1995年版。
[4] 《来凤县志》，武汉：湖北人民出版社1990年版，第300—301页。

当时在全国范围内设立的保甲大约是以十进位的，即每十户为一甲，每十甲为一保。费孝通指出这种作法"是一种人为的分段，它是同人们实际的概念相矛盾的"①。也就是说，保甲制度与宗族组织是不相重合的。同时，区、乡、保、甲等基层组织被赋予许多社会功能，一些原来由宗族所承担的功能渐渐转移过来。

上文提到了在联保内建"国民小学"，这一行动也对宗族文化产生了冲击。清代除官学外，私学极为发达。以长阳为例，私学又可分为义学、私塾、族学三种类型，其中族学如"资丘柿坝罩自重创办的罩氏族学，厚浪沱李氏族学，资丘东街的田氏族学、西街的刘氏族学等，均专心经营，致学校声名名重一方"②。但民国政府推行新式教育，对私塾加以改造。在1935年，全县改良私塾达93处，学生2883人（占私塾学生总数的三分之一）。到1940年，执行湖北省计划教育，对于私立学校严加取缔，部分私塾并入保"国民小学校"，故至1949年的长阳，全县仅存改良私塾16所。③改变私塾教学内容乃至取缔私塾，其对宗族教育的影响是自不待言的。同时新式学校的建立使许多宗族的祠堂被征用。如1938年武汉被日本侵略军占领后先后有两所省立小学迁入长阳县境，一所占用了沿头溪的邓氏祠堂，一所占用了晓溪的胡家祠堂。④

对宗族文化的全面动摇还是发生在1949年中华人民共和国建立后。正如王沪宁在讨论中国家族文化时所指出的那样，中

---

① 费孝通：《江村经济———中国农民的生活》，南京：江苏人民出版社1986年版，第537页。
② 《长阳县志》，北京：中国城市出版社1992年版，第537页。
③ 同上书，第539页。
④ 同上书，第15页。

国共产党领导的革命对宗族影响最大,这表现在"土地改革"等一系列运动中。在这些运动中出现了与宗族文化大异其趣的新因素,例如在组织原则上的非宗族性(农会、合作社、人民公社)和聚类意识上的非宗族性(强调阶级意识)。尤其是50年代初至70年代末,行政权威有意识地逐步消解宗族文化:"土改时期,宗族活动的寺庙、祠堂、族田等财产被没收,家谱被焚,家族活动被禁止,及至'文革',把与家族文化有联系的有形物的残余扫除干净,不仅仅家族活动,甚至于家族内的祖先崇拜的祭祀以及一些有关的封建迷信都成为改造的目标。可以说,直到改革前,家族活动赖以进行的物质的、仪式的基础已被摧毁。"① 对此,一些受访人士也有同感,如来凤县旧司乡的田先生就说过,"人民公社"时期生产经营分配的方式不同,社会关系也不同,以村为单位,所以(宗)族搞不起来。从物质层面上说,旧司原有的田、向、洪等姓的祠堂在50年代以后或被拆除改建、或被供销社占用,旧的族谱也多在历次"运动"中陆续被焚毁。

这样一个历程在中国绝大部分地区都是同步进行的。以农村建立人民公社为例,中共中央1958年9月通过《关于在农村建立人民公社问题的决议》,仅一个多月宣恩就将全县75个乡、259个高级合作社和4个国营农场合并为14个人民公社,社员的自留地、家畜、果树甚至房屋都收归公社所有。② 在来凤,也是只用了一个多月的时间就成立了5个人民公社,实现了公社化,当时搞居住大集中、耕牛大集中、牲猪大集中、农具大集

---

① 王沪宁:《当代中国村落家族文化——对中国社会现代化的一项探索》,上海:上海人民出版社1991年版,第53页。

② 《宣恩县志》,武汉:武汉工业大学出版社1995年版,第80页。

中、粮食大调配等，一切事都放在公社里大办大集中。① 长阳的人民公社化运动进行得更早，在1958年9月便将488个高级社撤并为12个人民公社，入社农民达69119户，占总农户的96.1％。② 在50年代末至70年代末的相当长时期内，从表面上看，鄂西土家族地区的宗族文化几乎绝迹。

1978年中共十一届三中全会以后，全国农村先后开始了经济体制改革，鄂西土家族地区自然也不例外。在宣恩，1979年便有几个大队自发试行"包产到组"、"包产到户"；到1982年春由于大批干部深入农村宣传贯彻中共中央1981年1号文件关于"包产到户"的指示精神，全县2696个生产队全部实行了家庭联产承包责任制。③ 在来凤，1982年秋后，全县98.6％的生产队实行了家庭联产承包责任制；到1983年，全县普遍实行包干到户。④ 长阳也在1981年秋开始贯彻执行中共宜昌地委《关于加强和完善农业生产责任制的实施办法》；到1982年底全县普遍建立了"家庭联产承包生产责任制"⑤。经济体制的改革使得家庭在农村社会生活中的地位大为改善。"由于生产已经落实到各农户家庭来完成，农户家庭就必然成为生产组织的中心。过去被削弱的功能又重新得到强化。这个过程不仅仅是经济活动方式的改革，而且对村落家族共同体的活动产生了不可低估的影响。"⑥ 正是由于这种影响造成了目前人们所看到的鄂西土家族地区宗族文化的现状。

---

① 《来凤县志》，武汉：湖北人民出版社1990年版，第58—59页。
② 《长阳县志》，北京：中国城市出版社1992年版，第119页。
③ 《宣恩县志》，武汉：武汉工业大学出版社1995年版，第81页。
④ 《来凤县志》，武汉：湖北人民出版社1990年版，第60页。
⑤ 《长阳县志》，北京：中国城市出版社1992年版，第121页。
⑥ 王沪宁：《当代中国村落家族文化——对中国社会现代化的一项探索》，上海：上海人民出版社1991年版，第57—58页。

五 约制的因素

鄂西土家族地区宗族文化的现状是如何造成的呢？从历史上看，鄂西土家族地区由于高山环护的地理环境长期以来与内地交往不多，大概自明末后汉族移民才逐渐增多。清雍正年间改"土归流后"废除了"汉不入峒"的禁令，大批汉族"流人"涌入，其主体来自本省荆州、黄州、武昌及外省湖南、四川、江西、贵州等地，此后便出现了汉族与土家等少数民族大规模交错杂居的局面，而在民俗文化上也进入相互影响、渗透、融合的时期。① 因此，鄂西土家族地区的文化面貌应该既带有原住民文化的痕迹，又染上移居者文化的色彩。

自20世纪80年代末起，福建省厦门大学、台湾"中央"研究院民族研究所及美国斯坦福大学三方联合进行了"闽台社会文化调查研究"计划，对于两地文化的异同研究者曾提出了三种可能的解释架构。第一种是历史文化的假设，即认为台湾地区的文化现状是由移居者本来居住地的母文化所传承和延续下来的；第二种是环境适应的假设，认为移居者面临不同的物质经济环境故有不同的文化适应策略；第三种是文化接触与族群互动的假设，认为移居者与移居地区的原有居民产生文化互动，不同的文化融合过程产生了不同的文化行为②。可以说，这三种解释架构具有一定的启发意义，同时也是很有可能在鄂西土家族地区文化演进中实际发生过。譬如，一般人以为，中国

---

① 庄英章、潘英海：《台湾与福建社会文化研究论文集》，台北：台湾"中央"研究院民族学研究所1994年版，第3—4页。

② 吴永章：《湖北民族史》，第11、12章，武汉：华中理工大学出版社1990年版。

明清以来宗族活动最盛的是东南沿海地区，鄂西土家族地区的原住民族虽也有父系大家庭，但"没有汉族封建宗法制那么系统和缜密"，而且许多制度与习俗是模仿汉族。"清代改土以后，才形成如汉的论嫡庶、讲世次，以'承奉宗祀、传授产业'。"①由此着手，便可进行文化接触和族群互动方面的分析。循着上述三种假设的思路开展研究，当会对理解该地区文化的现状有所帮助。

不过，在实地调查中发现，目前鄂西土家族地区宗族文化在一定程度上的重现与前述"农村家庭联产承包责任制"的推行有关，而其在社会生活各方面的影响力甚小时已受到了政府有关部门的制约。在调查所涉县、区、乡中，中共与政府两方面的负责人士对宗族的态度是相当一致的，即不鼓励宗族的发展，对包括修谱在内的宗族活动密切关注，对现任国家干部中积极从事宗族活动的"及时提醒"。

政府相关部门的态度可通过许多事例显现出来。例如原宣恩县政府民委主任是侗族，在80年代前期为撰写本县侗族概况到一些村寨进行调查，召集有关人员开编写会，此事很快被反映上去，有人便说他是在开家族会，他本人想当家族长。"帽子"当然是扣错了，却说明有关方面对宗族活动的警惕性。其实，这位老民委主任虽对当年有人告他的事不太满意，但在限制宗族活动的问题上本人的态度也是毫不含糊，与政府的政策完全保持一致。他和调查者交谈时表示，目前家谱可以修，但族规、族约不许搞。而现居宣恩高罗的一位退休的前县政府某局局长则谈到他不同意修谱，他们那一姓在湖南的修了谱曾来串联，他表示这不一定是好事，以后同姓人多就会闹矛盾。

---

① 湖北省地方志编纂委员会：《湖北省志·民族》，武汉：湖北人民出版社1997年版，第101页。

在来凤县，一位副县长明确告诉调查者政府不许搞宗族。县民委的几位领导在不许搞宗族的问题上态度同样鲜明。在来凤百福司等地，区、乡的干部也认为宗族若搞起来了，中共和政府的号召力就会下降。一位自称是目前"暗中的族长"的被访者也说，经过了"文革"，现在不敢搞宗族，包括修族谱也不公开搞。有趣的是，许多干部在谈到不许搞宗族时将此与地方的民性和历史联系了起来。或说此处山民性格强悍，好争勇斗狠，处事不冷静；或说此处共和国成立前就"闹"土匪，共和国成立后两三年还有些地方政府管不到。直到最近为一些事情在处理上有不同意见而聚众相争的事也时有发生。言下之意，宗族若再搞起来，在社会秩序方面恐怕会引起诸多麻烦。这种忧虑自然不是没有道理的，据报道，仅80年代末和90年代初，在湖南、广东、江西等省就发生了多起破坏政令执行、危害社会治安的宗族械斗，造成人员死伤和重大的经济损失。①

如果将鄂西土家族地区的情况与国内某些宗族活动频繁的地区作个比较，就不难发现政府的态度对宗族文化的巨大影响。据钱杭、谢维扬报告，江西省泰和县有133个姓氏，分布在4245个单姓和杂姓自然村中，目前"除了个别独户居民和移民村之外，其中绝大部分姓氏都重建了宗族组织。宗族在泰和城乡社会生活中已是相当公开并得到人们认可的一个客观的存在"②。导致这种状况的重要原因，是当地宗族重建的环境甚好。作者在调查中发现，泰和县各级中共及政府领导人对宗族重建的态度似乎既豁达宽容，又不放任自流；无论在理论上还是在

---

① 李守经、邱馨：《中国农村基层社会组织体系研究》，北京：中国农业出版社1994年版，第237—238页。

② 钱杭、谢维扬：《传统与转型：江西泰和农村宗族形态——一项社会人类学的研究》，上海：上海社会科学院出版社1995年版，第24页。

政策上，都反映出相当大的灵活性和现实性。如有人认为宗族是农民的一种需要，应实事求是，尊重农民，相信农民；有人认为在当前农村的政治经济形势下，只要不违反现行的国家法律，不破坏"安定团结"，就不应对宗族简单禁止；有人认为宗族文化的那一套如运用得当，可以具有积极意义；还有人从地方财政收入、地方经济开发、对外文化交流、吸引外来投资等实际问题出发，认为干涉宗族活动会对上述有益地方的事情产生影响①。当然，泰和县有较为浓厚的宗族文化传统，也不像鄂西土家族地区那样是多民族杂居区，但考虑到20世纪50年代以来全国基本相似的清除宗族文化的历程，应该说泰和与鄂西在政府态度上的巨大差异，是造成目前两地宗族文化巨大差异的重要原因。

鄂西土家族地区各级政府对宗族活动的约制态度，当地宗族活动的"积极分子"有着切身的感受。宣恩一位参加《苗族满姓嬗衍史》和《南方满姓嬗衍史》编撰工作的满先生回忆道，由湖南麻阳县满姓主持并在当地获得政府主管部门准印文号的《苗族满姓嬗衍史》在1994年底拿回宣恩县后，县里许多领导感到奇怪，因为在他们的思想中还是不能搞族谱。也大概正是出于对修谱敏感性的考虑，这本实际上的满姓族谱使用了"嬗衍史"的名称。满先生强调说，他们没用《满氏族谱》的名称，那比较狭隘，现在的名称则境界不一样，虽然也用房系的资料，但重要的是族谱记录了家族的历史。

调查者在来凤搜集到的《田氏新族谱》（1995年）也表明为适应当今形势，各地不设祠堂与族规，一切均依国家法律行事，谱中虽有"家训"篇，但强调其"形似乡规民约，用以告

---

① 钱杭、谢维扬：《传统与转型：江西泰和农村宗族形态——一项社会人类学的研究》，上海：上海社会科学院出版社1995年版。

诫后人，遵纪守法，爱党、爱国、爱民，勤于生产，效前人之情操，为国家、为人类多作贡献"。

宣恩的《龙潭河谭姓家谱》（1997年）中，根本就没有族规、家训之类的内容，该谱"侧重于近代族史，主述中华人民共和国成立后的人和事，……藉以服务现代，惠及后世"，甚至该族谱可视作近几十年来的谭姓"先进人物录"。修谱者的这些姿态是在表明今天的宗族活动只是在文化层面进行的，绝对与国家的政策法令保持一致，并不打算像历史上的宗族那样干预实际的社会经济生活。

综上所述，鄂西土家族地区宗族文化的现状是受到现实社会生活中各级政府领导人态度的重大影响的。由此看到，学术界所提及的近年来中国宗族复兴的现象是存在着相当大的地区差异的。这种差异的造成，有本文讨论的现实的原因，同时历史的因素也仍旧起着重要的作用。正如调查中一些受访干部所说，他们的态度是考虑到民性强悍和50年代初曾闹过土匪而确立的。"闹土匪"是历史，民性也是历史上形成的，这样一来，政府态度就和文化性格、社区历史纠缠在一起。这次调查使参与者又一次体会了传统"甩不掉"、历史割不断的正确性。从过往与当下、传统与现代的角度看，调查仍有许多内容待补充，理论分析更应进一步加强，本文只不过是一个阶段性的报告有些问题将在后续的调查研究中继续探索，力争取得较此深入的结果。

丐帮与丐

——一个社会史的考察

一

将丐帮放在前面说，是因为这些年丐帮的"名头"似乎要比丐更响亮的缘故。

造成这种状况主要是靠了文艺的力量，具体地说，是因了武侠小说、武侠影视的风行。武侠小说作者中的"大哥大"金庸在其尽人皆知的小说《射雕英雄传》中塑造了宋末丐帮帮主洪七公的形象，这是位行侠仗义、武功盖世的人物，同时他又和蔼可亲、善解人意。论打人的功夫，洪七公以"北丐"之称与"东邪"、"西毒"、"南帝"并列冠军；而论做人的功夫，洪七公却从这些人中脱颖而出，独占了鳌头。有了洪七公这样的杰出领袖，丐帮便能虎视江湖、武林称重。到了金庸"射雕三部曲"的最后一部《倚天屠龙记》中，丐帮虽在领导人的问题上出了点纰漏，却依然以雄厚的实力与明教和少林派共同构成武林三大门派。

金庸笔下的洪七公与丐帮自是小说家言，是不必太过认真，但作者金庸熟谙中国历史，小说中的历史大背景多脉络清晰、真实可信，就是一些具体细节描写也常能言之有据。

在中国历史的发展进程中，宋代是一个很值得注意的时期，各种社会文化制度臻于完善，各类民间组织亦层出迭现。宋人陈襄《州县提纲·常平审结》中就曾出现"丐首"一词（着重点为引者所加）：

> 常平义仓，本给鳏寡孤独、疾病不能自存之人，每岁仲冬，合勒里正及丐首括数申县。

又如宋人孟元老的《东京梦华录》详细描绘了东京市井的民俗风貌，其卷之五"民俗"中介绍诸行百户衣装本色时提到："至于乞丐者，亦有规格，稍似懈怠，众所不容。"虽语尚欠详，但已透露出彼时乞丐中应有丐帮一类组织并有严格行规的信息。

宋人文籍中缺乏对丐帮详尽记录，在明人所编话本集中似可得到一些补偿。《古今小说》中收有《金玉奴棒打薄情郎》话本，内中谈及宋时的丐帮组织，想来去事实不远，今录其片段如下：

> 话说故宋绍兴年间，临安虽然是个建都之地，富庶之乡，其中乞丐的依然不少。那丐户中有个为头的，名曰"团头"，管着众丐。众丐叫化得东西来时，团头要收他日头钱。若是雨雪时，没处叫化，团头却熬些稀粥，养活这伙丐户，破衣破袄，也是团头照管。所以这伙丐户，小心低气，服着团头，如奴一般，不敢触犯。那团头见成收些常例钱，一般在众丐户中放债盘利，若不嫖不赌，依然做起大家事来。他靠此为生，一时也不想改业。

由此可见乞丐已脱离散漫状态，抱聚成团，自有首领。而"团头"与团员，虽名义上都是乞丐，却有天上地下的差别，而丐中的富人一点不比社会上正经八百的富人逊色。据沈榜《宛署杂记》卷十一《养寄院孤老》中记载，明万历年间北京地区的丐头"家饶衣食，富于士民"。同样，清初"富庶地方之丐头，类皆各拥厚赀，伏溺坐食，其温饱气象，反胜于士农工贾之家"①。生活如此优裕，难怪丐头们不愿改行。

近代以来，社会调查之风兴起，一些有心人开始更深入地观察了解乞丐王国的诸种情状，从而使世人渐窥乞丐这一特殊人群的本相。例如，李家瑞所编《北平风俗类征·市肆》中引《北平的乞丐生活》介绍了发祥于北京的"硬采丐帮"之组织，在谈及"丐头的权威"时说：

> 北平设有丐厂，全城的乞丐都归一个大丐头管理，手下还有许多小头目，丐厂有很严密的组织，等级分得很清楚，势力也分布得很广阔。不但该地的乞丐须绝对听从丐头的命令，就是外来的叫化子也须先备专帖拜访，称为"化子拜杆儿"，否则休想在街头混得下去的。丐头是终身的职业，生活都很优裕，死后方举新丐头接替，资望最老的才有被举的资格。其余乞丐大约以年龄定其名次，长称老大，次称老二老三，童丐则概称为徒弟。丐头对内有指挥调解之权，例如甲丐与乙丐争执地盘，经丐头调解后必须遵守。民家如有喜庆大事，丐头便代表全体前往收捐。丐流如遇疾病死亡，丐头便须设法买药侍病，或集资收埋，或报警送官。②

---

① 《皇朝经世文编》卷二十六《生财裕饷第一疏》。
② 梁国健：《故都北京社会相》，重庆：重庆出版社1989年版，第181页。

从以上记载看，丐帮颇像一个大家族，帮内有敬老之风，以长幼为序，分定等级，可说是老人政治。民主当然说不上，丐头是"一言堂"，实行的又是终身制。一入丐帮，便似加入了社会保险，生老病死全由帮中照管。

丐帮中的丐头以杆子为权力象征物。据《清稗类钞·乞丐类》"丐头"条介绍，"丐头必有杆子以为证，如官吏之印信然"，"丐头之有杆子，为其统治权之所在，彼中人违反法律，则以此杆惩治之，虽挞死，无怨言"。不知这杆子是由上古权杖启发所制，还是从乞丐手中的"打狗棒"演变而来，但其功能却似是上两物体的综合，它承担着对内对外交流的双重职责。

丐帮只是对乞丐组织的一种较通俗的叫法，其他叫法还有穷家行、穷家门、穷教行、乞丐行、丐行、理情行（意为讲理讲人情的一行）等。丐帮中派别林立、门户森严，有四大门、七大门、七支八姓等等分别。例如，王官琪《花子与花子院》一文谈及，河北省正定县的乞丐行分四大门，即范家门、康家门、李家门、高家门，据说这四门分别由东汉范丹、江南康花子、宋仁宗生母李后娘娘及后唐穷秀才高文举所传[1]。按乞讨方式乞丐行还可分为文行、武行，每行又有诸多门类，如文行中有诗丐、响丐、吹竹筒丐等，武行有叫街丐、拉头丐、钉头丐、蛇丐等。

丐帮的名称有多种，乞丐的名称也不例外。在宋代以前"乞丐"多用作动词，意即求食，对以乞讨为生的人则称作丐、丐人、丐者、乞儿、乞人等，如《吕氏春秋·精通》有"闻乞人歌于门下而悲之"的句子。又有"乞索儿"的叫法，如《太平广记》卷四九八引《玉泉子·苗》："乞索儿卒饿死耳，何滞

---

[1] 载中国人民政治协商会议河北省委员会文史资料委员会编《夜盗珍妃墓》，石家庄：河北人民出版社1986年版，第143—161页。

我之如是耶!"宋代以后,"乞丐"一词逐渐普及。明清时期,至今仍为人熟知的"花子"、"叫化子"一类俗称开始流行,如《五杂俎》卷五《人部》:

> 京师谓乞儿为花子。

此类俗称还有老花子、讨饭化子、花郎、要饭的、跑腿的、打闲的、吃生意的等等。有时在乞丐中还分类给予具体的称谓,如乞讨的女性称"乞婆"、丐之恶者称"丐棍"。而一些不太常见的、仅限于某一地域某一方言群中对乞丐的叫法尚不知有多少,如《北平风俗类征·市肆》引《燕京杂记》曰:

> 京师乞丐,谓之"顶沙锅",乞食食尽,戴于首以为冠,彼犹以手持为劳也。

这自然是有饭吃、有衣穿者拿乞丐"开涮"之语。

前已述及,乞丐在丐帮中有较为严格的地位等级差别,地位低的乞丐见到地位高的乞丐便要敬礼如仪、肃立听命。丐头在帮中的威风以及他的实际富裕程度,均远非寻常百姓可比。

但丐头的威风与富裕却改变不了作为一种社会角色的乞丐在社会等级序列中最低贱的地位。在中国历史上的各朝代中,元朝统治者是最热衷于划分社会等级的,据赵翼《陔余丛考·九儒十丐》载,当时有十等人之说:

> 郑所南又谓元制:一官、二吏、三僧、四道、五医、六工、七猎、八民、九儒、十丐。

又谢枋得《叠山集·送方伯载归三山序》谓:"七匠、八娼、九儒、十丐。后之者,贱之也,贱之者,谓无益于国也。"这里将儒排在"老九",位居娼妓之后,知识分子历来视为奇耻大辱,至今仍耿耿于怀,但人们总是忽略或忘记了乞丐,他们却是真正的最底层。

元时既以丐为最贱,朱元璋灭元后,出于种族复仇心态,便将"丐"这顶帽子倒扣在中原的蒙古遗族头上。据《三风十愆记·色荒》载:

> 明灭元凡蒙古部落子孙流窜中国者,令所在编入户籍,其在京省谓之乐户,在州邑谓之丐户。

丐户一般均有职业(自然是贱业),少有乞讨之实,此名称意在羞辱。明沈德符《万历野获编·风俗·丐户》即曰:"今浙东有丐户者,俗名大贫。其人非丐,亦非必贫也。"不过,由此却可看出,不管是在元朝、明朝,还是汉人、蒙古人,在乞丐是最低贱者这一点上倒是达成了共识。

视丐为最贱者的观念古已有之,在先秦时便是如此。据《列子·说符》载:

> 齐有贫者,常乞于城市,城市患其亟也,众莫之与。遂适田氏之厩,从马医作役而假食。郭中人戏之曰:"从马医而食,不以辱乎?"乞儿曰:"天下之辱莫过于乞,乞犹不辱,岂辱马医哉!"

可见当时百姓已十分讨厌乞丐,乞丐自己也以乞讨生涯为人生的最大耻辱。后世有"乞儿相"、"花子胚"等语,都是贬人损人的话。而一个人若有了乞丐经历"这碗酒垫底",就"世上什么样的酒都敢喝下去"了。

还是回到话本《金玉奴棒打薄情郎》中来,其中写到丐头虽"住的有好房子、种的有好田园、穿的有好衣、吃的有好食",却在社会上被人轻贱:

> 只是一件:"团头"的名儿不好。随你挣得有田有地,几代发迹,终是个叫化头儿,比不得平等百姓人家。出外没人恭敬,只好闭着门,自屋里做大。

因此,金团头主动把团头让与族人金癞子做了,他有个有才貌的女儿玉奴,则"立心要将他嫁个士人"。"论来就名门旧族中,急切要这一个女子也是少的;可恨生于团头之家,没人相求","因此高低不就,把女儿直捱到一十八岁",方寻到个穷秀才莫稽。莫稽虽说一贫如洗,但家大业大的金团头之女与之结亲仍算是社会学上所说之上攀婚。在话本中,金团头上攀之迫切期望与妓女要从良时十分相似,这应该是彼时乞丐中较典型的心态。

二

从社会分层的角度看,乞丐是站在最低层次的,居下位。因此,若论社会流动,乞丐当是最易流入的一层。无需考核,通常也用不着申请,每个人只要愿意都可以随时加入乞丐行列。除了生于乞丐家庭者外,多数乞丐的角色获得并不是天赋的。在中国古代,贫穷是制造乞丐的主要原因,一遇天灾人祸、饥馑流行,大量普通百姓丧失抵抗能力,如不愿在家等死,又不愿走偷盗抢劫的歪道,便只有采取乞讨这种"正当防卫"的手段了。《北平风俗类征·市肆》引《京华百二竹枝词》云:"讨钱童子乱拦人,略迹原情总为贫。"正反映了贫穷导致行乞的实况。

当然,贫穷的原因有个人无法抗拒的社会力量,也有自己造成的。岑大利、高永建在《中国古代的乞丐》①一书中便列举了因穷奢极欲导致由官而丐、因好吃懒做导致由富而丐、因家庭败落本人无任何技能而丐、因嗜赌成性财尽而丐等诸种情形。

相对于一般下层民众因贫而丐,原居上位高层之人沦为乞丐在心理上的反差不知要大多少倍。由富贵而丐的事在历史上不乏其例,《朱子语类》卷一百三十就记载着:"钞法之行,有朝为富商,暮为乞丐者矣。"《红楼梦》中甄士隐在注《好了歌》时说道:"金满箱,银满箱,转眼乞丐人皆谤。"遭此巨变,除了"叹无常",还能有何排遣之途呢?

由富贵而沦落行乞者自不甘终身为丐,就是乞丐出身者亦然,《金玉奴棒打薄情郎》中已将此种心态表现得淋漓尽致。这一点从丐帮供奉的祖师或行业神中也可看出。李乔《中国行业神崇拜》②引唐友诗《乞丐》一文写道:"穷家门供的是范丹。范丹是东汉时人,他人穷志不穷,穷得刚强、有骨气,不向富者屈膝。穷家门人虽是以讨钱为生,但是不用手拿钱,要用响具去接,意在不因钱而降低身份。"推崇范丹以自重、在社会上没身份却要去争身份,其实是为超脱乞丐身份的潜意识的投射。更能说明问题的是祖师的变换,据《江湖丛谈·穷家门》说:"穷家门的乞丐在早年都供奉范丹,如今都供奉朱洪武。"其原

---

① 岑大利、高永退:《中国古代的乞丐》,北京:商务印书馆1995年版。

② 李乔:《中国行业神崇拜》,北京:中国华侨出版公司1990年版,第452—453页。

因，前引《北平的乞丐生活》中有所说明：

> "硬采丐帮"是中国乞丐的正宗，北京便是该帮的发祥地。据一般老辈丐流追述该帮的起源，说某朝有个皇帝，在未发迹时也曾降身为乞丐，后来贵为天子，皇恩浩荡，便特封该帮逢门可乞，逢城设厂，逢镇设甲。

这里所说的皇帝当是明太祖朱元璋。朱元璋家贫，早年曾为游方僧，可他不会念经，自然也不会做佛事，故他离寺云游时实际上是个穿僧衣的乞丐。丐帮奉朱元璋为祖师并传颂其事迹，所要表白的主要还不是皇帝曾经为乞丐，而是乞丐也可能做皇帝，其中折射出的正是乞丐们欲改换身份角色而上攀的梦想。

说任何人，我们在任何时间都可随意变成乞丐，这主要是针对独自行乞的情形，而要加入有组织的乞丐群就要麻烦得多。据《中国古代的乞丐》引山东宁津县的一份关于"穷家行"的调查介绍，要加入丐帮得磕头认师，即"拜杆"。拜杆时必须有师傅、明师、引师三人参加。认师后，由师傅告知徒弟是多少世，师傅、明师、引师各是哪一门；再由明师讲行道；引师保证所介绍的这个徒弟不违犯行中规矩。以后在外遇到同行便要报出师傅等的名姓，并按世辈论大小、定称呼。

有组织的乞丐常常还要经过"岗前培训"，从而保证他们上岗后的角色扮演像模像样。如《北平风俗类征·市肆》引《北平的乞丐生活》介绍了乞丐技能的学习：乞丐须学会各种技能，例如"顶鼻"、"掷球"、"穿舌"、"舞刀"、"弹拍"等。各有专师传授衣钵，而且多非由丐头教习，而是由献技拳术中人任业余教授之责的。其交换条件不过年纳例金若干，以不妨碍他们的丐业范围，尽可传授。此种乞丐比较那些哭喊乱唱求乞的较易得钱。

看来无论干哪行，多有些专业知识总不是坏事。

既然做了乞丐，不管怎样自重身份，讨要是免不了的。称乞丐为叫化子，就是因为乞丐之行为特征乃通过叫、化来讨要。《清稗类钞·乞丐类》中"花子院联"条曰："俗称乞丐曰叫化子，盖以其叫号于市而募化钱物也。"讨要可分无技能的与有技能的，后者如前文所引要经训练，自然也可能有带艺入丐者，即沦落为丐前本有某种手艺。有技能的讨要又可分为文武两类，《清稗类钞》中"丐之种类"条曰：

挟技之丐，亦或游行江湖，不专在一地。一唱，或不规则之戏曲，或道情，或山歌，或莲花落。一戏碗，以碗置于额，或鼻端或指尖而旋转之。一吞刀，置刀于口而吞之。一吞铁丸，自口吞入，于他处出之。一弄蛇，以蛇塞鼻中，使自口出。

在这里，唱的是文讨，其余的则是武讨。

一般说来，不论有技无技、文讨武讨，按行规乞丐不得蛮横霸道。然人上一百，形形色色，况乞丐乎？故也有一帮不讲道理的恶丐，强讨硬要。胡朴安《中华全国风俗志》下编《武昌乞丐之恶俗》曰："大小红白事，必为彼等设席，少不遂意，辄倾席毁具，碎碟破碗，必主家道歉，另为设席乃已。"恶丐上演之此等闹剧，《金玉奴棒打薄情郎》中有生动描写。当前任团头金老大设宴嫁女之时，金癞子曾率众丐上门吵闹，但见：

开花帽子，打结衫儿。旧席片对着破毡条，短竹根配着缺糙碗。叫爹叫娘叫财主，门前只见喧哗；弄蛇弄狗弄猢狲，口内各呈伎俩。敲板唱杨花，恶声聒耳；打砖搽粉脸，丑态逼人。一班泼鬼聚成群，便是钟馗收不得。

从此不难看出乞丐身上的一种重要习性——流氓无赖性，自然这习性是由乞丐的生存空间所决定的。《清稗类钞·乞丐类》"丐之种类"条曰："无恒产，无恒业，而行乞于人以图生存之男女，曰丐。"此界定相当准确，长期无产无业，肯定会使人的心性发生变化。

需要指出的是，丐虽处社会下位，依然是一个流动性的阶层。在历史上，丐的组成人员并不稳定，常会随自然的及人为的环境变化而变化。例如，每遇灾荒大批农民便会离乡背井出外为丐，而当难关渡过，他们又会恢复自己的农人身份。这样一批乞丐是非专业的，其角色具更替性，他们以农为主，丐只是其"第二职业"。类似的情形不少，因许多角色并不因新角色出现而消失，故一个乞丐身上常会有多种角色并存，构成所谓的角色丛。《清稗类钞》有"贫士以游学行乞"：

雍、乾间，湘、鄂之贫士失馆者，可出游。过蒙塾，得谒其塾师以乞钱。且适馆就餐，越宿而行，无阻之者。名曰游学，犹游方僧之挂单也。

这些文士行乞时并不失其原有的角色，他们亦文亦丐，其准确的称呼当为文丐或儒丐。

三

中国的乞丐出现甚早而至今犹存，并且在20世纪80年代中期以来乞丐呈增加之势。据朱光磊主编的《大分化新组合》①一书介绍，中国当前的乞丐活动范围几乎遍及全国的大小城市乃至乡镇。这些乞丐中来自农村的占90%以上，其中年龄在18岁以下的占25%，18—55岁的占65%；在性别构成上，男性乞丐约占75%—80%。该书分析产生乞丐的原因主要为生活困苦所迫、家庭原因造成及寄生思想作祟。这三点涉及物质、社会、精神诸层面，看来这些问题不解决，乞丐就不会绝迹。

"新时期"也出现了新的现象。视丐为副业只是一种不得已而为之的角色，恐怕是千百年来多数乞丐所抱的态度，前文所论丐的上攀心理也可作佐证。

但时代在更替，人心也在变化，近年来却有越来越多的乞丐抱定自己的角色乐不思迁了。据1989年《中国年鉴》载，在1980年以前，因生活困难而沦为乞丐的约占乞丐总数的80%，而到80年代末这类乞丐仅占总数的20%，把乞讨作为生财之道的职业乞丐人数明显增多。从新闻媒介中人们不时能看到今日乞丐暴发的传奇式消息。这些人白日破衣烂衫、街头行乞，夜晚则油头粉面、或赌或嫖。回到家乡，他们有豪华别墅、锦衣美食。说他们不是乞丐，他们的生活来源倒全是"行乞于人"；说他们是乞丐，可他们的富裕程度却远超一般工薪阶层。在这些人的"感召"下，某些地区整村整村的人荒废田园，欣然为丐，走上了靠乞讨脱贫致富的道路。如此自甘堕落，真个是人心不古。而另一方面，对有关研究者来说，"乞丐"一词的界定恐怕也需要重新加以审视了。

---

① 朱光磊：《大分化新组合》，天津：天津人民出版社1994年版，第431页。

巫的原始及流变

如今在一般人的心目中，巫就是那些装神弄鬼、骗人钱财的家伙，其活动纯属迷信，该当在清除之列。对这些家伙，人们俗称为"巫婆神汉"，口气中饱含着嘲讽。这样认识巫大致不差，但需要指出的是，今天的巫只是过去所言巫的末流，在上古之时巫可不是这么一副落魄相。借用鲁迅小说中人物阿Q的话说，巫的祖先可是曾经阔过的。

对巫较早作出解释的是《说文解字》，其"巫"字条曰："祝也，女能事无形，以舞降神者也。象人两舞形，与工同意。古者巫咸初作巫。"紧接着又释"觋"曰："能斋肃事神明也。在男曰觋，在女曰巫。"从这些解释可以看出，巫是"事无形"（即人眼看不见的鬼神）的人，其降神的方式是舞蹈。古时巫、觋常合称，如《荀子·正论》："出户而巫觋有事。"关于"觋"字的写法，《说文》称"从巫从见"。南唐徐锴对"见"字偏旁有一妙解："能见神也。"故巫觋本是人却又与常人不同，乃在于他们能见到神明。

居住在青藏高原的珞巴族中流传着《阿巴达尼失掉后眼》的神话，讲的就是巫与巫术的起源，颇能证明徐锴之说不妄：

阿巴达尼有四只眼睛，前面两只，后面两只，后面的是对付妖魔的。他娶了太阳的女儿冬尼海依，冬尼海依有天要他去太阳那里。他先去魔鬼给波伦布的家，看望另一个妻子——给波伦布的妹妹格辛雅明。格辛雅明知道哥哥早就想害死他，嘱咐他当心，给他一片生姜带在身上。给波伦布邀他去跳吊索，他没听格辛雅明要他少跳的话，尽情多跳。给波伦布砍断吊索，把他摔在地上，后眼摔掉了，腿也摔伤了。他把生姜贴在伤口上，给波伦布不敢来吸他的血，只带走了他的后眼。给波伦布不怕他了，放妖魔鬼怪出来到处害人。他没有别的法子，就宰杀禽畜，请"麦巴"（巫师）念咒。这样，就有了巫术、祭祀。①

这神话说，人们之所以需要巫，是因为自己失掉了后眼（或许该称为"天眼"）而无法见到鬼神。类似的说法亦见于汉文古籍。《论衡·首相》曰："仓颉四目。"四目的功能，据《太平御览》卷七四九引《书断》称："颉首有四目，通于神明。"比常人多见到一个世界，所以仓颉能创造出惊风雨、泣鬼神的文字。依这种说法，上古的巫觋大约应比普通人多一两只眼睛。

巫觋是否比常人多两只眼睛，除了仓颉及《周礼·夏官·方相氏》中提到的"黄金四目"的方相外，尚不见更多的记载，但巫觋确实具有独特的身心素质，却是于史有征的。《国语·楚语下》中观射父有一段介绍巫觋的话，他说："古者民神不杂。民之精爽不携贰者，而又能齐肃衷正，其智能上下比义，其圣能光远宣朗，其明能光照之，其聪能听彻之，如是则明神

---

① 刘城淮：《中国上古神话通论》，昆明：云南人民出版社1992年版，第505—506页。

降之，在男曰觋，在女曰巫。"也就是说，做巫觋的人，需要心性诚正，聪明圣智，人品又好，天赋又高，才能使得明神降附其身。其条件之苛刻，一如今日藏传佛教挑选转世灵童。

《说文》的释文中还提到巫咸，这是古时有名的神巫。其生活的年代已难确考，或说是黄帝时人，或说是唐尧时人，或说是殷中宗贤臣。故宋衷在为《世本·作篇》"巫咸作筮"句作注时云："巫咸，不知何时人。"巫咸的事迹在《山海经》中已有记载，并且是与群巫同时出现的。据《山海经·大荒西经》载：

> 大荒之中，……有灵山、巫咸、巫即、巫盼、巫彭、巫姑、巫真、巫礼、巫抵、巫谢、巫罗十巫，从此升降，百药爰在。

《山海经·海外西经》中还提到了"巫咸国"："巫咸国在女丑北，右手操青蛇，左手操赤蛇，在登葆山，群巫所从上下也。"此处提到的"升降"及"上下"，指的是群巫以高山为天梯上下于天，这可举出《山海经·海内经》的一段文字为证："华山青水之东，有山名曰肇山。有人名曰柏高。柏高上下于此，至于天。"所以，巫在上古扮演了沟通天地的角色。

古时人们认为巫能沟通天地，这一点在"巫"字的字形上已经透露了出来。巫字的主干为上下两横，有如天地（《说文》"二部"曰："二，天地也。"）；中间一竖，恰似天梯（《说文》中收有"｜"字，其释文正是"上下通也"）。天梯旁加上小人，乃是十分形象的"上下于天"。

巫能事鬼神、通天地，因此便具有了崇高的地位。还是那位巫咸，其功绩之一就是为统治者息妖除怪、保驾护航。《史记·殷本纪》曰：

帝太戊立，伊陟为相。亳有祥桑，共生于朝，一暮大拱。帝太戊惧，问伊陟。伊陟曰："臣闻妖不胜德，帝之政其有阙与？帝其修德。"太戊从之，而祥桑枯死而去。伊陟赞言于巫咸。巫咸治王家有成，作《咸艾》，作《太戊》。

所谓"祥"，据《玉篇·示部》："妖怪也。"妖怪之物生于朝，是殷道中衰之兆，难怪"帝太戊惧"。在这里，帝咨询的是相国伊陟，但幕后真正起作用的是巫咸。司马贞《史记索隐》曰："巫咸是殷臣，以巫接神事，太戊使禳桑之灾，所以伊陟赞巫咸。"

而在更早的时候，巫甚至可能兼任君王（或族群首领）的角色。在《墨子·兼爱下》、《吕氏春秋·顺民》、《淮南子·主术训》等典籍中都记载了"汤祷桑林"的故事，说的是汤在大旱时为求雨以自身为牺牲，其中"剪发及爪"和"将自焚以祭天"等实乃巫术的做法，许多学者据此认定汤就是一个大巫，起码他兼有巫的身份。再往前推，夏的始祖禹身上巫的痕迹就更明显了。后世巫在降神舞蹈时有一种专业性的步法，就相传是夏禹所创。《洞神八帝元变经·禹步致灵第四》曰："禹步者，盖是夏禹所为术，召役神灵之行步。……（禹）届南海之滨，见鸟禁咒，能令大石翻动。此鸟禁时，常作是步。禹遂模写其行，令之入术。自兹以还，无术不验。因禹制作，故曰禹步。"这里所述禹步来历，有美化的成分，其实，禹步只是禹的一种病态。汉扬雄《法言·重黎》："昔者姒氏治水土，而巫步多禹。"李轨注曰："姒氏，禹也。治水土，涉山川，病足，故行跛也。……而俗巫多效禹步。"禹是治水英雄，积劳成疾，导致跛足，想来当时人皆知之，并不以为怪。禹在行使巫的职责时以跛行为舞，本是不得已而为之，后世俗巫不明就里，反倒成了效颦的东施。偶然的变态或错误竟演为风习，这在人类文化史上并非罕见的事情。

巫可能是族群领袖，在中国的民族志材料中也可找到证据。云南西盟佤族在 20 世纪 50 年代以前，社会生活中巫师起着重要作用，人们无日不问巫、无事不占卜。该族的巫称"窝郎"，就是由氏族长兼任的，直至农村公社阶段仍既任村长，又是祭司，一身而二任。① 来自不同方面的材料使不少学者相信，中国上古之时君及官吏皆出于巫，君王自己虽为政治领袖，同时仍为群巫之长，或许这就是原始的政教合一吧。

在上古巫不仅可兼任首领，他身上实际集中着一个角色群。不同的角色关涉不同的知识门类，巫几乎成了那个时代唯一的知识分子。从《说文》的解释及禹的事迹中看，巫还是歌舞艺术家，并且可能是最早的。巫为了请神，必须跳舞，甲骨文中即有许多"奏舞"的记录。《尚书·伊训》曰："敢有恒舞于宫，酣歌于室，时谓巫风。"疏云："巫以歌舞事神，故歌舞为巫觋之风俗也。"在中国许多少数民族中，巫师也是能歌善舞之人。前引巫咸等十巫与"百药"同在的文字，又透露出巫即医的信息。《广雅·释诂》即曰："医，巫也。"又《说文》释"医"曰："医，治病工也。……古者巫彭初作医。"巫彭何许人也？他就是《山海经·大荒西经》中与巫咸等在灵山爬上爬下的一个巫师。其实，"医"在古时亦写作""（原文空缺）（见《国语》等书），医与巫的关系更是一目了然。"医"与"巫"二字还可连称，《论语·子路》曰："人而无恒，不可以作巫医。"俞樾平议："巫、医，古得通称。此云'不可以作巫医'，医亦巫也。"《说苑·辨物》中提到的古之医者完全就是

---

① 宋兆麟：《巫与巫术》，成都：四川民族出版社 1989 年版，第 12 页。

用巫术在治病："上古之为医者曰苗父，苗父之为医也，以菅为席，以刍为狗，北面而祝，发十言耳。诸扶而来者，舆而来者，皆平复如故。"空口说白话就能把病治好，倒与今日的某些气功大师和心理医生相似。上古由于巫即是史、巫史不分，故常有"史巫"、"巫史"、"史祝"、"祝史"等的联用。如《易·巽》："用史巫纷若。"孔颖达疏："史，谓祝史；巫，谓巫觋：并是接事鬼神之人也。"又如《汉书·地理志下》："好祭祀，用史巫。"而"巫史"的连用，则有《国语·楚语下》的"家为巫史"、《礼记·礼运》的"藏于宗祝巫史"等。固然，在三代官制中，许多史官已不再以"巫"相称，如《周礼》中所载史官有大史、小史、内史、外史、御史等，但他们执掌的事务除了记史，还有祭祀和卜筮，他们身上依然混融着巫、史两种身份。

到了战国乃至秦汉以后，巫的地位逐渐下落，其主要原因，在于巫自身的分化，医、史等角色独立了出来，巫变为了专事鬼神的神职人员。巫独揽文化知识的权利被瓜分，其在社会生活中的重要性自然降低。此外，人们对天道鬼神的态度发生了变化，怀疑的论调不时浮现，不少人认为巫鬼淫祀，惑乱民心，"巫"竟成了"诬"的同义词①。例如战国时就曾发生了西门豹投巫于河的事件。据《史记·滑稽列传》载，魏文侯时，西门豹为邺令，发现邺民贫苦，其原因是该地有祝巫导演的"河伯娶妇"闹剧。豹不信邪，到了河伯娶妇的日子，反将大巫及其弟子投入河中。遂后他主持开渠灌田，生产自救，人民日益富足。事实如铁，试想邺地之民还会信巫么？

最后，还要说一下巫的培训及产生，这方面的情况古籍记

---

① 扬雄《法言·君子》有"人以巫鼓"句，李轨注曰："巫鼓，犹妄说也。妄说伤义，甚于不言。"汪荣宝义疏："巫读为诬。诬鼓，谓诬妄鼓扇，言仅仅不实则亦已矣，又从而诬妄鼓扇焉，故其害为尤甚也。"

载不多，而民族志的材料却十分丰富。大略言之，新巫的确定，有神择和人择两种形式。所谓神择，就是由神意指定巫师人选。例如在我国北方信奉萨满教的诸民族中，由谁来继承上一代萨满（萨满教的巫师），据说是由上一代萨满的神灵来选择的。选中的标志常表现为变态的征象，出生时未脱胞衣者，长期患病或精神错乱而许愿当萨满后痊愈者，只要请一老萨满为师即可进行领神仪式[1]。至于人择，主要为依某种定规公众选举或自我推荐。有的标准较严，只在家庭内成员中选择，甚至父子相继，殷时巫咸的职位就是由其子巫贤继承的。有的则大开方便之门，几乎来者不拒，如在广西大瑶山盘瑶中，凡举行过度戒仪式的男子，只要略识之无，送点鸡、肉给师公（该族巫师），就可拜师学法[2]。确定了巫师候选人的资格后，要学习的内容还真不少，包括熟悉本族神话传说，记诵各类祷词咒语，精通经典文献，能主持祭祀、占卜、释兆，掌握巫术技能、巫医、巫舞，详知各路鬼神（其形象、特征、职能等），并旁涉天文地理。

巫师候选人学业期满，通常要举行结业仪式，算是出了师。这在各地各族又有不同，其中以锡伯族萨满的"察姑尔"仪式最为隆重惊险。据《萨满教研究》介绍，"察姑尔"为上刀梯之意。该仪式在夜晚举行，油灯四布，亮如白昼，围观者人山人海。在老萨满的主持下，上刀梯者饮罢羊血，赤足攀登三四丈高以刀刃为横杆的刀梯，然后由顶端翻落到事先张好的网中，再去滚烫的油锅中捞取炸熟的油饼分给在场众人。最后，老萨满取出一面铜镜，在羊血盆中浸一下，交给上刀梯的成功者，就算是颁发了他独立营业的执照，后者从此便有了社会公认的

---

[1] 秋浦主编：《萨满教研究》，上海：上海人民出版社1985年版，第60、64—66页。

[2] 胡起望、范宏贵：《盘村瑶族》，北京：民族出版社1983年版，第244页。

萨满称号。在"察姑尔"仪式中最令人感兴趣的是上刀梯者到达顶端手扶横杆面南而立时,老萨满要向他大声发问,完成了这段问答方算功德圆满。

问:"南边看见了什么?"
答:"伊桑珠妈妈依波耶(即女始祖萨满)。"
问:"东边看见了什么?"
答:"伊巴干(即妖怪)。"
问:"西边看见了什么?"
答:"富其和(即神佛)。"①

这情景不禁令人想起本文开头对巫觋视力的讨论。我们有理由相信,刀梯就是天梯的象征,登到梯顶便人与天齐。此刻上刀梯者好似脱胎换骨,不再是肉眼凡身,他已经具备了(或多生了)一双"能见神明"的天眼。

---

① 秋浦主编:《萨满教研究》,上海:上海人民出版社1985年版,第60、64—66页。

宗教意识论略

一 宗教观念的起源

宗教观念并不像一些神学家宣称的那样是从来就有的，而是伴随着人类的身体进化及心理发展逐渐产生的。在其他动物那里还没有出现意识，只有简单的心理活动。从低等动物到高等哺乳类动物，其心理发展经历了感觉的感性的阶段、知觉的阶段而达到智力的阶段，具备了初级的思维。而从古猿到最后形成为人，通过劳动生产、交际活动特别是言语交际出现后，逐渐形成了与动物不同的、以抽象思维为核心的意识①。这就为宗教观念的产生奠定了基础。

考古学发现，宗教观念的产生还是近万年的事情。在距今约万年的北京猿人遗址中，发掘发现死者的尸骨是随意抛弃的，这表明当时的古人类还没有产生在死后他们的"灵魂"将到另一个世界继续"生活"的宗教观念。同时，通过对这一时期的一些猿人遗址中石器的分析，也没有发现任何带有宗教观念的

---

① 波果斯洛夫斯基等著，魏庆安等译：《普通心理学》，北京：人民教育出版社1979年版，第4章。

痕迹。

　　自从人类有了意识特别是自我意识以后，对"死亡"就逐渐有了一定的认识。另外，人在死亡后的状态与睡眠时的状态的区别在早期人类那里还无法分清。在睡眠中自然会产生一系列梦境，人们便会推测出这时身体虽不活动却有另一样东西在活动，这就是"灵魂"的观念。进一步推论人死后躯体不动了甚至腐烂了，但灵魂这种东西还会继续存在。由此可见，躯体不过是灵魂的寄居所，躯体可灭而灵魂永存。正如弗·恩格斯所说"在远古时代，人们还完全不知道自己身体的构造，并且受梦中景象的影响，于是就产生了一种观念：他们的思维和感觉不是他们身体的活动，而是一种独特的寓于这个身体之中而在人死亡时就离开身体的灵魂的活动"[①]。灵魂观念与宗教观念的产生有密切的关系，可以说是宗教观念最初的萌芽。

　　考古学及人类学的资料可以让人们略窥灵魂观念起源之一斑。在距今约万年的北京山顶洞人遗址中，发现了在活人生活的洞穴下方有专供埋葬死者的"洞室"，死者的身上和周围还撒有赤铁矿的粉末。在欧洲距今万年前的尼安德特人的墓葬中，遗骸周围也有红色碎石片，并且遗骸的放置有特定的方位，一般都是头东脚西，还有许多随葬的工具。这说明山顶洞人和尼安德特人已有彼岸世界的观念，因此给死者准备了充足的到另一世界去生活的能量和物品。"对死者的遗骸撒以赤铁矿粉末，是认为人的鲜血是灵魂寄居的所在，带有'输血'的含义。人们相信，赤铁矿粉末能使死者的'灵魂'归来，并到'永恒'的世界去中'生活'，……一些人类学家通过长期的观察和研究，发现近代澳洲和非洲一些尚处在原始阶段的部落氏族也有

―――――――――――
① 《马克思恩格斯选集》第4卷，第219页。

这种葬俗。"①

综合以上材料，可以得出数万年前的古人类已具有最初的宗教观念的推论。在其后的岁月中，以宗教观念为基础人们创造出多种多样的宗教形式，逐渐形成了明确稳固的宗教意识。

二 宗教意识及其表现

宗教是一种社会历史现象，是人类社会意识的一种形态，是感到不能掌握自己命运的人们面对自然、社会与人生时的自我意识或自我感觉，因而企求某种超越自然的力量作为命运的依托和精神归宿②。在宗教现象中处于核心地位的是宗教意识，因为只有当社会现象和人的活动与宗教意识联系在一起时，这些现象和活动才能转化为宗教现象和宗教活动。可以从几个方面来看这个问题。首先，一切宗教情感都是宗教意识的外在心理表现，那种所谓天赋的宗教情感是不存在的，信徒的宗教情感是以具备宗教意识为前提的，都是在宗教意识支配下发生的。其次，一切宗教礼仪活动都是宗教意识的行为表现，没有宗教意识支配的礼仪就不是宗教礼仪，只有信徒在相信现实世界之外还存在着超自然、超人间的神秘境界和力量并主宰着自然和社会而以之为崇拜对象时，他们的行为才成为宗教礼仪。最后，一切宗教机构也都是宗教意识的组织表现，因为宗教组织是信徒为了宣传其宗教信仰和实行宗教礼仪活动而建立起来的，其目的在于使信徒的宗教意识更加巩固并使更多的人确立宗教意

---

① 罗竹风主编：《宗教通史简编》，上海：华东师范大学出版社1990年版，第6页。

② 《中国大百科全书·宗教卷》，北京：中国大百科全书出版社1988年版，"宗教"专文。

识。由此可见，宗教情感、宗教礼仪和宗教组织都是宗教意识的表现形式，只有以宗教意识为核心结合起来，才能构成为宗教。① 无论是世界传播最广泛的基督教、伊斯兰教、佛教等宗教，还是一些土著民族中尚存的原始宗教，所体现出的宗教意识都有一些共同的特征。这些共同特征中最主要的就是对超自然力量的信仰和崇拜。当然，仅仅承认超自然的力量还不够，宗教要求其信仰者要充满感情地对待它，这就是宗教情感。人们在各种宗教的礼仪活动中，都能看到宗教意识带着宗教情感色彩的外在表现。

许多宗教在其发展演变过程中逐步形成了相应的典籍，如基督教的《圣经》、伊斯兰教的《古兰经》等。这样，在宗教意识的表现上就可以区分出典籍上的宗教意识和实际中的宗教意识。前者存在于宗教典籍中，代表了宗教创始人和典籍编纂者的宗教意识，是不可改变的。而现实社会中的宗教信徒，其宗教意识受所处经济文化环境的影响，会与典籍中的有所差异。不同时代的信徒以及同一时代不同派别的信徒对宗教经典常有不同的解释，就说明了这种差异。相对来说，实际中的宗教意识与现实社会生活的关系更加密切，更重视实用价值，功利性较强，情感色彩也较浓。从心理学、社会学、人类学等学科的角度看，研究实际社会生活中人们的宗教意识价值更大。另外，在宗教的专业神职人员与普通信仰者之间，也能发现宗教意识表现上的差异。

在现实社会中，宗教意识深藏在每一个信仰者的心中，要深入了解它，只有通过信仰者的外在表现。在通常情况下，宗教意识是通过宗教情感和宗教行为来表现的。关于宗教情感，

---

① 陈麟书编著：《宗教学原理》，成都：四川大学出版社1986年版，第212—213页。

本文另有专论,下面只简单叙述一下宗教行为的几种主要形式。

先看巫术,这是一种广泛存在的宗教现象,在原始宗教和古代宗教中占有十分重要的地位。巫术是"指为达到某种目的,幻想借助于超自然的力量对客体施加影响或控制而产生的一系列行为"①。由此可见,巫术的外在表现是施行者的一系列行为,但其本质则是人们的某种意愿。"任何一种巫术都是为了某种目的,没有目的的巫术是没有的②。"如我国西南的普米族巫师为人治病时有如下行为表现:巫师站在患者身旁,手捧一竹盆,内装石子,先从患者身边往外掷石子,然后泼水,再往屋外撒石灰,同时口中念道"烂鬼,你滚吧!不要在家里捣蛋,不然我就收拾你。"这种巫术行为的目的显而易见,即驱鬼祛病。此外,人们因干旱盼甘露才会有祈雨巫术,因为要置敌于死地才会有诅咒巫术,因为要逃脱鬼神之才会有避邪巫术等等,皆可从外在行为中窥见其深层之宗教意识。英国著名人类学家弗雷泽在更为普遍的意义上探讨了巫术行为所包藏的信仰。他将巫术分为两类:一是模拟巫术,即人们认为通过模拟便能够实现他想做的事;一是接触巫术,即人们认为通过曾经与某人接触过的物体便可以对其人施加影响。这两类巫术包含了人们的两种信仰,前者弗雷泽称之为"相似律",即彼此相似的事物可以产生同样的效果;后者称之为"接触律",即物体一经接触,在切断实际接触后;仍继续远距离的相互作用。弗雷泽更将以上两类巫术统称为"交感巫术",因为两者都认为物体通过某种神

---

① 陈国强主编:《简明文化人类学词典》,杭州:浙江人民出版社1990年版,第245页。

② 宋兆麟:《巫与巫术》,成都:四川民族出版社1988年版,第215页。

秘的感应可以超时空地相互作用①。弗雷泽的观点至今仍被学术界广泛引用。

除巫术外,其他常见的宗教行为还有禁忌。所谓禁忌,乃是"指与原始宗教观念相联系的行为上的限制和禁止②"。禁忌最初在原始宗教中流行,后来一些宗教将它进一步规范化、系统化,就形成了戒律。宗教礼仪也是十分重要的宗教行为,它是宗教信仰者"同超自然进行交往的时候,所采取的具体的、象征性的态度和行为③",它既是宗教意识的表现,又能强化人们的宗教意识。每种宗教都有大量的宗教礼仪,在多数宗教中礼仪几乎就是与宗教意识相对应的整个宗教行为。信徒的言论也是表现其宗教意识的一种行为形式,当然,普通的信徒难得有机会在公开场合发表自己的宗教言论。因此,这方面的研究在材料搜集仍有相当的困难。宗教意识还表现在信仰者使用的宗教标志上,如基督教徒佩带的十字架、佛教徒悬挂的念珠、宗教神职人员穿戴的特殊服饰等。在宗教建筑、宗教雕塑、宗教绘画等创造活动中,也能发现所蕴涵的宗教意识。西方人类学家曾从全世界宗教中总结出十二种宗教活动,即祈祷、音乐、生理经验、规劝告诫、吟诵法规、模拟、灵力或禁忌、宴会、牺牲、集会、神灵启示和符号象征,认为这种种活动均表达着人类渴望与超自然取得联系的意愿④,这意愿正是人类的宗教

---

① 乔·弗雷泽著,徐育新等译:《金枝》,北京:中国民间文艺出版社1987年版,第三章"交感巫术"。

② 陈国强主编:《简明文化人类学词典》,杭州:浙江人民出版社1990年版,第491页。

③ 祖父江孝男等主编,山东大学日本研究中心译:《文化人类学百科辞典》,青岛:青岛出版社1989年版,第326页。

④ C. 伯思,M. 恩伯,杜杉杉译:《文化的变异》,沈阳:辽宁人民出版社1988年版,第489—495页。

意识。

三 宗教情感

情感亦称感情,是人们对客观事物态度的一种反映,是伴随着认识活动和意志活动而出现的。人类的情感虽也与某些生物需要有联系,但主要是在后天环境中形成的,因此受着各种社会关系的制约。情感往往有较大的稳定性和深刻性,而在不同情景下的情感表现则称之为情绪。人们在谈到科学与宗教的区别时,常喜欢说前者是理智的而后者是情感的,这种说法有一定的道理。确实,宗教情感是宗教意识的不可或缺的组成部分,也是极具特色的部分,是宗教信仰者对宗教或对宗教神灵敬畏、依赖、笃信等态度的反映,有人也将其称作宗教体验、宗教经验[1]。宗教情感虽然有自己的特殊性,但它也与人类的其他情感形式一样,是后天的产物而不是先天就有的,这一点在前面考察宗教观念的起源时就已经看得很清楚了。在人类历史的早期,宗教观念尚不具备,宗教情感就更加谈不上了,马克思在《关于费尔巴哈的提纲》中正确指出"'宗教感情'本身是社会的产物"[2]。一个人生下来后,在一定的社会环境下接受了神(超自然力量)主宰万物的观念,把一切现象都归结为神的安排,生活顺利时便认为是神的赐福,遇到挫折时便认为是神的惩罚,由此产生感激、欢乐、恐惧等情感体验,遂成为特定的宗教情感。在心理学中,宗教情感属于情操的范畴,是人对具有一定文化价值或社会意义的事物所产生的复合情感,乃

---

[1] 威廉·詹姆斯讨论宗教情感的名著为《宗教经验种种》,而吕大吉在其主编的《宗教学通论》第一编第三章将宗教感情与体验并提。

[2] 《马克思恩格斯选集》第1卷,第18页。

高级情感。心理学家认为"情操受社会、文化和历史条件的制约,它是在人的心理发展过程中形成的,主要是教育和环境影响的结果①。"这与本文前面对宗教情感的认识是一致的。宗教情感常有强烈的外在表现,如欧洲历史上包括农夫和儿童在内的形形色色人物踊跃参加"十字军东征"、世界各地的穆斯林激动得痛哭流涕地朝拜麦加圣地,以及许多藏传佛教信徒不远千里一步一叩前往拉萨的布达拉宫等。大略而言,宗教情感可包括惊异感(自然景观之壮伟、宇宙结构之精巧可引起惊奇,自然规律、宇宙秩序的反常变化更能导致惊异)、神秘感(神能知道人的一切,能支配人的命运,认为神的能力深不可测)、敬畏感(承认神的万能,以为虔诚敬奉就可得到恩赐,如触犯威严则必遭惩罚)、依赖感(感到自己能力有限,人在大自然中是渺小的,只有依靠神才能渡过难关)等内容,宗教信徒就是由惊异、神秘、敬畏、依赖而逐渐在自己与神灵间建立不可分割的牢固联系,最终达到笃信宗教的地步,不仅自己不敢怀疑、不愿怀疑,也不能允许他人表示怀疑。因此,宗教情感在某些场合表现出一种宗教狂热,而相互之间伤害了宗教情感常会酿成生死相搏的悲剧。

宗教情感在宗教意识中既极具神秘性,又有明显的外在表现,所以它引起了无数学者和神学家的注意。早期神学家提出宗教情感天赋说,将宗教情感视为高于人类其他情感的特殊物,认为宗教情感是与生俱来的,试图由此证明对宗教的信仰是人类的本性。对宗教情感进行科学研究的主要是心理学家。在这方面影响最大的是美国心理学家威廉·詹姆斯,他将宗教情感称为宗教经验,认为它是难以言喻的,具有完全的绝对的存在

---

① 荆其诚主编:《普通心理学》,北京:中国大百科全书出版社1987年版,第175页。

特性，这种神秘的宗教经验是乐观主义的，描绘的世界是统一的①。精神分析学说的创立者弗洛伊德则把宗教情感看成是一种异常心理的表现。近来又有人指出宗教情感是人们对于超自然现象产生的既敬畏又有所求的心理。总的说来，宗教情感是人们在特殊的后天环境中形成的，而一经形成就表现出较强的稳定性。如许多宗教的忠实信徒一生恪守戒律，就是死后也要求以所信奉宗教的仪式安葬。对局外人来说，宗教情感的种种表现是难以置信的，"但虔诚的宗教信徒、耽于迷信的普通人和神秘主义的虔修者所表露出的宗教感情和宗教行为，却是真诚的"②。在某些情况下，宗教情感能与民族情感结合在一起，如阿拉伯民族和中国西北地区的一些民族几乎是全民信奉伊斯兰教，宗教习俗与民族习俗已不可分，宗教情感与民族情感合二为一，成为组成其民族心理的重要部分。这种结合能使宗教情感影响力更强大、持续时间更久远。

---

① 墨菲等著，林方等译：《近代心理学历史导引》，北京：商务印书馆1980年版，第276—280页。

② 吕大吉主编：《宗教学通论》，北京：中国社会科学出版社1989年版，第225页。

试论宗教与民族心理

宗教与民族心理的关系可以从两个方面来考察。首先，某种宗教的产生和传播与当时当地的民族心理是有密切联系的。为什么基督教不是发轫于东方？为什么伊斯兰教能在阿拉伯民族中生根？佛教又为何在其原产地印度衰落而在别处得到发展？以上种种说明各地区的人民创造及接受某种宗教是有条件的，他们要选择能适合自己民族文化、民族心理的宗教信仰形式。其次，一个地区或一个民族一旦选择了某种宗教信仰形式，在其后的历史发展中，该宗教就会对这些民族的文化和心理产生一定的影响，从而制约着他们日后对各种事物的反映。如对资本主义为何形成于西方的问题，德国社会学家马克斯·韦伯就曾从宗教精神的特征论述了基督教新教伦理对资本主义发生发展的制约作用。[①] 本文将从宗教的产生与传播过程考察一下它与民族心理的关系。

---

① 见韦伯著，黄晓京等译《新教伦理与资本主义精神》，成都：四川人民出版社1986年版。

一　佛教与东方

佛教的产生是有其特定的社会因素和心理因素的。公元前七世纪以前在古印度形成的婆罗门教实行种姓制度，将人依次分为婆罗门（祭司）、刹帝利（武士）、吠舍州（平民）、首陀罗（奴隶）四个种姓，规定各种姓间的界限是不可逾越的。至公元前六世纪，经济和文化的发展使掌握军政权力的刹帝利种姓实力大增，他们不再甘心居于婆罗门之下的地位，遂联合其他种姓起而反对婆罗门的特权。

释迦牟尼创立的佛教正是适应了这种社会心理需求。因为婆罗门的特权地位是婆罗门教的教义确定的，所以佛教的教义就是直接针对婆罗门教的。如婆罗门教宣扬世界万物"常住不变"，以此保证"婆罗门至上"，而佛教则提出诸行无常，这就给较低的种姓以希望。同时，佛教宣扬"因果报应"、"生死轮回"等教义，能满足下层人民的心理，使他们认为在现世的痛苦可在来世得到补偿。因此，佛教很快在古印度发展成有一定影响的宗教。

到了公元前3世纪，由于古印度的统治王朝将佛教奉为国教并派人向周围地区传教，原来只流行于印度恒河流域的佛教，从此遍传南亚次大陆并逐渐影响到东至缅甸、南至斯里兰卡、西到叙利亚和埃及的广大地区，成为世界性宗教。7世纪后，佛教在其发源地印度渐趋衰落，这主要是由于印度统一王朝瓦解，佛教已不能适应此时的社会及心理需要，而为印度教及侵入的伊斯兰教所取代。直到19世纪，印度人民要求民族独立，佛教又起到一定的作用，遂得以复兴。

佛教在印度衰落，却在邻近的中国得到了迅速发展。佛教是在西汉末期经帕米尔高原传入东亚地区的中国,开始只在上层人士中传播。到了三国时期,翻译的佛经渐多,佛教的影响逐渐扩大。南北朝时期,由于统治阶级的大力扶持,佛教广为流行,寺庙及僧尼大增。隋唐时期,佛教进入鼎盛阶段,产生许多宗派。在其后的一千多年时间里,佛教与中国传统文化相结合确立了牢固的地位,中国成为世界佛教传播的重要中心。

佛教在中国的传播过程反映出宗教与民族心理的相互调适关系。佛教传入时,中国已是一个有灿烂文明的国家,以宗法伦理思想为核心的儒家学说有着深厚的群众基础,外来文化要想在此立住脚跟是十分困难的。但佛教大规模传入正是在东汉末和三国时期,当时战乱频繁,人民困苦,儒家学说的正统地位因政治动乱而动摇,佛教既能给人民大众以一定的心理慰藉,又能满足封建上层势力的统治需要,因而得以传播开来。正如任继愈先生所说,"东汉末年以来由于儒家统治地位的动摇所带来的思想文化的活跃,特别是许多学者对儒家的攻击批判,为佛教思想的传播提供了十分有利的条件。而由于老庄学说地位的不断提高,玄学的形成和盛行,也为佛教在义理上的普及,奠定了思想基础。"[①] 当然,儒家学说及东汉中叶产生的道家思想依然势力强大,佛教要真正扎根必须吸收和顺应这些传统。佛教确实这样做了,如在佛经翻译上采取"格义"的方法,即用儒、道的概念和范畴来比附和阐述佛经,佛教还表示拥护儒家的一些观念(如仁、义、礼、智),把儒家的一些观念纳入佛学(如孝道、中庸);佛教也吸收了道教的一些法术性宗教仪式;甚至在供奉神祇上佛陀也越来越居于次要地位,而让位于迎合中国人心理的菩萨。以观世音为例,看看佛教在中国的演

---

① 任继愈:《中国佛教史》第一卷,北京:中国社会科学出版社1981年版,第113页。

变过程。观世音原是印度某国王的长子,后其父成为阿弥陀佛,他就成了阿弥陀佛的侍者。南北朝时,中国佛教女信徒增多,根据男女有别的观念,女信徒希望供奉女性神,为了适应这一需要,观世音就被从男性改为女性,成了大慈大悲的、救苦救难的女菩萨。到了唐代,为隐避太宗李世民名讳,"观世音"改称"观音",这也是对中国王权至上文化传统的适应。到宋代,观音的国籍和民族也被改换,说成是春秋时楚庄王的女儿,其显灵说法的到场也被定在中国浙江的普陀山。观音的神通也越来越大,从救苦救难、救世造福一直到扶正祛邪、送子送财,无所不能,信徒的任何心愿均可求助于观音。这样,适应中国民族心理、按中国人意愿改造过的观世音菩萨,在中国佛教中就居于十分显赫的地位了,普通信仰者可能不知道释迦牟尼,却不会不知道观世音。佛教就是经过上述吸收、融化、顺应而为我国人民所接受,深深扎下根来,成为具有中国特色的宗教的。

佛教主要分布在世界的东方,包括东亚、东南亚和南亚部分地区,在有的国家中被奉为国教。在其传播过程中,均有与中国类似的与民族心理、民族文化相互融合、相互顺应的过程。佛教对这一地区的政治、经济、科学、文化乃至语言,都产生了显著影响,至今依然能在多数民族的衣食住行等方面找到佛教的痕迹。

二 基督教与西方

公元前后建立的横跨欧、亚、非的庞大的罗马帝国,境内阶级矛盾和民族矛盾十分尖锐,东西方文化思想的渗透,使各种形式的宗教到处孳生、流传。基督教在公元一世纪起源于中东巴勒斯坦，初期的教徒大多是贫民和奴隶，对统治者极端仇视，但又觉得无力改变现状而寄希望于基督再临世上，毁灭世上一切不义，为己复仇，伸张正义。因此，基督教"最初是奴隶和被释放的奴隶、穷人和无权者、被罗马征服或驱散的人们的宗教"①。

相对于当时罗马帝国其他形式的宗教，基督教更能适应广大民众的社会心理需求。基督教宣称各族在上帝面前都是平等的，因而在各民族杂居的罗马帝国内迅速传播。基督教鼓吹任何人（包括罪人）只要信奉基督教就可得救，并规定信徒可"因基督的牺牲而得救"，不需要自己去作出牺牲，这就使其具有极大的吸引力。基督教还简化了当时宗教中奉行的烦琐的清规戒律，更便于信仰者实行。

由于以上特点，到了3世纪中叶，基督教已几乎在罗马帝国全境建立了教会。这时，罗马帝国正呈现出衰亡征兆，人们对"罗马保护神"也不像过去那样崇拜了，帝国统治集团中的一些新兴势力也日益看到基督教的广泛存在性，同时基督教也积极争取统治集团的承认。至4世纪末，基督教终于被定为罗马帝国的国教，从此开始迅速发展。北方蛮族对罗马帝国的侵扰使帝国陷入分裂和覆灭，基督教便伴随着希腊罗马文化向欧洲大陆传播。当时欧洲存在续道蛮族王国，彼此征战，为增强自己的实力，各国统治者纷纷利用基督教，并以基督教作为统治其他民族的工具。这样，到10世纪，整个欧洲已成为基督教的世界。欧洲中世纪，基督教正统教会曾为欧洲封建社会的支柱。教皇成为至高无上的统治者，并把哲学、政治、法律等置于神学控制下。到目前为止，基督教已在欧洲、南北美洲、大

---

① 《马克思恩格斯全集》第22卷，第525页。

洋洲这四个西方文化圈中占据牢固的地位。

基督教在西方世界的传播过程中也作出了对当地民族文化和民族心理的顺应和调适。各民族的传统宗教形式并未被彻底摧毁，而是当地的宗教、仪俗以及神话形象与基督教相融合形成多种宗教混融体，即双重信仰。本地神与基督教的圣者相融合，并冠以其名，仍为人们所敬奉（如斯拉夫人所奉的神佩伦和维列斯，分别冠以伊利亚和圣弗拉西之名等），传统的民间仪礼（主要是与农事节期有关者），则与教会的节期相合（诸如圣诞节、显理节、谢肉节等）。①另一方面，基督教对西方文化及民族心理的形成和发展也产生了极大的影响。对西方各民族来说，人的一生中大转折时皆可看到基督教的影子，人们出生时便受到洗礼、取教名、任教父，结婚需在教堂中进行，死了也要采取基督教的安葬仪式。许多人还要参加每周在教堂的礼拜，《圣经》则是民众耳熟能详的典籍。毋庸置疑，基督教已成为当今西方文化和民族心理中不可分割的部分。

三 伊斯兰教与阿拉伯

在伊斯兰教创立之前，阿拉伯半岛的居民已有自己的原始宗教。这里的地貌以沙漠为多，人们在旅行时以星座辨别方向十分重要，因此有了天体崇拜，同时还崇拜水、火、树、石等自然物以及根据环境特点想象出的"沙漠精灵"。对天体的崇拜使得一块从天而降的黑陨石成了古代阿拉伯人特殊的崇拜物，这块圣物放置在麦加的克尔白神庙。麦加的居民是一个叫古莱西的部落，他们的保护神是"安拉"，其他氏族部落也有各自的

---

① 托卡列夫著，魏庆征译：《世界各民族历史上的宗教》，北京：中国社会科学出版社1985年版，第573页。

保护神。

5世纪和6世纪时，阿拉伯半岛处于社会大变动时期。为争夺水源和牧场，各氏族部落常常兵刃相向，血族复仇也很盛行，使得阿拉伯半岛战乱不息、四分五裂、平民百姓纷纷破产，有些氏族贵族也因战争失利而没落。周围其他国家对商路的封锁以及外族的入侵，更加剧了半岛的社会经济危机。在这种情况下，阿拉伯各阶层人民产生了要求本民族统一的迫切愿望，而氏族部落各自崇拜的保护神就成了统一的障碍。

伊斯兰教正是在这样的社会及心理背景下产生的。7世纪时，穆罕默德自命为先知，以"安拉"为世界独一无二的神，称自己受安拉差遣来向世人传教。他提出"和平与安宁"、"禁止高利贷"、"施舍济贫"等主张，既反映了上层社会的要求，也符合深受压迫和剥削的广大民众摆脱困境的愿望。他打破了以血缘关系为基础的氏族部落界限，号召不分种族、部落和家族，"穆斯林都是弟兄"。在麦地那组成以他为核心的穆斯林公社，修建清真寺，逐步完善了礼拜、斋戒等宗教制度，作出一系列政治、经济、法律规定，提出有关伦理道德等方面的主张，并四处派遣传教使者，扩大伊斯兰教的影响。穆罕默德率众攻占麦加后，清除了克尔白神庙中的偶像，但留下那块黑陨石，象征着伊斯兰教信仰同阿拉伯地区原始宗教的渊源关系。从此，伊斯兰教成了阿拉伯民族统一、团结的旗帜。短时间内，阿拉伯半岛各部落相继皈依伊斯兰教，政治渐趋统一。至今，伊斯兰教仍被阿拉伯及世界许多国家奉为国教。

伊斯兰教"是适合于东方人的，特别是适合于阿拉伯人的"[①]。伊斯兰教在阿拉伯半岛的创立和传播很明显是迎合了阿

---

① 《马克思恩格斯全集》第22卷，第525页。

拉伯人民要求民族统一和生活安定的心理，也说明半岛其他的氏族部落宗教无力承担起统一阿拉伯民族意识形态的任务。作为对民族文化的顺应，伊斯兰教吸收了阿拉伯民族原始宗教的一些内容及阿拉伯古代先知的故事传说，这从其根本经典《古兰经》中就可以看出。

伊斯兰教的一个明显特点就是用宗教手段干预穆斯林生活的各个方面，从个人到家庭直至整个社会生活。因此，在阿拉伯民族（也包括其他信奉伊斯兰教的民族）的文化上和心理上均带有伊斯兰教的明显痕迹。以婚姻生育为例，伊斯兰教允许多妻，鼓励多生，视避孕、流产、节育为违背神意，所以在生育意愿上穆斯林希望多生孩子。如在1970—1979年间的苏联，据统计穆斯林人口增长率为非穆斯林的4倍。[1] 由信奉伊斯兰教的阿拉伯民族组成的穆斯林国家（如沙特阿拉伯、阿曼、约旦、叙利亚、阿拉伯也门共和国、也门民主人民共和国等），其出生率也均居世界前列。[2]

四　中国各民族的宗教

中国是一个多民族、多宗教的国家，从原始宗教到佛教、基督教、伊斯兰教同时并存，其中佛教已有两千年左右的历史，伊斯兰教有一千三百多年的历史，基督教在唐代已传入近百年来，各教在中国仍在发展。这些外来宗教一经传入，即与中国悠久的文化传统相互影响或融合，带上了浓厚的中华文化特色。中国本土宗教道教也有一千八百多年的历史，它一直在中国土

---

[1] 梁中堂：《人口学》，太原：山西人民出版社1983年版，第226页。
[2] 毛汉英等：《世界人口地理手册》，北京：知识出版社1984年版，第60—72页。

地上繁衍发展，后来传播到邻近的一些汉文化圈国家。但是，在全国范围的人口总数中中国宗教徒的人数历来居少数，而且在历史上各统治集团对各种宗教大多采取兼容并蓄的宽容态度，很少有一种宗教居于"国教"地位。在西北、西南的少数民族聚居区，有的民族历史上曾经有过较长的政教合一时期（如西藏藏族），宗教文化和民族文化融合在一起，这些民族中的宗教信仰者人数可占总人数的绝大多数。

在广大的汉族地区的宗教观念上以天命崇拜和祖先崇拜为主要内容。汉族是一个从事农业生产的民族，因此其宗教观念一开始就把上天的风调雨顺放在重要的位置。汉代以来，儒家思想一直占据统治地位，其天命观和伦理纲常支配着人们的思想和行动。儒家重视人的现实关系和利益，因而使汉族形成务实的特点，对宗教是时信时不信、无事不信有事信。为了求得庇护，既敬佛陀、观音，又可敬神仙、上帝，专一信仰某一宗教的人并不多。汉族几千年来形成的以血缘为基础的宗法社会，体现在宗教观念上就是对先祖的崇拜，它渗透到汉族的每个家庭中，成为牢固的民族习俗。总而言之，汉族地区宗教特点受儒家思想影响极大，一方面系统信仰某一宗教的人极少，另一方面如祖先崇拜等民间宗教信仰形式又极普及。

中国汉民族形成的系统宗教是道教，它产生于东汉中叶，渊源于古代的巫术和秦汉时的神仙方术。张陵在四川奉春秋时老子为教主（称太上老君），以《道德经》为基本经典，同时吸收巴蜀地区少数民族的原始宗教信仰，创立"五斗米道"。他自称梦遇太上老君传与道法，公开传教并用符水咒语为人治病，一时投奔者颇多。后来又有张角创"太平道"，和其弟子四方传道治病，徒众达数十万。五斗米道和太平道便是早期道教的两大教派。道教的出现顺应了当时民众渴望温饱平安的心理需求，又采取了民间常见的宗教信仰形式，有较强的生命力，因而能在社会上产生较大的影响。

道教最大的特点是其民间性。它没有像世界三大宗教那样系统严密的宗教伦理，却保持了画符念咒、驱鬼治病、祈福禳灾等原始宗教仪式，其所尊奉的是庞杂的神仙系统，其中也不难找到早期自然崇拜、图腾崇拜等形式的痕迹。因而，在中国民间系统信奉道教的人并不多，但为某种需要而供奉道教某些神祇的却大有人在。如道教中的八仙、关帝、财神、灶神、土地、福禄寿星、妈祖（天后娘娘）等，早已深入人心，得到广泛的崇拜。许多家庭中藏有这些神像，并在规定的日子里上供。此外，中国民间宗教虽然派系众多、思想渊源复杂，但多与道教在思想上或组织上有一定的联系。

中国各少数民族中的宗教信仰形式也是既有原始宗教，又有佛教、伊斯兰教、基督教、道教等。原始宗教的各主要形式如自然崇拜、图腾崇拜、祖先崇拜、萨满教等都很常见，巫术也很流行。西北地区的回、维吾尔、哈萨克、柯尔克孜、塔吉克、乌兹别克、塔塔尔、东乡、撒拉、保安等各民族普遍信仰伊斯兰教。伊斯兰教在政治、经济、文化及心理状态上均产生极大影响，一些宗教习惯已转变为民族习惯，如忌食猪肉，忌吃一切动物的血和自死之物，人们结婚多择"主麻"日（每周五的聚会），人死后用清水洗尸和白布裹身，请阿訇念经并从速举行不用棺材的土葬等。藏、蒙古、裕固等族信仰藏传佛教，白族等信仰大乘佛教，傣族等信仰小乘佛教，各自的民族文化也与宗教文化紧密地结合在一起。如西藏藏族地区长期实行政教合一制度，各种民间活动均带宗教色彩；傣族男子在一生中则几乎都要到寺庙当一段时间的和尚，并以此为荣，否则便无社会地位。信仰基督教的民族较少，只有俄罗斯族及傈僳、怒、苗等民族中的部分人信奉。汉族固有的道教在一些与汉族杂居的少数民族地区，特别是南方少数民族地区（如壮、布衣、土家、侗、京等民族）有一部分信仰者，太上老君、张天师等是人们十分熟悉的神祇。另外，许多少数民族虽不系统信奉道教，但由于历史上与汉族文化的相互影响，其民族民间宗教中亦渗入许多道教（也有佛教）的内容。例如瑶族，其宗教师的道具和经书很多就是从道教中借用来的，所供鬼神偶像也多是从道教中搬来的。广东连南的瑶族，在鬼神概念还区分不清时就接受了太上老君，认为这是最大的神，其余的都属于鬼，有太上老君印信的纸钱才能使用，别的都是冥府中行不通的"伪钞"①。

五　结束语

上文讨论了佛教与东方、基督教与西方、伊斯兰教与阿拉伯地区的关系及中国本土的各种宗教，从中可以得出宗教与民族心理之间的一些规律性的东西，现总结如下。

首先，民族心理偏离稳定状态是宗教产生与传播的有利时机。从心理上说，人们习惯于恒常而惊异于变动。费尔巴哈在谈论宗教的本质时曾说过："唯有自然的变易才使人变得不安定，变得谦卑，变得虔诚"，"如果太阳老是待在天上不动，它就会在人们心中燃起宗教热情的火焰"②。同样，社会的动荡也会引起人们心理上的失调。人们固有的价值观、人生观、世界

---

① 覃光广等：《中国少数民族宗教概览》，北京：中央民族学院出版社1988年版，第369—370页。

② 转引自赖永海《宗教学概论》，南京：南京大学出版社1989年版，第215—517页。

观会发生动摇，从而对传统提出质疑、对现实产生恐惧、对未来失去信心。而宗教恰恰使人们有所依赖、有所寄托，在心理上动荡不安的群体中极易引起共鸣。上文所述的几大宗教无不产生在社会动乱、人心不稳之时。心理学研究表明，人们之所以信仰宗教，就是因为几乎所有的宗教都表现出对人类的生活具有一定的价值，能给人以心灵上的慰藉①。

其次，宗教的产生与传播要适应所在地域的民族心理，而欲达此目的就必须采用人们熟悉的文化内容与形式。"我们看到，宗教一旦形成，总要包含某些传统的材料，因为在一切意识形态领域内传统都是一种巨大的保守力量。"② 例如基督教是"从普遍化了的东方神学，特别是犹太神学和庸俗化了的希腊哲学，特别是斯多葛派哲学的混合中"产生的③。伊斯兰教、佛教、道教等亦无不如此。有如佛教在向中国传播过程中采用的"格义"手法，佛教系统的中国化等也证明了这一点。而作为反证，"伊斯兰教由于保持着它的特殊东方仪式，它的传播范围就局限在东方以及被阿拉伯贝都英人占领和新移植的北非。在这些地方它能够成为主要的宗教，在西方却不能。"④

再次，宗教是时代精神的产物。时代精神是民族心理表现在时间轴上的特征，心理学十分重视时代精神对人类各种思想体系产生的影响⑤。宗教思想体系的产生自然也脱离不了时代精神的制约。如伊斯兰教的产生就是顺应了当时阿拉伯半岛各阶层人民要求本民族统一的迫切愿望，因而"阿拉伯团结统一"

---

① 张春兴、杨冈枢：《心理学》，台北：三民书局 1980 年版，第 515—517 页。
② 《马克思恩格斯选集》第 4 卷，第 253 页。
③ 《马克思恩格斯选集》第 4 卷，第 251 页。
④ 《马克思恩格斯全集》第 19 卷，第 353 页。
⑤ 舒尔茨著，沈德灿等译：《现代心理学史》，北京：人民教育出版社 1981 年版。

的旗帜和"穆斯林都是兄弟"的口号使得阿拉伯半岛各部落相继归信了伊斯兰教。可以说,"顺时者昌,逆时者亡"的名言在宗教的产生传播中同样适用。

最后,也要看到民族心理有地域上的差异,以民族心理为基础的时代精神自不能外。因此,受它们制约的宗教也必然显现出地区的、民族的差异。本文已不止一次地提到过"一种新的宗教思想信仰,传到一个陌生的民族中间……要善于迎合当地群众的思想和要求,并且采取一些办法以满足他们的要求。"①这样一来,宗教就打上了区域文化的民族心理的烙印。例如,藏传佛教就是大量吸收西藏早期宗教(本教)的神祇和仪式而西藏化了佛教,因而表现出以大乘佛教为主,其经典主要属汉传系统的北传佛教及小乘佛教为主,与经典为巴利文系统的南传佛教有极大的不同。再引申一步,宗教在某一地域、某一民族中扎根之后,便会对民族心声、民族文化产生一种反馈,这也就是在本文开头所提到的考察宗教与民族心理关系的另一视角。当然,在这一方面本文未及深谈,尚有待于今后进一步的研究。

---

① 任继愈:《中国佛教史》第一卷,北京:中国社会科学出版社1981年版,第5页。

试论宗教的文化沟通本质

人类是群居的动物，群居要想不出问题就必须进行沟通。从某种角度说，所有的人类文化制度都担负着沟通交流的任务，只不过我们平常没有意识到罢了。在人们所熟悉的社会生活里，文化的沟通主要表现在现实的人与人之间的交往上。人际的交往中一般动用的手段有言语的、文字的，也有非语言文字的。若要讨好某人，人们可能会给他送礼，会在他面前表现得毕恭毕敬，或者会费力费时无偿地为他做许多事情。若要表达心意，自然可以运用语言文字，也可以通过一幅画或一首曲子流露出来。但不知你想过没有，有些时候需要沟通的对象却不是人，甚至不是自然物，而是超自然的神灵鬼魂。这样的例子甚多，即使是在现今这个倡导科学、反对迷信的社会，每到清明只要看看各地城乡扫墓的人流，便不难感受到人们联络超自然的愿望。

与超自然沟通的方式甚多，不同的社会里也有不同的表现。美国人类学家安东尼·华莱士（A·Wallace）根据世界各地的民族志资料总括出十二种方式，他认为各种文化中与超自然交流的手段虽有不同,但无非是这十二种方式的不同排列组合①。下面就结合一些实例讨论一下这些方式。

首先是表达谢恩、哀恳、请求的祈祷。一般来说,祈祷时的用语与平时有所不同,有着特殊的语调、表情及姿势,有时还会用目前已不通行的语言。祈祷词可以是即兴的,也可以是背熟的;可心中默念,也可大声朗诵。祈祷的场合或公开或私下也无一定。读《三国演义》,在东吴招亲一段中,刘备和孙权面对一块大石,便各自暗怀鬼胎有一番默默的祈祷。如今世界上各种大大小小宗教的信徒们,在生活中也少不了常常有祈祷之举。

音乐舞蹈也常用来做为沟通的方式。据信乐舞能起到召集精灵鬼神的作用,而且还有将人们整合起来的效果。《周礼·大司乐》即曰:"以六律六同五声八音六舞大合乐,以致鬼、神、示。"而乐舞演奏六遍之后,天地万物的神祇人鬼就会全部降临。几乎世界上的所有宗教,不管是三大宗教还是民间留存的原始宗教,都有使用各种器具制造音响来引起超自然注意的做法。譬如,提到基督教,有时就免不了在耳边回响起教堂里唱赞美诗的歌声。音乐与宗教本身就是一个极有价值的研究领域。

包括药物使用、感觉剥夺、肉体苦行及不食水和食物等造成的生理经验也有沟通三界之效。食用某些药物能产生幻觉,这是大家都知道的事实。国内有人研究过迷幻药与《楚辞》的关系,认为屈原的一些飞行之梦恐怕就是食用药物的结果②。感

---

① 参见 C. 恩伯、M. 恩伯著,杜杉杉译:《文化的变异》,沈阳:辽宁人民出版社 1988 年版,第 489—495 页。

② 《中国大百科全书·心理学卷》,北京:中国大百科全书出版社 1991 年版,第 135 页。

觉剥夺也能导致幻觉,心理学中曾有这方面的实验证明此点①。印度的一些苦行僧则是通过自我虐待和绝食等来修行,其所达到的效果与药物使用和感觉剥夺是一样的。

充当神人之间中介的宗教专家的告诫和布道被认为是在传达上天的意见。这些宗教专家有巫师、祭司、萨满等,他们比普通人离神更近(在汉语里"巫"字的含义从结构上看就是指能上天入地之人)②,所以他们既能从神那里接收到信息,又能将信息传递给人们。例如萨满(shaman)就被认为是人神之间的使者,是"宗教教义最具权威的解释者,是被认为能保佑人们平安生活免除灾难的祖先神灵的代表"③。信奉萨满教的族群无论做什么事情,都不忘请萨满来打听一下神灵的旨意。

吟诵经典同样可与神灵交流。例如基督教的经典《圣经》就是经常被吟诵的读物,因为其中讲述了大量神的故事,还有神所定的法规和戒律。其他宗教中的情形基本类似,对于一些虔诚的信仰者来说,诵经往往是一项基本功。

模拟在人神沟通中是常用的方式。依此方式,假设你恨一个人,就可以做一个与其相似的小人,然后去折磨它。这在今天的世俗生活里也还可以看到,如当前世界上某个国家举行反对另一国家的示威游行,就经常伴随着焚烧后一国家领导人画像之类的举动。在模拟形式中,占卜(divination)是人类学家研究较多的一种现象。诚如李亦园所说:"占卜是一种与超自然的沟通,人藉占卜的方法,企图从超自然或神灵得到一些启示,然后依据这些启示去做自己认为应该做的事。藉占卜与神的沟通在形式上而言,实可分为三类:第一类是自然讯息的观察,

---

① 拙文《巫的原始及流变》,《东南文化》1998 年第 2 期。
② 同上。
③ 秋浦主编:《萨满教研究》,上海:上海人民出版社 1985 年版,第 55 页。

这是人们观察那些被认为是神所启示的自然现象,从这些现象的变化用作解释的征兆;第二类是人为操作的沟通,这是占卜的人进行各种法术以求得神灵启示的讯息,而不是被动地观察自然现象;第三类是藉人类的口直接与神沟通。"[1] 占卜所用的工具,在中国古代有龟甲蓍草,在西方传统上有水晶球,其余如骨头、树枝、水纹、云纹、纸牌等都可达到类似的效果。

灵力(mana)和禁忌(taboo)也可传达超自然的信息,但这是相对的范畴,前者应该接触,后者则不应该接触。灵力一般会落实在某些具体的实物上,如某块石头、某棵树或某处的泉水等。《红楼梦》中贾宝玉脖子上挂着的那块通灵宝玉就是带有灵力的物件。吉祥物、护身符、祖宗遗物等也常被认为有灵力。一些宗教领袖的身上自然充满灵力,能触摸一下即是莫大的福分。禁忌则与之相反,是不可触犯的。同一个带有超自然信息的物体,对待它的态度不同,便可能有不一样的结果。如对神像顶礼膜拜,会感受到其福佑的灵力;若对其亵渎,则会受到惩罚。

饮食"神圣的东西"的圣餐,这在很多宗教中都可见到,这样大概可以从中获得神圣的力量,并有与之融为一体的感觉。如基督教中的"领圣体",食用饼和酒,饼和酒的象征意义,正如耶稣在最后的晚餐中所说:"这是我的身体和血。"澳大利亚的某些土著族群中每年要举行一次图腾宴,破例食用图腾动物。

向神灵供奉牺牲(sacrifice),当然也是为了与之沟通。狭义的牺牲是指奉献给神灵的活物(动物和人),后泛指一切供品。在不同的文化中,牺牲所用的物品也有不同。中国古代先秦时期就有了繁琐的牺牲制度,涉及牺牲的选择、牧养、屠宰、

---

[1] 李亦园编:《文化人类学选读》,台北:食货出版社1980年版,第247页。

加工、处理等内容。当时的牺牲还常常用人，这从今天的考古发掘可以看出。① 以人为牺牲可能是最高级的，人类学的研究认为，在前工业社会人力的作用很大，因此要达到某种重要目的时人们会认为用人作牺牲是恰当的。神大概就是这样想的，《圣经》中上帝要考验亚伯拉罕，就曾让他以自己的独生子献祭。自然这里上帝的意图无非是人的思想的折射。牺牲的功用在影响神的行为，要么讨得其欢心，要么转移其怒火。

人们举行宗教性的集会活动为的也是向神灵表达敬意。集会甚至游行在许多宗教中都存在，集会中前述一些与超自然沟通的方式也可能会出现，如祈祷、吟诵经典、乐舞等。集会体现了宗教的社会性功能，它对形成信仰者的认同感和凝聚力大有帮助。

神谕则被认为是神灵主动向人传达信息。很多社会中的人们相信，神灵会选择其喜欢的对象与之交流。一个人的出神、入迷、着魔、梦境、幻觉、灵魂附体等都可能是在与神灵对话。在西方有所谓的通灵术，就是为了感知神灵的声音。在今日中国也有人声称能接收到宇宙语，同样是神谕的一种表现。

华莱士提出的与超自然沟通的方式还有符号象征（symbol）。符号象征在宗教中所起的作用是极为重要的，有的人类学家就专门从象征的角度来研究宗教。图画、雕刻乃至实物均可能成为神圣的象征符号，人们最熟悉的符号象征有基督教中的十字架、佛教中的万字符、伊斯兰教中的新月以及各宗教中的神像等。面具（mask）也是常见的象征物，中国近年对傩文化的研究提供了这方面的大量素材。美洲印第安人、非洲土著及古埃及、古罗马人等也曾广泛使用面具，著名人类学家列维－斯

---

① 詹鄞鑫：《神灵与祭祀——中国传统宗教综论》，南京：江苏古籍出版社1992年版，第227—239页。

特劳斯即著有《面具的奥秘》一书，讨论隐藏在面具背后的事物①。无疑符号象征具有神秘的力量，在宗教信仰者心目中，它们几乎就是神灵的另一种表现形式。

人类与超自然的沟通在很多情形下是和仪式行为联系在一起的。在人类学家看来，人类的所有行为大致可从结构层次上分为三大类：第一大类是实用行为（practical behavior）；第二大类是沟通行为（communication behavior）；第三大类是巫术行为（magic behavior）或崇奉行为（worship behavior）。"所谓'沟通行为'与'崇奉行为'都是没有实用意义的，或者是实用意义不很重要的。换而言之，沟通行为与崇奉行为都只是藉某一种行为表达沟通者心中的一些意愿，其所不同的在于沟通行为表达的对象是'他人'，而崇奉行为表达的对象是'非人'的'超自然'而已。这种没有实用意义而只是藉以表达意愿的行为，一般均称为仪式（ritual）。换而言之，沟通行为与崇奉行为都是仪式行为（ritual behavior）。"②这里所说的实用当然只是相对意义上的，因为我们从人际交流和社会整合的角度看仪式行为自有其作用。

有信仰，有仪式，合起来就是人们常说的宗教。人类学家认为，宗教（religion）指的是"人们所特有的超自然观（与神灵、精灵、灵力等有关的观念和信念）和围绕着超自然观而形成的礼仪、习俗的体系"③。所谓超自然（supernatural beings），

---

① 详见列维-斯特劳斯著，知寒等译《面具的奥秘》，上海：上海文艺出版社1992年版。

② 李亦园：《文化的图像》，台北：允晨文化实业股份有限公司1996年版，第375—376页。

③ 祖父江孝男等主编，山东大学日本研究中心译：《文化人类学百科辞典》，青岛：青岛出版社1989年版，第223页。引自袁珂、周明编《中国神话资料萃编》，成都：四川省社会科学院出版社1985年版，第134页。

乃超越人力所能之上的存在，它所能做的事情是人所做不到的。但是，人有做不到的事情却又常常想去做；现实中遇到难以克服的困难，也想得到某种超常力量的帮助。这样，有超自然信仰的人们就渴望着与超自然进行沟通，从而保证自己的行动更有方向、更有效果。

要沟通人神是因为很多地区的人们相信人神本来是可以自由来往的，人界与神界或说自然界与超自然界曾经是连通在一起的。中国古代就认为最早的时候是人神杂处的，有民谣唱道："人之初，天下通，人上通，旦上天，夕上天，天与人，旦有语，夕有语。"但后来因地上住的人不争气，颛顼命重黎断绝了天地间的通道，事见《尚书》、《国语》等书。无独有偶，《圣经》中也谈到人类的始祖本居住在环境优美、不愁吃不愁穿的伊甸园中，但同样是人自己不争气，遂被上帝赶了出来。

超自然的神灵鬼怪虽在能力上大异于凡人，性情上却与凡人相近。凡人的许多爱好神灵们也有，所以用取悦人的方式同样能取悦神灵。上述各种与超自然沟通的方式中，许多都是按照人类社会现实中的沟通原则拟定的。

说到底，宗教是人创造的，因此最终还是为人服务的。联络超自然是外在的表现形式，其现实的功能依然是人际或群际之间关系的维持和调节。我们在前文中提到过占卜，著名人类学家特纳（V. Turner）在研究某些族群的占卜时发现："占卜师在社会关系和文化关系的好几个领域中都居于一种核心地位。他充当了一种调节机制，是地方宗族这一领域中的社会调节者……既然人们在许多场合都得去请教占卜师，那么，显然占卜师作为部落伦理的维持者和紊乱的社会关系（无论是结构性的紊乱，还是偶然性的紊乱）的调节者所起的作用，对一个没有集权政治制度的社会来说就是非常重要的了。"① 人类学家普遍认为，世界上现存的各种宗教所表现出的功能意义无外乎三大类，即生存的功能、适应的功能、整合的功能。对于宗教这种复杂的文化现象，自然可以从多种角度去认识，我们如果从信息传递的立场看，则人类的各种宗教行为一方面表达了联络超自然的愿望，另一方面制约了现实世界人们的行动。英国结构主义人类学的代表人物利奇（E. Leach）一贯主张："文化在交流；文化事件本身复杂的内在连接性，与参与那些事件的人们传递着信息。"②

宗教也是一种文化制度，它当然也是在交流的，也是在传递信息的。与语言、文字、艺术等文化现象一样，宗教在本质上也是一种文化沟通的手段，只不过这种沟通是借助超自然的手来完成的。

---

① 史宗主编：《20世纪西方宗教人类学文选》，上海：上海三联书店1995年版，第809页。

② 埃德蒙·利奇著，卢德平译：《文化与交流》，北京：华夏出版社1991年版，第2页。

人类学视野下的宗教

——中国乡村社会控制中的一种力量

社会控制（social control）是"通过社会力量使人们遵从社会规范，维持社会秩序的过程"，它"既指整个社会或社会中的群体、组织对其成员行为的指导、约束或制裁，也指社会成员间的相互影响、相互监督、相互批评"[1]。社会控制制度并不是从来就有的，而是随着人类社会的发展逐步建立起来的。在除人之外的动物界中，虽然高等灵长类动物有较严密的群体规则，群居生活的蚂蚁、蜜蜂等动物也有等级森严和分工明确的"喀斯特"（caste）制，但它们的诸种行为只是出于本能，还称不上社会控制。

一个社会的维持与延续缺少了相应的社会控制制度是难以想象的。中国是传统的农业国家，所以中国社会一贯重视对广大乡村的社会控制。抛开上古的氏族制和酋邦制不论，仅从文字记载上看周代的乡遂制就已经是相当完备的社会控制制度了。而对中国乡村社会影响最为深远的，则是保甲制（此制可追溯到商鞅的什伍连坐法，它在各朝代的名称并不完全相同）、宗

---

[1] 费孝通主编：《社会学概论》，天津：天津人民出版社1984年版。

法制和乡约制等控制制度①。社会控制可以分为外在化控制（external control）和内在化控制（internal control），法治属于前者，礼治属于后者。上述保甲制偏于外在化控制一端，乡约制偏于内在化一端，而宗法制则二者兼备，既有对法的依赖，又有对礼的强调，可谓礼法并施。从效果来看，内在化控制的作用常常还在外在化控制之上，孔子两千多年前在《论语·为政》中就说过："道之以政，齐之以刑，民免而无耻；道之以德，齐之以礼，有耻且格。"当代也有学者认为："最有成效，并持续不断的控制不是强制，而是触发个人内在的自发性的控制。"②

说到内在化的控制，就不能不提到一个宗教（religion）在中国乡村社会控制中的作用。人类学家在研究社会控制时指出：

> 一种重要的社会控制是宗教制裁，它可能属于内在化制裁。正如虔诚的基督徒会因害怕入地狱而避免违反教规一样，其他的崇拜者也是如此，他们尽量使自己的行为举止不触犯他们强大的超自然神灵。上帝、祖灵或幽灵的惩罚（不管是今世或来世）的威吓，是对规矩行为的一种有力鼓励。在某些社会中，人们认为，祖先的亡灵很关心他们的后代子孙之间的关系是否相处得很好。在宗族中，人死了或病了可能被解释为与违反传统或习惯有关，因而宗教制裁不仅起着调整行为的作用，而且还可以解释不能解释的现象。③

---

① 拙文《中国乡村社会控制的变迁》，《社会学研究》1994年第3期。
② 横山宁夫著：《社会学概论》，上海：上海译文出版社1983年版。
③ 威廉·A.哈维兰著，王铭铭等译：《当代人类学》，上海：上海人民出版社1987年版。

宗教的社会控制功能在越早期的社会中表现得越明显。"每一个原始社会的公理中都毫无例外的存在着神和超自然的权力，他们都把人的智慧归因于神灵的存在，并相信神灵会对人们的特殊行为以赞成或不赞成作为回报。他们认为人的生命必须与神灵的意愿、命令相一致。"① 这种超自然的公理像当代社会中的法律一样，效力是直接的并且很有威力，例如"在爱斯基摩人中，对社会的控制显示出本质上是宗教超过了法律"②。

至于中国的情形也有相当漫长的发展阶段与上述人类学家所说的表现十分相似。毛泽东曾对传统社会中民众身受的社会控制力量作了精辟的论述：

> 中国的男子，普通要受三种有系统的权力的支配，即：（一）由一国、一省、一县以至一乡的国家系统（政权）；（二）由宗祠、支祠以至家长的家族系统和族权；（三）由阎罗天子、城隍庙王以至土地菩萨的阴间系统以及由玉皇上帝以至各种神怪的神仙系统——总称之为鬼神系统（神权）。至于女子，除受上述三种权力的支配外，还受男子的支配（夫权）。这四种权力——政权、族权、神权、夫权，代表了全部封建宗法的思想和制度，是束缚中国人民特别是农民的四条极大的绳索。③

而这几种权力系统是相互配合的，其中政权是最基本的。每一

---

① E. 霍贝尔著，严存生等译：《原始人的法》，贵阳：贵州人民出版社 1992 年版。
② 同上。
③ 毛泽东：《湖南农民运动考察报告》，《毛泽东选集》第一卷，人民出版社 1991 年版。

种权力的变化都是其他权力消涨的反映，同时它也会对别的权力系统产生影响。

因为鬼神是人造的，所以说到底神权是为政权服务的。自中国进入有文字记载的历史时期以后，大量的材料都说明了这一点。譬如在"殷商时代，神权与政权结合在一起，成为国家统治工具。殷商时期的宗教作为社会意识形态和上层建筑在两个方面发挥着非常大的作用。一是用来保护统治者和缓和统治阶级内部的矛盾。……二是用来驯服被统治者"①。统治者动员民众，几乎都要运用宗教的手段。如《礼记·王制》曰："天子将出征，类乎上帝，宜乎社，造乎祢，祃于所征之地，受命于祖，受成于学。"其中类、宜、造、祃皆祭名，由此可见统治者为驱使民众加入战争，将上帝、社稷、兵神、祖神等各路神祇都搬动了。又如《礼记·月令》曰："季冬之月，凡在天下九州之民者，无不咸献其力，以共皇天上帝、社稷寝庙、山林名川之祀。"这是说统治者可以利用神的名义向"天下九州之民"征集财富和资源。

上古之时，地广人稀，群体之间的接触极少，相互间也不存在统属关系。在其后的发展中，通过联盟、兼并等方式，众多的群体逐步整合到一起。君王为了有效地统治大片领地，也充分利用了神权的力量。《礼记·祭法》中有这样一段文字："有天下者祭百神。诸侯在其地则祭之，亡其地则不祭。"君王占有了别人的领地，不仅要接管政权，还要接管神权，这是为了更好地实施控制。同样，失去了祭祀权则意味着失去了统治权。"在这一信仰系统中，神权也即统治权，是王权政治的组成部分，该一批天地神祇祭祀权的归属，是完全随着政治结构的

---

① 朱天顺：《中国古代宗教初探》，上海：上海人民出版社1982年版。

再组合而游移的。"①

在中国乡村的社会控制中,巫术(magic)起到了相当重要的作用。所谓巫术,是一种广泛存在的宗教现象,指的是人们为达到某种目的幻想借助于超自然的力量对客体施加影响或控制而产生的一系列行为。今天从科学的立场看巫术的基础当然是虚妄的,但在人人都信巫术的社会中其控制的功能却是真实的。中国的先秦时期,巫术对社会生活的影响就十分显著。当时巫、觋、祝、卜等身份的人物活跃于社会的各个领域,连各项国家大事的决定都离不开巫术的指引②。其后巫虽然从国家政治舞台中淡出,但在民众(尤其是乡民)的日常生活中却时时可以看到他们的身影。而在中国一些少数民族地区,巫术的影响一直持续到不太久以前。无论是迁徙、战争、渔猎、农事等群体要务,还是衣食住行、婚丧嫁娶等个体琐事,都有巫术在其中发挥着作用。

巫术有许多表现形式,占卜(divination)通常被认为是其中之一。占卜是通过观察各种征兆所得的信息来判断未知事物或预测将来的方法。这是"一种与超自然的沟通,人们借占卜的方法,企图从超自然或神灵得到一些启示,然后依据这些启示去做自己认为应该做的事"③。中国古代便盛行利用龟甲蓍草为工具的占卜,除此之外,各少数民族中还有鸡卜、蚂蚁卜、青蛙卜、工具卜、食物卜、人体卜等种种占卜方法。关于占卜的社会控制功能,人类学家特纳(V. Turner)曾有一段议论:

(占卜师)充当了一种调节机制,是地方宗族这一领域

---

① 宋镇豪:《夏商社会生活史》,北京:中国社会科学出版社1984年版。
② 拙文《巫的原始及流变》,《东南文化》1998年第2期。
③ 李亦园编:《文化人类学选读》,台北:食货出版社1980年版。

中的社会调节者。既然人们在许多场合都得去请教占卜师，那么显然占卜师作为部落伦理的维持者和紊乱的社会关系（无论是结构性的紊乱还是偶然性的紊乱）的调节者所起的作用，对一个没有集权政治制度的社会来说就是非常重要的了。①

由此就不难理解在我国一些缺乏集权式控制制度的少数民族中为何长期盛行占卜习俗了。

与巫术相联系的还有禁忌（taboo），这是由某种信仰造成的人们行为上的限制或禁止。禁忌的社会控制意味十分浓重，它不仅存在于原始宗教中，在以后的系统宗教里又被进一步规范化并形成了戒律。在中国，禁忌作为一种社会控制手段长期存在。如民间流行的历书中，每日之下都标有吉凶并详细告诉使用者当日的禁忌（忌出行、忌动土、忌会友等）。在江苏的江村，费孝通发现"使神道高兴或是不触怒神道的愿望是一种对人们日常行为很重要的控制。标准就看是遵奉还是违犯传统的禁忌"②。他将自己所知的禁忌分为以敬谷为基础的、有关性的事物都是肮脏的和尊敬知识的三类。而在台湾民间，仅丧葬礼俗中之禁忌及日常生活中因丧葬所引起之禁忌就有142条之多，"这种高密度的禁忌网使得遭遇丧事者必须步步为营"③。

神判（ordeal）也是一种巫术表现形式，是神明裁判的简称，指为解决纠纷或确定犯罪证据而对当事人实施的考验。神

---

① 史宗主编：《20 世纪西方宗教人类学文选》，上海：上海三联书店 1995 年版。
② 费孝通：《江村经济——中国农民的生活》，南京：江苏人民出版社 1986 年版。
③ 《民间信仰与中国文化国际研讨会论文集》（上册），台北：汉学研究中心 1994 年版。

判在中国古已有之，传说中的独角神羊便能决嫌疑、辨曲直，对嫌疑人"有罪则触，无罪则不触"（《论衡·是应篇》）。中国各地区、各民族中的神判形式多样，从不同角度可作出多种分类，如有人从施行手段上分，则有捞沸判、铁火判、能力判、人体判、人血判、人头判、饮食判、灵物判、煮物判、鸡卜判、起誓判等①。对于神判的功用，宋兆麟曾说道：

> 神判是以神的名义出现的，有较高的威信，其中有些手段又比较野蛮、残酷，使人们有一种恐惧感，人人都敬而远之。一切统治阶级都利用上述心理，对人民群众进行神权统治。如商代的天帝和国王的祖先是一体的，神判和现实的习惯法制裁也是一致的，具有浓厚的神秘色彩。这对一般的群众已经有一种威慑的制约力，某些作贼心虚者对神判更恐惧异常，执行神判时必然胆颤心惊，因踌躇不安而乱了手脚，最后导致真相大白。②

中国的许多民族志材料证明了神判确实具有类似于法律的社会控制效果。

本文开头所谈到的与"法"对应的"礼"，其实就有着深远的宗教巫术性渊源。人类学家十分重视仪式或曰仪礼（ritual），这是通常与宗教或巫术有关的、按传统规则所施行的一整套或一系列的活动。陈来在讨论中国古代礼的起源时指出：

> 从文化人类学所了解的资料来看，仪式并不是从生产活动直接发源的，而是一定的宗教—文化观念的产物。最

---

① 邓敏文：《神判论》，贵阳：贵州人民出版社1991年版。
② 宋兆麟：《巫与巫术》，成都：四川民族出版社1989年版。

早在巫术文化中开始发展出许多仪式,然后在祭祀文化中仪式得到相当完备的发展。就中国文化来说,"礼"在殷代无疑是由祭祀文化所推动而发展的。[①]

中国古代文献记载中的仪式极为繁多,略加考察,便可发现这些仪式几乎都具有整合社区、规范行为等方面的作用。如以人们所熟知的成年礼(initiation)为例,其本质就是在个体角色转换之时赋予他们相应的角色任务,从此他们的言谈举止便应与此前有所区别。而男子的冠和女子的笄,实际上是一种外在标识,其他的社会成员均可据此对已成年者的行为进行监督。[②] 仪式与社会控制乃至宗教与社会控制本身就是极有价值的题目,在这方面还有许多工作可做。

---

① 陈来:《古代宗教与伦理——儒家思想的根源》,北京:生活·读书·新知三联书店1996年版。
② 拙文《成长的界标——中华民族的成年礼》,《寻根》1997年第4期。

文化越问越糊涂

若干年前学者庞朴在接受《光明日报》记者采访时透露，他曾向另一位学者钱钟书请教什么是文化，得到的回答是："文化到底是什么？本来还清楚呢，你一问倒糊涂了！"

以钱钟书辈之大才尚且对文化为何物时有糊涂，更何况我等愚蒙之辈。据说美国人类学家克罗伯（A. L. Kreober）和克拉克洪（C. Kluckhohn）在1952年讨论文化概念时，便已罗列出一百六十余种有影响的文化定义。① 将近半个世纪后的今天，恐怕文化定义已多到无从计数的程度了，回答"文化是什么"的问题，肯定是件吃力不讨好的事情。但不巧我如今供职的单位正是一个文化研究所，平时讲课与撰文也难免播弄文化二字，对文化问题却是"轻易绕不过去"。自忖于"文化是什么"这样的核心问题，正如鲁迅在回答青年必读书时所说，"虽然亦曾留心过，现在依然说不出"，便只好打打外围战，拣几个自以为与文化沾边的话题，说些十之八九要贻笑方家的心得体会。

先说文化整体的把握。

早期人类学中的古典进化论者与传播论者皆不大重视整体

---

① 参见唐美君《文化》，载芮逸夫主编《云五社会科学大辞典·人类学》，台北：台湾商务印书馆1971年版。

问题。为了论述的方便,他们常将文化分割,以一个或数个文化因子的同异作为整个文化同异的根据。如摩尔根(L. H. Morgan)就是以用火、制陶、冶炼等指标构筑其普遍进化阶梯的,而拉采尔(F. Ratzel)亦曾以弓箭形态的相似推断出非洲和美拉尼西亚间的文化传播。概因彼时之学者多依托图书馆、博物馆论学,面对古典籍之断简残编、古遗存之碎砖烂瓦,极易走入个别文化因子对比的路径。至20世纪20年代,情势大变,马林诺夫斯基(B. K. Malinowski)开辟田野工作,接触到的是活生生的文化,发现各文化事象间有千丝万缕的联系,不可割裂,遂形成功能论:研究某一文化事象要考察它与其他文化事象间的有机联系,同时还要考察它对文化整体的贡献[1]。这也导致了对如何着手研究文化的一个看法:文化是整体,似无切入点,却又随处可切入,可按惯常的思路,由生态而经济而上层建筑,也可由上层建筑而经济而生态。恰如抽丝剥茧,无论从何处下手,终可得其全体。几乎与马氏同时,美国的克罗伯(提出文化形貌说)、本尼迪克特(提出文化模式说)等人亦倡导整体研究,文化人类学中之整体观遂得确立。

　　文化整体观影响深远,它既是人类学文化研究的基础,也是人类学知识应用的指南。近百年来,在世界各地的现代化进程中,不乏因忽视文化整体性而导致社会变革失败的例子。此种观点提醒人们文化是一功能整合体,触其任何端点皆会有牵一发而动全身的效应。因此,变动现有的文化结构一定要小心谨慎、思虑周详,没有恰当的功能替补单位就不宜轻易废弃现有的功能单位。当然,坚持文化整体观,并非排斥细致入微的因素分析。只不过今日的人类学已由乡野走向都市、从游群来

---

[1] 马林诺夫斯基著,费孝通等译:《文化论》,北京:中国民间文艺出版社1987年版,第11—14页。

到国家。面对如中国文化、印度文化、日本文化这样的庞然大物，如何方能准确把握成了时刻萦绕在文化研究者脑中的问题。计算机科学的发展，为此问题的解决带来了一线曙光，多因素的量化分析现在成了部分人类学者手中新的研究武器。有人已提出"第五代民族学"（即电子计算机民族学）的概念，电子计算机这个新工具或可帮助人类学顺利完成从小文化研究到大文化研究的过渡。

倡导文化整体观对当今中国文化研究颇有意义。此观反对以偏概全，反对以一两个文化现象的把握代替对文化全体的认识。一些文化研究至今还存在着如几十年前那样贴标签的方式，简单地将文化归为动与静、罪与耻、开放与封闭、蓝色与黄色等等。须知中华文化遗产如同大海一般，每种论点欲从中寻出一二证据均非难事。人们需要的是踏踏实实的工作，是在坚持整体观的前提下，既有一系列细密的个案分析，又有高层次总体综合的研究。

次说文化演进的轨迹。

在对人类文化的研究中，常有以人类有机体比附社会文化的现象，从而形成所谓的文化有机观。如汤因比（A. J. Toynbee）就曾在《历史研究》中说到他的写作动因是对文化为何死亡的困惑，引导他探讨文化的衰落和解体，因而求索文化的起源和生长问题。[①] 类似的还有斯宾格勒（O. Spengler），这是一种文化形态学的方法。但文化现象不是简单的有机体比附可以说明的，文化演进也不一定是因循由起源而生长而死亡的机械过程。在感于此，克罗伯借用了斯宾塞的概念，提出文化的"超有机（superorganic）观"，认为文化是超机体、

---

① 汤因比著，曹未风等译：《历史研究》下册，上海：上海人民出版社1986年版，第430页。

超心灵、超社会的,乃高级层次,有其自身规律,文化之谜不能从低级层次如有机体层面来求解①。此论固在一定程度上导致了文化至上论与文化神秘主义,但却迈出了超越文化有机观的坚实一步。

那么,到底如何看待文化的演化呢?库恩(T. Kuhn)在《科学革命的结构》一书中创用了"范式"(paradigm)一词,指某个共同体共有的东西,在此基础上提出了描述科学演化的公式:

前科学—常规科学—反常—危机—科学革命—新常规科学……②

这种观点颇可启迪对文化演化的认识。文化是人类共同体共有的东西,亦可视作一范式,也应符合上述公式。这样,文化演化的轨迹就可描述为:

前文化—规范文化—反常—危机—文化革命—新常规文化……

这是一个无穷尽的过程,并不似有机体那样由盛而衰、由生而死,虽可能有起伏、有反复,其进程却不中止。换句话说,文化演化就是一系列类型(或模式)的转换,就某一类型(或模式)而言,或许有标准(实际上是欧洲的标准)能够衡量各种文化。那时的文化研究还只是欧美人的专利,在摩尔根、泰勒等学人的潜意识中仍摆脱不了西方中心论的阴影。如此看去,世界上各种文化就发展阶段的不同,有高下优劣之分。从当时所用的术语中,如开化、半开化、不开化,文明、野蛮、蒙昧,

---

① 卡尔迪纳、普里勃著,孙恺祥等译:《他们研究了人——十大文化人类学家》,北京:生活·读书·新知三联书店1991年版,第282—283页。
② 引自俞吾金《问题域外的问题》,上海:上海人民出版社1988年版,第273页。

高级、低级、复杂、简陋，等等，都不难看出西方人的优越感。到了博厄斯（F. Boas）时代，学者们摈弃一元观，大力倡导文化相对观，认为一文化之合理性应放在该文化背景中考虑。无论是博厄斯的著作（如《人类学与现代生活》），还是其弟子罗威、米德等人的著作（如《文明与野蛮》、《萨摩亚人的青春期》），均随处可见此种文化相对性的言论。虽然其后赫斯科维茨（M. J. Herskovits）将此观念引入极端，形成文化相对主义，实不足取，但文化相对的观念已日渐深入人心。

也是受文化相对观的影响，美国人类学者造出了 emic 和 etic 两个新词，中国学者金克木曾译作"属内"、"属外"[①]；港台学者倾向于称"文化主位"、"文化客位"，也有译为"主体观"、"客体观"的，其基本含义就是基辛（R. M. Keesing）所说的"从局内来看其他生活方式"和"从局外来看我们自己的生活方式"[②]。王国维在《人间词话》一书中说："诗人对宇宙人生，须入乎其内，又须出乎其外。入乎其内，故能写之；出乎其外，故能观之。入乎其内，故有生气；出乎其外，故有高致。"[③]这便与 emic 及 etic 的思路有相通之处。至于几年前《读书》杂志上北京大学学者陈平原提出治文学史者当对古人有一种基本的理解与同情，清华大学学者葛兆光谈到体验的与实证的文化史，更是直接关涉 emic 与 etic 的问题了。emic 与 etic 的区分自有其意义。如我们讨论中国传统文化，可以做客观的研究，却不必站在今天的立场上判定其优劣。就好像人的衣裳，

[①] 金克木：《比较文化论集》，北京：生活·读书·新知三联书店 1984 年版，第 249 页。

[②] 基辛著，甘华鸣等译：《文化·社会·个人》，沈阳：辽宁人民出版社 1988 年版，第 2 页。

[③] 王国维：《人间词话》，成都：四川人民出版社 1981 年版，第 75 页。

20岁的人不能面对箱子中翻检出其5岁时的衣裳大叹其无价值。因为5岁的衣裳应该看它是否适合5岁的孩童，而不是看它是否适合已20岁的青年。人在成长，环境在改变，昔日的衣衫已经不能照搬到今人身上，传统文化也不是为今天的生活设计的。然而单只有emic与etic的立场仍嫌不足，伽达梅尔（H. G. Gadamer）在理解前人文本时主张视界融合（the fusion of the horizons），建立更高一层的视界。看待各种文化或许也应如此，将emic和etic这两种观照方式在更高的层次上综合起来，培育出一种新的眼光，大概练功炉火纯青而达天眼通就是这种境界吧。

最后，说说文化探秘的钥匙。

文化人类学研究人、研究文化，也研究关系。有人将文化人类学的研究概括为三大课题，即人与自然的关系、人与他人的关系、人与自我内心的关系。然则这诸种关系究竟为何，窃以为可归纳为两种：

1. 交换关系。这在文化的经济层面上最为明显，有物质产品的交换（如物物交换或以货币为媒介的交换），还有劳务的交换（如换工制）。法国人类学家莫斯（M. Mauss）曾著《论馈赠》（*The Gift*），讲的是不同于市场经济的某种交换，莱维－斯特劳斯（C. Levi-Strauss）受此书启发，建立起人类婚姻领域的交换理论。在他看来，婚姻就是若干群体间妇女的交换。其实，有一种婚姻缔结方式就称作交换婚（marriage by exchange），而买卖婚、服役婚又何尝不是交换。交换并不限于经济和婚姻，它在文化的各个层面都在进行。语言就是明显的交换，字、词、句的互相展示，实现着意义的交换。宗教则是人与超自然的交换，人类用牺牲来换回神灵的恩赐。艺术也不例外，以文会友、以诗会友、以画会友，说的都是交换，艺术品只要有欣赏者，有接受者，交换就已经发生。2. 契约关系。这与交换可说是一物之两面。还是先看经济领域，买东西要花钱是常识，也是买方与卖方的契约，就是在物物交换中也有大家认可的如"一把刀＝半头牛＝三张羊皮"之类的等式，否则交易无法做成。再看婚姻，大至昭君出塞、文成公主入藏，其目的在缔结两个族群间的契约；小如平民百姓互结秦晋之好到政府领一片红纸（结婚证书），纸片代表的依然是有关责任权利义务的契约。语言文字是一系列人们约定俗成的符号，艺术表现要借助大家公认的手法，这也都是契约。就是最为玄妙莫测的宗教信仰，其基础也是人类假想与超自然建立的契约。由此可见，交换与契约是互为因果、相辅相成的，没有契约无法交换，而不为交换又何必契约。清代乾隆皇帝闭关自守，不愿与英使有约，就在于他认为"天朝无所不有"。交换与契约或可成为分析文化关系的钥匙，为我们打开通向文化深宫的重重门户。

从田野中来

英国民族学家弗雷泽（J. Frazer）的《金枝》（*The Golden Bough*）等一系列讨论原始文化的著作，几乎都是在剑桥大学三一学院的图书馆中写出的。当有人问这位因研究原始文化成就突出而受封的爵士：愿不愿意到非洲或澳洲的土著居民中去看一看时，得到的回答是："我还没有这个兴趣。"

有些事看起来很像是上天的有意安排。若不是因为第一次世界大战的爆发，使马利诺夫斯基（B. Malinowski）滞留在西太平洋的特罗布里恩德岛（Trobriand Island）上，因而有充裕的时间去学习当地人的语言，深入到当地人的生活中去，也许马氏会沿着他所崇拜的弗雷泽的道路走下去，最终成为与他前辈相仿的安乐椅中玄想式的民族学家。但事实是，马氏在特岛上的三年经历使他辟出了一条新路。他确立了田野调查（fieldwork）的形式，开创出参与观察（participate observation）的方法，并由此形成对民族学、社会学乃至整个社会科学界都发生巨大冲击力的功能主义理论。

当然，田野调查的确立也是历史的必然趋势。几乎与马氏同时，大西洋彼岸的博厄斯（F. Boas）在美国也大力提倡田野调查，虽则博厄斯本人的田野工作不比马氏出色，但在他调教的弟子中却可数出如本尼迪克特、米德这样做出过极著名田野工作的学者。正是由于马利诺夫斯基、博厄斯等人的共同努力，田野调查方式遂成为民族学这门学科不可或缺的一部分。

民族学的这段历史对研读《吴泽霖民族研究文集》是十分有帮助的。翻开这本文集，一股浓烈的田野气息扑面而来，30余万字的篇幅中将近90%是作者在实地调查基础上整理出的研究报告，这在已出的社会科学家的文集中是罕见的，就是在已出的民族学家的文集中也是罕见的。

民族学可分为两层，一是描写民族学，亦称民族志（ethnography），一是理论民族学。在古典进化论和传播论时期这二者常常分离，马利诺夫斯基才将二者统一起来。在此后的半个多世纪中，民族学界形成了一种传统，初入此门者首先需积累某一文化的田野调查经验，方可进入理论探讨领域。据日本民族学家社会学家中根千枝回忆，在功能学派的发源地伦敦经济学院，人类学研讨课规定没有进行过实地调查的人就没有资格参加。

在蔡元培等将民族学介绍到中国时，田野调查的重要性也得到强调。蔡氏本人在主持中央研究院期间就曾亲派数批研究人员到少数民族地区进行实地调查，如1928年派颜复礼、商承祖赴广西凌云瑶族地区，1929年派林惠祥赴台湾高山族地区，1932年派凌纯声、芮逸夫等赴湘西苗区等。这些研究人员后来成了中国第一批民族学家，他们为中国学术界贡献出第一批科学的民族志。

吴泽霖留学美国主修社会学，初返国时是作为中国第一批社会学家中一员的身份出现的。1935年，南京至昆明的公路修通，吴泽霖代表中国社会学会参加了"京滇公路周览团"，首次踏入湘西、贵州和滇东各少数民族地区。他回忆道："（这样）我才第一次看到和接触到汉、满、蒙、回、藏以外的一些兄弟民族，留下了极其深刻的印象。从此我就开始对国内少数民族的一些情况进行初步的探索。"① 而将学术研究的主战场转到民族学则是抗战以后，在三年贵州、五年云南的生活中，他"曾深入到一些民族聚居的地区，同他们一起生活过一些时间，也结识了一些少数民族的朋友"。② 从此，吴泽霖就与中国少数民族（尤其是西南少数民族）结下了不解之缘，并参加到建设中国民族学的行列中。有趣的是，吴泽霖的这段经历颇似马利（林）诺夫斯基在西太平洋诸岛的情形，战争制造了他们与异文化深入接触的机遇。

吴泽霖不是中国最早投身田野调查的学者，然通观《文集》，却可以说，他是在这方面取得了丰硕成果的学者。他所撰写的民族志直到今天仍是最优秀的作品，而且研究并没有止步于民族志层次。吴泽霖在每篇调查报告中都不忘在大量坚实可靠的原始资料上作进一步的理论提炼，不忘寻找更为普遍的文化演变规律。换句话说，吴泽霖的每一篇民族志都是添加给中国民族学理论大厦的一块砖石。

婚姻问题一向是民族学的重心，吴泽霖于此用力最多。在《文集》中，仅以婚姻为题的文章就有五篇，在篇数上占三分之一强，字数上竟超过一半。吴泽霖具体讨论了少数民族中姑舅表优先婚、包办婚、坐家（不落夫家）等婚姻习俗，以此为基础，他形成了自己对人类婚姻的总体性看法："婚姻活动是一种社会关系。这种关系存在着两方面的问题：一方面是两性间为了双方生理上的需要和人类的繁衍而结合的因素；另一方面是一定的经济和文化条件下所决定的两性在社会上地位的因素。"③

---

① 吴泽霖：《吴泽霖民族研究文集》，北京：民族出版社1991年版，自序，第1页。
② 同上。
③ 同上书，第387页。

这就是说，人类的婚姻是生物性和社会文化性相结合的产物，任舍其一便无法正确把握形形色色的婚姻现象。他还指出："婚姻是人生的一件大事，与婚姻直接间接有关联的活动，几乎支配了整个人生。它是个人的生物性与社会性的纽带，是肉欲与社会约制之间矛盾的焦点。因此，尽管它只占人生中一个不大的领域，但它涉及到整个社会的方方面面。通过它可以反映该社会和民族的经济、政治、宗教、教育和其他一些方面的风貌。从民族学和社会学的角度看，在婚姻研究中，横的方面，可以看出民族之间的相互影响，反映出民族间、文化间交流的一些规律。纵的方面，可以使我们看出文化各方面发展的不平衡以及所保留的种种残余痕迹，从而常可使我们借以追溯一些史迹。"① 在此，婚姻的本质及研究婚姻的意义概括无遗，文化整体观（holistic view）发挥得淋漓尽致。

人类婚姻是两性的事，但在大多数文化中女性并未得到平等的对待。因此，吴泽霖在研究婚姻问题的同时也关心着妇女问题，并早在1940年代初就写出了《水家妇女生活》这样的文字。在妇女问题上，吴泽霖发表了许多至今仍引人深思的见解，这里只略举他对男女平等的认识。吴泽霖一直对生活于社会底层的妇女抱有极大的同情，并对世界范围的女权运动表示理解，但他却不曾让感情代替理智，他指出："平等的社会意义只能是，一方面在机会平等的条件下能够各抒所长，共同肩负起促进社会文化的责任；另一方面，共同享受应得的权利。……平等只能是机会的平等。在机会平等的条件下，男女双方各尽所长、各自发挥其潜力。改革只能在这一轨道上进行，才能期望

---

① 吴泽霖：《吴泽霖民族研究文集》，北京：民族出版社1991年版，第54页。

其实现①。"而回顾半个世纪来的妇女运动史尤其是中国妇女运动史,你会看到在许多地区所实行的男女平等走入了强求结果平等的误区,反给妇女的身心带来了不必要的损害。这正应了吴泽霖"乱了套的改革,不但对事业不利,妇女运动本身也将蒙受损失"②的话。

可喜的是,1980年代中后期开展妇女学(或称女性学)研究的呼声日高,已有一批较高质量的论著问世,民族学界也成长起一代女性民族学者,少数民族妇女研究也列入国家课题,吴泽霖道不孤矣。不过,他的眼光总是超前的,在力主强化少数民族妇女问题研究的论述中,又提出儿童民族学的课题,"妇女与儿童息息相关,而儿童又是社会的未来,对此也应有所了解。"③ 这是一方有价值的研究园地,可惜至今仍是一片空白,待人开拓。

吴泽霖在民族学研究中还自觉地进行方法论的探索。中国民族学自1950年代"一边倒"地受到苏联民族学影响后,在研究方法上一直使用的是古典进化论的代表人物摩尔根、泰勒等人提倡的残余分析法(survival analysis)。此法在恢复原始文化面貌中功不可没,但用它来破译现存的纷繁复杂的文化之谜却常有些捉襟见肘。吴泽霖在调查研究具体的文化事象时不拘于某一种方法,诸多分析工具能交互使用而相得益彰。这些与吴泽霖的学术素养有关。早在美国留学时他就是一个兴趣极广、善于吸收各种知识的人,除主修社会学外,还选修了心理学、人类学、政治学、哲学乃至一些自然科学的课程,为日后从事

---

① 吴泽霖:《吴泽霖民族研究文集》,北京:民族出版社1991年5月版,第15页。
② 同上书,第16页。
③ 同上书,第400页。

跨学科研究奠定了坚实的基础。如对么些（今纳西族）青年的情死、彝族婚礼中妇女对男家客人的戏弄、苗族的"游方"、坐家习俗、姑舅表婚等问题，吴泽霖就不满足于残余分析，而是更深入的进行心理因素的挖掘。

吴泽霖是中国民族文物和民族博物馆事业的创始人。早在抗战初期，他就在西迁入黔的大夏大学内设立了民族文物室。其后，无论是在西南联大、清华大学，还是1949年后相继执教于中央、西南、中南诸民族学院，吴泽霖均极重视民族文物室或博物馆的建设。正如费孝通所说："真是他（吴泽霖——引者）到哪儿，民博事业也就到哪儿。"① 在这个实践过程中，吴先生的认识也不断升华，提出一些颇为独到的理论观点。如他在晚年形成了民族博物馆与民族学博物馆分野的思想，指出"民族博物馆主要是为政治服务的，而民族学博物馆主要是为科学服务的"②，民族学与民族学博物的关系，"正如化学或物理与它们的实验室的关系相似，是一体中的两个部分，是相互依赖、相互促进的。……每种科学负有两种使命：一是使本学科的知识理论不断深化更新，二是把已有的知识广为散播。在民族学科总的范围内，民族学主要承担了第一使命，第二种使命则由民族学博物馆来肩负。"③

吴泽霖的生命是属于田野的，这一点在他初次踏入少数民族地区就强烈地意识到了。所以，1949年后当费孝通询问他能否参加到偏远少数民族地区访问的队伍时，已经年过半百的吴泽霖"不仅毫无难色，而且表现出求之不得的兴奋"。在贵州和

---

① 费孝通：《在人生的天平上》，《读书》1990年第12期。
② 吴泽霖：《吴泽霖民族研究文集》，北京：民族出版社1991年5月版，第430页。
③ 同上书，第430—431页。

广西访问的两年中,这位最年长的队员"在种种困难面前没有后退过一步"①。而晚年他又倾全力于民族学博物馆的建设,我想在很大程度上是吴先生对自己不能亲赴田野缺憾的一种补偿。因为在他看来,"民族学博物馆就是民族学的一种间接的田野调查之地"。②

在1983年全国第一期民族学讲习班上,吴泽霖作了《民族学在美国和博厄斯学派》的演讲(全文载于《中南民族学院学报》1991年第4期),其中提到两种治学方法:一是主观推理,活动园地在书斋,追求的是抽象的理解,这样做学问的人可称为"太师椅里的哲学家";二是客观实验,在实验室或田野中实际地调查,分析具体调查材料,这类人可称为"砌砖盖瓦的工程师"。吴泽霖肯定了后者,认为博厄斯就是后一种人。其实,吴泽霖本人也是"砌砖盖瓦的工程师",并且在民族学的各种思潮中明显倾心于博厄斯的理论,他所奉行的"长时期在小范围内深入细致地实地考察",也正是博厄斯学派的一大特色。

最初得知吴泽霖的大名还是在北京大学选修民族学、社会学之时。毕业后,几经周折终于来到吴师身边工作,直至他以九二高龄仙逝。余生也晚,无福亲随其入田野调查,在实践中得其身教,但总算在追随左右的七八年中得到了一些言传,并有幸亲睹其殚精竭虑、孜孜矻矻筹建中国第一座民族学博物馆的全过程。而笔者每一次到少数民族地区的田野调查,也都或在出发前或在返回后得到吴师的悉心指点。吴师这些针对特定问题的具体教导,加上《文集》中对田野调查的规律性总结,

---

① 费孝通:《在人生的天平上》,《读书》1990年第12期。
② 吴泽霖:《吴泽霖民族研究文集》,北京:民族出版社1991年版,第430页。

是我从事民族学研究受用终身的财富。

1990年10月28日,根据吴泽霖的遗愿,骨灰被播撒到中南民族学院民族学博物馆周围的草坪和湖泊里。

吴泽霖从田野中来,又回到了田野中去。

民间故事谁在讲谁在听？

——以廪君、盐神故事为例

因为曾经到过土家族地区，接触过土家族历史文化等方面的问题，所以对廪君和盐神的故事并不陌生。这是一个在古籍中就有记载的故事，故事的原貌完整地保存在《后汉书·南蛮西南夷列传》中，其文曰：

> 巴郡南郡蛮，本有五姓：巴氏、樊氏、晖氏、相氏、郑氏，皆出于武落钟离山。其山有赤黑二穴，巴氏之子生于赤穴，四姓之子皆生黑穴，未有君长，俱事鬼神，乃共掷剑于石穴，约能中者，奉以为君，巴氏之子务相乃独中之，众皆叹。又令各乘土船，约能浮者，当以为君，余姓悉沉，唯务相独浮，因共立之，是为廪君，乃乘土船从夷水至盐阳，盐水有神女，谓廪君曰：此地广大，鱼盐所出，愿留共居，廪君不许，盐神暮辄来取宿，旦即化为虫，与诸虫群飞，掩蔽日光，天地晦冥，积十余日，廪君伺其便，因射杀之，天乃开明，廪君于是君乎夷城，四姓皆臣之。

> 廪君死，魂魄世为白虎。巴氏以虎饮人血，遂以人祀焉。①

这段故事如今被认为是对土家族族源及早期迁徙史的忠实描写，在各类研究土家族文化的书籍和文章中引用率极高。

令人感兴趣的是，在湖北省长阳土家族自治县搜集的民间故事中就有廪君和盐神的传说。从一些记录本来看，故事在内容上与上述《后汉书》中的记载几乎相同，所不同者一为文言、一为白话而已。限于篇幅，当地各种资料中引录的白话的廪君和盐神故事就不在此复述了。② 我们想知道的是，一则民间故事如何穿越千百年而能大致完整地流传到今天？当今民间故事讲述的情形是怎样的？从中可以看到民间故事传递乃至文化传递的什么规律？于是，在赴长阳的调查中廪君和盐神的故事就成了访问中的一项重要内容。

抵达长阳县之后，一问起廪君和盐水女神的故事，果然就能听到兴致极高的讲述。最初接触到的人有县民族文化研究会的负责人、县政府文化局的曾经领导、民族事务委员会的干部、地方志的编纂人员等，他们都能讲出与上述《后汉书》大致相同的故事。到达武落钟离山管理区（这里已经被确定为就是《后汉书》中所说的武落钟离山）和渔峡口镇（这里被认为是《后汉书》中所说的夷城，镇所辖的盐池村被确定为盐水女神居住的盐阳），管理人员、干部、接待人员等也多能讲述廪君和盐神的故事。看来，这里确实应该有很好的民间故事讲述的基础。

我们最终到达的是故事的中心地，一是盐池村，传说中盐水女神的故里；一是武落钟离山，传说中廪君的祖居地。两地

---

① 《四部精要》，上海：上海古籍出版社1992年版，第6卷，第430页。
② 可参见长阳土家族自治县民族文化研究会、长阳土家族自治县民族事务委员会合编《廪君的传说》，长阳，1995年非正式出版。

都位于清江边，都能给人一种清幽秀美的感觉。因为武落钟离山已经被开发为旅游景点，清江水库的建立也使其自然环境发生了巨大的改变，所以在原有状态保存得较好的盐池村调查的时间更长些，似乎在这里应该能听到较多的原生态的关于盐神和廪君的民间故事，能通过一个具体的个案探讨民间故事讲述中的种种问题。

但是，调查的结果与预想有很大的距离。主要的差异是，当地并没有多少人会讲廪君和盐神的传说故事。一些人根本不知道廪君和盐水女神的传说，一些人表示听到过廪君和盐神的名字，但说不出他们的故事。按照以往采集民间故事的做法，调查者希望从老人中找到熟悉廪君和盐水女神故事的人物，可调查点好几位被村民认为是会讲故事的老人却表示会说《三国》、《水浒》、《说唐》以及当地山川庙宇等自然人文景观的风物传说，偏偏不会说廪君和盐神。当然村里也有会说廪君、盐神故事的，譬如房东家的年青小伙子，19岁，能生动完整地叙述廪君和盐神的爱情悲剧以及廪君建夷城的传说；他对传说中的人物也有自己的理解：廪君是英雄人物，盐神是土家族的祖母，高贵威严圣洁慈祥，他们同样伟大。

这样一种现象引起了调查者的注意，于是开始检查廪君和盐神故事的传播渠道。结果发现，故事的传播有若干渠道，但却恰恰缺少调查者以往熟悉的那种渠道：社区中的故事能手在闲暇之时对社区成员的讲述。长期关注民间故事的许钰曾指出研究民间故事讲述活动时要注意的几个问题：1. 民间故事讲述活动的时机与场合；2. 民间故事讲述活动的背景和功能；3. 民间故事讲述活动中的听众和讲述者[1]。在此，不妨先看一段清人

---

① 许钰：《作为民俗学对象的民间故事》，载钟敬文主编《民间文化讲演集》，南宁：广西民族出版社1998年版，第183—187页。

的描述：

> 农功之暇，二三野老，晚饭杯酒，暑则豆棚瓜架，寒则地炉活火，促膝言欢，论今评古，穷究原委，影响傅会。邪正善恶，是非曲直，居然凿凿可据。一时妇孺环听，不自知其手舞足蹈。言者有褒有贬，闻者忽喜忽怒。事之有无，姑不具论。而藉此以寓劝惩，谁曰不宜。①

在这里，夜晚、农闲，尤其是农闲之夜，"暑则豆棚瓜架，寒则地炉活火"，是最佳的故事讲述时机与场合；同一社区中的成员聚集在一起，通过故事的讲述，达到娱乐、传授知识、宣讲传统伦理道德观念等功能；故事的讲述者是社区中有威望、有影响、乡土知识和经验丰富的老者，听众则是社区中的其他成员。应该说，这是人们长期以来所看到的民间故事讲述的最常见的情况。但是，在调查廪君和盐神故事的个案中，上述各方面都发生了某些变化，例如讲述的时机与场合变了、背景与功能变了、听众与讲述者也变了。民俗活动的主体是人，所以在这各种变化中最重要的是听众和讲述者的变化。

这里可以从几位讲述者身上看看廪君和盐神故事的传播渠道。房东家的年青小伙子，是上初中一年级的时候第一次从导游那里听到廪君的传说，以后他自己又从相关的书籍和杂志上读到廪君和盐神的故事，经过拼接重组，形成了他现在所讲的内容。另一位常陪人聊天的覃先生75岁，初中文化，曾做过小学教师。他所讲述的故事是自己从书上看到的，然后根据理解自行加工（例如他说"廪君是神汉、盐女是巫婆"）。一位女中

---

① 许奉恩：《兰苕馆外史·自序》，转引自刘守华《中国民间故事史》，武汉：湖北教育出版社1999年版，第5页。

学生则是从学校地理课上知道廪君和盐神的。还有一位中年妇女在调查者的追问下想起了盐水女神和廪君的故事，她记得这故事是乡里的中共支部书记在村民大会上讲的。

在受调查的村落中，目前人们讲故事的机会已经很少了，就是有人愿意讲也没有多少人爱听，尤其是年轻人对传统的民间故事越来越不感兴趣。房东家的小伙子应该是个例外，因为他爷爷是村中最会讲故事中的一个（当然现在也没有什么市场了），从小就给他讲过许多历史故事，他至今仍对古典文学、中国历史等感兴趣。民间故事如今更多的是在人们争论时提到，如几个人坐到一起偶然说起廪君、盐神的故事，甲就会说乙记忆得不准确，丙又会对乙的说法进行补充。为了表明自己所知的完整全面，大家便会将自己掌握的故事叙述一遍。村民表示，有调查者的到来是他们少有的讲述故事的机会，因为有人愿意听、有兴趣，讲起来也觉得特别起劲。

现在回过头来看看前述许钰谈到的研究民间故事讲述活动时要注意的几个问题，这几个问题在调查廪君、盐神故事的田野作业地都有了变化。首先，民间故事讲述活动的时机与场合是极大的萎缩了；其次，民间故事讲述活动的背景和功能也与以往不同，娱乐的功能、知识传授的功能、宣传传统伦理道德观念的功能等都已经显得很不重要；最后，民间故事讲述活动中的听众和讲述者变了，讲述者不一定是社区中的老者了，更多的是干部、教师、本地文化人、旅游部门的管理者、导游等，听故事的人也更多地变成了像我们这样的社区以外的人员。

当然，最应受到关心的是民间故事的讲述者和听众，因为在任何社会活动中人都是最重要的。没有了人，就不会有民间故事的讲述活动。在这方面以往民俗学研究提供的基本描述是："参与民间故事讲述活动的听众和讲述者，他们大多共同生活在相同的自然和社会环境中，特别是在农村许多人祖祖辈辈生活在同一村落之中，从事相同的生产活动，文化知识的素养比较接近，遵奉共同的生活习俗。有的人活动范围大些，但一般不会太大，不超过一个县或相邻的几个县，超过这个范围的人很少。人们彼此之间有这样那样的社会关系（同族、亲戚、邻里、同行、师徒等），在生活中有这样那样的瓜葛。人们这种共同的生活民俗环境就是故事讲述活动的背景，在这种背景下进行的讲述活动，反过来又起着加强这种环境和人们之间关系的稳定发展的作用。"[1] 不难看出，在调查廪君、盐神故事的个案中，这样一个基本描述已经不太准确了。

研究民间故事起码有两种方式，一是对文本的讨论，一是对讲述的调查。在廪君、盐神故事的个案中，脱离开具体的社会环境，孤立地看民间故事的文本并没有很大的变化。值得注意的是，如今各种民间故事大多有了文字记录本，民众普遍的识字水平又较以前大为提高，人们可以直接面对民间故事的文字"定本"。文字与口语的不断互动，使民间故事的发展变化受制于新的规律。另一方面，当人们深入到实际社会生活中对故事的讲述进行调查时，情况却可能有大的变化，就像廪君、盐神故事的例子。在这里民间故事还在讲，但现在的讲法和以前大不一样了。从前民间故事主要是自己讲给自己听的，现在却主要是讲给别人听了，于是纵向的文化传递变成了横向的文化传播。这样，关注民间故事谁在讲、谁在听就应该是民俗学研究者的一项迫切的任务。

社会文化变迁应该是造成这种局面的主要原因。首先可以提到的是社会经济的发展，使这里民众的生活水平有了极大的

---

[1] 许钰：《作为民俗学对象的民间故事》，载钟敬文主编《民间文化讲演集》，南宁：广西民族出版社1998年版，第185页。

提高，人们尝到了发展经济的好处。村民普遍关心经济利益，想方设法要把自己的家庭生活搞上去。大家都相当忙碌，忙了田里的又忙家里的，还有很多人要忙些小生意。多样的经营使人们没有了固定的作息时间，一家人的分工不一样，甚至在一天中有时连吃饭都碰不到一起。于是，村民就没有闲暇也缺少闲情逸致聚到一起讲故事、听故事。另一个可以提到的因素是现代教育的推行。长阳民众世代受山川阻塞的限制，封闭隔绝，见闻既短，信息殊狭，故文化素质历来普遍低下。自清以来读书人数既少，且学有所成者更数寥寥。清末兴学，至民国稍见成效。20世纪下半叶以来，随着幼儿教育、小学教育、中学教育、师范教育、职业教育以及成人教育相继勃兴，全县教育有了彻底改观①。识字的人多了，人们获取信息便不像从前那样仅靠耳听口传了。还可以提到的是科学技术的进入。这方面与故事讲述关系最大的是广播电视的普及，村中大多数人家都有了电视，为了提高收视效果（这里是山区），很多家还装了天线锅。电视对人的吸引力几乎是不可抗拒的，电视一开，无论男女老幼都会聚集到它的周围。有了电视，小孩子再不愿听老爷爷的故事了，因为电视里播放着"有声有色"的故事；有了电视，老爷爷也顾不上讲故事了，因为他自己也坐到了电视机旁。

总之，各种社会文化力量的作用改变了村民的社会生活。传统上故事讲述的一些功能由其他事物所取代。例如，讲故事的娱乐功能由看电视等取代、讲故事的教育功能由正规的学校教育取代等。社会变迁也使得传统民间故事所传授的生活知识和价值观念看上去有些"过时"了，新的一代自有其获取生活知识和价值观念的新渠道。最根本的是民间故事的传统讲述者

---

① 长阳县志编纂委员会编：《长阳县志》，北京：中国城市出版社1992年版，第4页。

和传统听众变得越来越少了。还有人在讲故事,但恐怕已经不是"二三野老"了;也还有人在听故事,但也很少是"妇孺环听"了。所以,通常意义上的社区内的民间故事讲述活动由盛而衰,在调查的村落中几近于无了。

不过,廪君、盐神的故事并没有消失,因为这个故事还有人讲、有人听,相对于传统的故事讲述,暂且把当下的故事讲述称之为"现代的故事讲述"。在这种讲述者和听众的变化中,又以听众的变化更为明显。讲述者和听众是一对相辅相成的角色,二者缺一不可。"在讲述活动中,听众在很大程度上决定着讲述者故事的选择;听众在现场的反应、情绪状态、即兴插话等,也对讲述者有所影响。尤其重要的是,故事讲述以群众为对象,它不能不适应一般群众民俗文化生活的要求与传统。只有这样,故事讲述才能实现其功能。"[①] 所以,在一定程度上说有什么样的听众,就会有什么样的故事讲述。

现代故事讲述的听众是谁呢?在廪君、盐神故事的个案中,主要是社区外的人员,例如旅游者、各种因公出差开会的人、民族事务部门的人,当然还有民间文学的搜集研究者。于是,当社区内部讲故事的需求降低之时,来自社区外部要求讲故事的需求增加了。随着交通工具的发达,随着政治、经济、文学艺术等各方面交流的扩展,社区内外的人员流动日益频繁。外来者总是免不了对社区历史文化的关心,更何况这里是土家族地区,在这种情形下讲述廪君、盐神故事是十分自然的事。除了民间文学的搜集研究者会寻找传统故事讲述活动的讲述者,其他人员倒不一定非找这些人不可,况且他们也没有较多的时间去做这种寻找。他们遇到最多的是干部、本地文化人、旅游

[①] 钟敬文主编:《民俗学概论》,上海:上海文艺出版社 1998 年版,第 265 页。

部门的管理者、导游等,讲故事的场合常常是在会议室、景点、餐厅等处。听众的变化决定了故事讲述的时机和场合,也反映了故事讲述的背景和功能的变化。

　　来自社区外的这些听众各有自己的需求。民间文学的搜集整理者肩负的是传统文化的发掘任务,要找的是原生态的民间故事。通过他们的工作可以将地方文化或族群文化介绍到广阔的时空中去。民族事务部门的人想要听到的是能标明民族特色的故事,譬如能够说明族源的故事传说。廪君、盐神的故事可以作为识别土家族的一个证据,它也能让不断到来的民族工作者感觉到土家族确实有自己的特色。至于旅游者本来就是要到这里来寻找有异于他们原居地的自然与文化,而旅游业的发展表明人文旅游资源对游客的吸引力越来越大。长阳旅游的号召力就是美丽的清江和土家族文化,而清江又是以土家族(或说巴人)的起源地闻名于世的,讲述廪君、盐神的故事,正是长阳旅游这桌宴席中的"主打菜"。从大的方面来说,由于社会文化变迁中民族认同、文化挖掘、旅游开发等的需要,影响到了民间故事还讲不讲、由谁讲、怎样讲等方面。

　　廪君、盐神故事的个案能够引发我们的许多思考。例如文化的展演问题。以前的故事讲述是社区内社会生活中自然发生的部分,现在的故事讲述则更多地变成了应社区外人员的要求而进行的活动。讲述故事在原来社区生活中承担的功能淡化乃至消失了,它有了新的功能,那就是文化展示。这有些类似于如今旅游活动中的民族村或民俗村,那里的民族文化或民俗文化便是在展演。与民族村、民俗村中的文化展演不同的是,故事讲述虽然与原来小社区的社会生活发生了分离,但它依然是更大范围社区生活的一部分,它起着向外展示地方或族群文化的作用。又如民间故事的保存问题。保存不是为保存而保存,单单盯着民间故事谈保存是很难解决问题的。人们的视野应该放到更大的社会文化环境中，民间故事是在环境中存在的。因此，研究民间故事似乎不能放弃对社会生活、文化生态的研究，没有了社会需求和文化需求，故事的讲述就丧失了基础。要想保存好民间故事，就要想办法让民间故事与周围环境发生种种血肉联系，激发种种社会文化需求，否则民间故事就只能静静地躺在图书馆发黄的书页中了。再如文化的相互缠绕问题前已述及，讲述者和听众在故事讲述中处于互动的状态，他们共同决定着民间故事的样貌及其变化。听众群的变化使讲述者考虑到故事的新讲法。就说故事的合理化吧，这当然是长期以来就在进行着的，原来这是以社区内部成员的趣味为转移的，现在则要顾及社区外人员的趣味。封闭状态的打破、人员交流的增多，使得地方文化或族群文化与外部文化的交融缠绕成为不可避免的事情，地方文化或族群文化的发展已经不可能脱离开外部文化的影响，民间故事讲述活动的发展自然也不例外。

除了文化的相互缠绕问题还有调查者在民间故事讲述活动中所扮演的角色和所起的作用。在人类学中，人们已经注意到田野调查者与被调查者之间的种种相互作用，这方面的讨论也有若干发表了出来[1]。这里想说的是作为调查者与民间故事间的纠葛。实际上，调查者已经参与到民间故事的讲述活动中。许多被访者表示，除了受调查者访问，几乎从来没有人问起过廪君盐神的故事，调查者的进入，为他们提供了一个讲故事的机会。而调查者又影响到他们怎样讲，有好几位讲述者在讲完故事后说，故事加入了他们自己的理解，不知道这样合不合适，请调查者提出意见。也就是说调查者们自己也是故事的讲述者。

---

[1] 参见天津人民出版社1996年出版的《社会文化人类学讲演集》中的相关文章。

在长阳笔者就曾经对外地来访者介绍过廪君、盐神的故事,做为教师在课堂上也对学生讲过这故事。那么,在民间故事谁在讲、谁在听的问题中,调查者是不是也卷入其中了呢?如果卷入其中了,调查者所起的作用是什么?这种作用又有多大呢?

假设与验证的循环推进

——由《乡土中国》和《江村经济》想到中国文化研究的学术路向

20世纪以来，中国出版的从哲学、历史学、社会学、政治学、文学、法学、经济学等各种角度讨论中国文化的著述数不胜数，其中不乏洋洋几十万言乃至上百万言、数百万言的中大型作品。这些著述对于人们认识中国文化的兴衰迁变及优劣短长起到了重要的作用，而且不少作品自身也成为中国20世纪的学术经典。不过，本文所要特别提及的却是一本薄薄的小书，它加上前言、后记也只有6万来字。这样容量的书如今拿去参加职称评定恐怕都不够格，但它的分量实在不轻，研究中国文化的人可"轻易绕不过去"。这本书就是费孝通写于半个世纪前的《乡土中国》。

《乡土中国》是一本谈论中国社会结构、文化格式的书，笔者更倾向于认它为探讨中国国民性的作品[①]。费孝通在书的后记中交代："去年春天我曾根据 Mead 女士的 The American Character 一书写成一本《美国人的性格》，并在这书的后记里讨论过所谓文化格式的意思，在这里我不重复了。这两本书可以合着看，

[①] 拙文《人类心理的跨文化研究》，《中南民族学院学报》1996年第1期。

因为我在这书里是以中国的事实来说明乡土社会的特性,和 Mead 女士根据美国的事实说明移民社会的特性在方法上是相通的。"①

其实,这两本书不仅是研究方法上的相通,在写作风格上也十分相近,即都可称得上语言活泼、笔调轻松。

人们常说,中国文化博大精深,这话一点不假。以中国文化经历时间之长、分布地域之广,要想在区区几万字的篇幅中将其说清楚真是谈何容易。很多人在生活中,不时便能听到一些研究中国文化的人带着几分无奈地表白:"哎!我的文章是实在写不短啊!"那么,费孝通的《乡土中国》是怎样写短的呢?翻开这本书即不难看出,作者没有采用专业论著的写法,而是在行文中尽量减少了不必要的论证,同时略去了所有的注释,把自己对中国文化的认识以最快捷的方式呈现在读者面前。这样的写作可用八字评语:开门见山,有话直说。

不妨以该书的第一句为例,原文是:"从基层上看去,中国社会是乡土性的。"② 若按学术论著的写法,这一句里就有基层、中国社会、乡土性三个关键词,先得一一下定义。围绕着关键概念需要旁征博引,讲究字字有来历、句句有出处。这句话所陈述的是一个命题,其能否成立得从若干层面详加论证。再进一步,还可以由此设问:讲基层,就应该有上层吧?讲中国社会,就应该用跨文化研究的方式比较外国社会吧?讲乡土性,就应该有非乡土性吧?如此这般,写成长篇论文或者厚重专著当非难事,但在《乡土中国》中,这一切只有短短的 15 个字。

看到这里,人们大概会产生一个问题,即《乡土中国》算

---

① 费孝通:《乡土中国》,北京:生活·读书·新知三联书店 1985 年版,第 97 页。

② 同上书,第 1 页。

得上学术作品么？在学术界许多人开始倡导学术规范、树立学术标准的今天，这样的著述怕会被拒斥于学术作品之外吧？

对此问题，因说来话长，在此也不打算从若干层面详加论证。只想指出一点，就是在如今社会学、人类学、历史学等领域最标榜自己讲求学术规范的新锐，也有不少在所写的专著论文中引用《乡土中国》中的观点作为强有力的证据。如果说乡土性是中国社会的基层，则《乡土中国》就成了众多学者构筑自己理论大厦的基层。被人们视作学术基层的作品当然应该算是学术作品。

不过，就算解决了《乡土中国》是学术作品的问题，人们紧接着还可能会问一个问题，即该书反映的是中国社会文化的真实面貌么？这又是一个大而难的问题，在这里依然采用偷懒的办法，仅根据自己的经验简单作答。准确地说，《乡土中国》是费孝通眼中的中国文化，但在阅读时深感书中对中国文化的描述十分真实、十分透彻，其中不少段落和文句令人有豁然开朗之效。许多读过这本书的人（大约都算得上是学者或专家）谈起阅读体会来均有同感。大家还经常提起阅读《乡土中国》时的畅快，因为书中说出了很多大家想说而没说出或说不出的话。需要指出的是，读者能感觉出一本书的好坏不等于说读者就比作者高明，这正如人们可根据阅读判别好坏小说却不等于自己能写出好小说一样。由此想起了《水浒传》中的宋江和吴用。以前看《水浒传》似乎很讨厌宋江的虚伪，他自己做事没主见，当吴军师想出妙计后却又要说"正合吾意"。而读《乡土中国》后方有了与宋江相同的体会，原来人和人的差别常常就在提不提得出意见上。在费孝通面前，大多数人都是宋江。看罢《乡土中国》，惊佩之余大概也只能说句"正合吾意"。

这样说来，《乡土中国》所描述的图景就成了费孝通眼中的而许多人基本同意的中国文化的面貌。有人会说，即使如此，《乡土中国》也只是人们认识中的中国文化而非中国社会文化的真实面貌。所谓文化的真实其实包括了两种真实，不妨分别称之为物理的真实和心理的真实。心理的真实是建立在物理的真实基础上的，是反映式的或说是第二性的，但它也是确确实实的存在，并确确实实地发挥着作用。心理的真实制约着文化中个体的行为，从而又成为新的文化产生的基础。正是由于心理的真实在文化中的这种作用，不少学者便着意强调文化的观念性，如索罗金（P. Sorokin）之文化定义即为"超有机世界之文化外貌，包括意识、价值、规范，此三者之互动与关系、其整合集团及不整合集团。"① 当然，这里并不是认同索罗金的文化定义，而是要说明心理的真实与物理的真实同样是文化的不可或缺的组成部分。而所要进一步思考的问题应该是：物理的真实是如何影响心理的真实的？心理的真实又是如何影响物理的真实的？二者的相互关系怎样？在具体的文化情景下，人们是怎样形成自己对文化的认识的？对文化的认识又怎样影响到人们的行为？

在诸多问题中，值得重视的是人们对文化的认识从何得来。从理论上说，每个人对文化的认识对了解文化的真实面貌都是有价值的，但不同人的文化认识显然在价值上并不相等。进行文化研究还是要讲点资格的，否则文化研究就成了个自由论坛，人人都可以上去天马行空地讲一通自己的感想和体会。那么这资格是什么呢？还是回到《乡土中国》，费孝通之所以能写出这样一部书，乃在于他有在中国各地开展实地调查即人类学中所说的田野工作（fieldwork）的经验，有《江村经济》等一系列记

---

① 转引自芮逸夫主编《云五社会科学大辞典·人类学》，台北：台湾商务印书馆 1975 年版，第 18 页。

录中国人生活原貌的实证性著作。

费孝通所做过的实地调查,仅说在写作《乡土中国》前的大约就有读书期间进行的北京地区的社会调查、刚结婚后和妻子王同惠一起进行的广西大瑶山的民族调查、妻亡己伤后于养伤期间进行的江苏农村调查以及由英国返国后和云南大学的同事们共同开展的内地农村调查。这些调查形成了《花蓝瑶社会组织》、《江村经济——中国农民的生活》、《禄村农田》、《易村手工业》、《玉村商业和农业》等成果,先后在国内外出版发行。①

也正是在费孝通做实地调查的同时,还有不少他的志同道合的学友在中国的其他地区及社会的其他领域中踏踏实实地开展实证研究。这些研究有:杨庆堃的"山东的集市系统"、徐雍舜的"河北农村社区的诉讼"、黄石的"河北农民的风俗"、林耀华的"福建的一个氏族村"、廖泰初的"动变中的中国农村教育"、李有义的"山西的土地制度"、郑安仑的"福建和海外地区移民的关系问题"等②。上述研究仅从题目上看,就足以令半个多世纪后的我辈汗颜,因为今天的大多数研究并没能超越前辈的视野。

人类学家马林诺斯基(B. Malinowski)在为《江村经济》作序时谈及:"(作者费孝通)还希望终有一日将自己的和同行的著作综合起来,为我们展示一幅描绘中国文化、宗教和政治体系的丰富多彩的画面。对这样一部综合性著作,像本书这样的专著当是第一步。"③ 应该说,《乡土中国》就是费孝通将自己

---

① 费孝通:《社会调查自白》,北京:知识出版社1985年版。
② 费孝通:《江村经济》"马林诺斯基序",南京:江苏人民出版社1986年版,第6页。
③ 费孝通:《江村经济》"马林诺斯基序",南京:江苏人民出版社1986年版,第4页。

的和同行的著作综合起来的一种努力。这种努力是相当成功的，其成功的原因正在于《乡土中国》里的议论是建立在费孝通自己以及同行踏踏实实调查的基础上的。当然，从理论发展的历程来看，《乡土中国》并不是最终的结论，而只是达到一定认识水平的假设，它还需放回到实际社会生活中去验证。作者自己也是这样认识的，他称该书中的描写为"观念中的类型"（Ideal Type），但这不是虚构，而是存在于具体事物中的普遍性质，是通过人们的认识过程而形成的概念。作者指出："这个概念的形成既然是从具体事物里提炼出来的，那就得不断地在具体事物里去核实，逐步减少误差。我称这是一项探索，又一再说是初步的尝试，得到的还是不成熟的观点，那就是说如果承认这样去做确可加深我们对中国社会的认识，那就还得深入下去，还需要花一番工夫。"① 费孝通是这样说的，也是这样做的。他对中国社会进行了长期的追踪研究，以期由此把握活生生的中国文化，譬如对江村社会文化变迁的追踪调查即长达半个多世纪，前后共访问 20 余次。他在自己的一生中，只要条件许可，就要到实地去走一走、看一看，用他本人的话说，他这一辈子是"行行重行行"。②

坚持实地调查是人类学的学科传统。在人类学界，没有实地调查经历的人是没有资格高谈理论问题的，实地调查简直就可视作人类学者获取资格的成年式（initiation）。③ 在中国的人类学界，坚持实地调查同样也是每个从业人员必须遵守的行规，

---

① 费孝通：《乡土中国》，"旧著《乡土中国》重刊序言"，北京：生活・读书・新知三联书店 1985 年版，第 3 页。
② 费孝通：《行行重行行》，银川：宁夏人民出版社 1992 年版；《行行重行行（续集）》，群言出版社 1997 年版。
③ 中根千枝著，聂长林等译：《亚洲诸社会的人类学比较研究》，哈尔滨：黑龙江教育出版社 1989 年版，第 10—11 页。

做出过出色田野工作的学者名单可以数出一大串。如费孝通老师辈的吴泽霖,就是一位实地调查的身体力行者。他在20年代吴泽霖获得博士学位回国后,即带领学生在上海等大都市及其郊区做调查,抗战期间随校西迁则坚持深入西南少数民族地区长期考察。据费孝通回忆,当他50年代询问吴泽霖愿否参加到偏远少数民族地区的访问队伍时,吴泽霖"不仅毫无难色,而且表现出求之不得的兴奋",在贵州和广西的两年中,这位最年长的队员"在种种困难面前没有后退过一步"。[①] 只不过在同一个时代的学者当中,费孝通的实地调查无论是时间之长还是成果之多都是最突出的一个罢了。

有了实地调查的基础,形成的看法就会比较接近社会文化的真实面貌,再把这看法拿到更广阔的田野中去验证,由此得出更加符合社会文化真实面貌的结论。这就是科学研究里的假设和验证的方法,人类的认识也就是这样循环推进的。

还是回到费孝通那里去。他从大瑶山和江村起步逐步扩大其民族调查和农村调查的范围,20世纪80年代以后又从农村进入城市,用他的话说是将研究对象提高了一个层次。随着研究范围的扩大、眼界的开阔,他对中国文化的认识也在加深。

前文曾提及《乡土中国》开篇的第一句话,讲到中国社会的基层,现在他意识到仅研究基层还不能把握中国文化的全貌。在新近发表的一篇反思性文章中,费孝通写道:"农村不过是中国文化和社会的基础,也可以说是中国的基层社区。基层社区固然是中国文化和社会的基本方面,但是除了这基础知识之外还必须进入从这基层社区所发展出来的多层次的社区,进行实证的调查研究,才能把包括基层在内的多层次相互联系的各种

[①] 引见拙文《从田野中来》,《读书》1993年第9期。

社区综合起来，才能概括地认识'中国文化和社会'这个庞大的社会文化实体。"①

上述有关《乡土中国》和《江村经济》的讨论，无非是要说明科学研究应遵循假设—验证—假设—验证的反复过程来推进，而假设的基础又应该是踏踏实实的调查。没有实地解剖过若干个案者，最好不要匆忙构筑自己的理论体系。当然，对实地调查也不应理解偏狭，因为要完整把握中国文化，既要了解其现状，也要了解其历史。历史的"田野"是人们对过去的所有"记忆"，包括文字、图画、实物、口碑等等，对这些"记忆"的实证性研究就是历史学者的"实地调查"。从世界潮流上看，人类学已经意识到过去对历史重视不够的缺憾，正致力于建立有清晰时间背景的民族志写作。费孝通也结合自己的经验教训指出："至少我认为今后在微型社区里进行田野工作的社会人类学者应当尽可能地注重历史背景，最好的方法是和历史学者合作，使社区研究，不论是研究哪层次的社区都须具有时间发展的观点，而不只是为将来留下一点历史资料。真正的'活历史'是前因后果串联起来的一个动态的巨流。"② 反过来说，人类学、社会学的研究方法和成果对历史研究也是大有裨益的，近年兴起的文化史、社会史研究中就引入了人类学、社会学的方法，而人类学、社会学的一些研究成果也能使人们在破除某些历史定式上得到启发（如对中国历史上大家庭问题的认识③）。倡导"实地调查"的历史研究与现实研究携起手来，将是中国文化研究获取进步的重要保证。

最后，还想说一下科研作品的写作问题，换一种说法，就

---

① 费孝通：《重读〈江村经济·序言〉》，《北京大学学报》1996年第4期。
② 同上。
③ 拙文《关于中国的大家庭》，《读书》1999年第1期。

是学术思想的表述方式。现在有一些学术论著写得越来越让人看不懂,名词概念千奇百怪,语法句式非中非西,似乎不如此就无从显示其高深。再就是片面讲究规范化,字字句句都要有来历,文中通篇引文,大放别人的"录音带",却很难找到作者自己的话。需要特别声明的是,这里并不是反对学术的规范,当前中国学术界的规范性不是太强了而是太弱了,而人文社会科学的研究对象是人,如果用的是人所不易懂的写作语言、人所未知的表达方式,从而使研究远离其研究对象,难道这就是应该追求的结果吗?鲁迅的《忽然想到》一文中有这样的话:"外国的平易地讲述学术文艺的书,往往夹杂些闲话或笑谈,使文章增添活气,读者感到格外的兴趣,不易于疲倦。但中国的有些译本,却将这些删去,单留下艰难的讲学语,使他复近于教科书。这正如折花者,除尽枝叶,单留花朵,折花固然是折花,然而花枝的活气却灭尽了。"① 不要忘了,文化是人创造的,又通过人来传承,文化研究远离了人,就像花枝失去了活气。不妨再看看费孝通所言:"我所看到的是人人可以看到的事,我所体会到的道理是普通人都能明白的家常见识。我写的文章也是平铺直叙,没有什么难懂的名词和句子。"② 正是这些家常见识、平直文章被海内外学界视作最贴切地反映了中国文化、中国社会和中国人的作品。由此而论,费孝通的《乡土中国》、《江村经济》等著作不仅在研究路向上能给后人以启示,在学术思想的表述方式上也树立了榜样。

---

① 《鲁迅全集》第三卷,北京:人民文学出版社 1956 年版,第 12 页。
② 费孝通:《行行重行行》,"前言"第 1 页,银川:宁夏人民出版社 1992 年版。

世界上各民族各文化的相处之道

——现代化问题与文化多样性

在进入新世纪、新千年的今天,"全球化"的浪潮日益汹涌澎湃。如此时空背景下,世界上各民族各文化的密切接触已不可避免,各民族各文化在内外因素作用下的发展变化也同样不可避免。地球这个大家庭中的所有成员在发展变化中如何相处,就成了影响人类未来发展的重要条件。探讨世界上各民族各文化的相处之道,是人文社会科学学者尤其是民族学、人类学学者难以推卸的责任。

探讨世界上各民族各文化的相处之道,首先要了解世界发展变化的大趋势。文化是不断变迁的,文化变迁(culture change)有各种各样的途径,但最应关心的还是文化变迁的方向,说得更明白一些,就是人类往何处去的问题。中国先秦典籍《战国策》的《魏策》中有个"南辕北辙"的故事,故事指明了一个道理,这就是在行动中,方向是第一重要的。当然,对变迁方向的问题,人类作为一个整体要作出总的回答,而不同的民族或不同的文化则由于各自发展状况的差异,要付出的努力并不是完全相同的,结果亦不相同。

关心方向的文化变迁是有意识的、有目标的,在世界范围内这类变迁中最引人注目的就是第二次世界大战后兴起的现代化运动。现代化是一个牵涉面广、内涵复杂且理解纷歧的概念，绝非三言两语可以说清。譬如有人认为现代化是工业化，有人认为现代化是都市化，还有人认为现代化主要是政治民主化，甚至有人将现代化等同于西方化。为了叙述的方便，联系到前面刚刚提到过的文化变迁，我们暂且采用将现代化（modernization）界定为一种人为的、有目标、有计划的社会文化变迁过程的看法。①

现代化理论是在20世纪50年代和60年代初由美国的一批社会科学家首先提出的，起核心作用的是社会学家帕森斯（T. Parsons）及其结构功能学派，该理论的渊源则可以追溯到法国的涂尔干（E. Durkheim）和德国的韦伯（M. Weber）那里。现代化理论吸收了涂尔干和韦伯关于传统与现代之分的观念，经过他们的研究，具体指出了传统社会与现代社会在特征上的不同。在传统社会中，传统主义的价值观占统治地位，人们向往过去，缺乏适应新环境的文化能力；世袭门第制度是决定一切社会实践的依据，是实行经济、政治和法律控制的主要工具；社会成员用一种带有感情色彩的、迷信的和宿命的眼光看待世界，认为一切都该听天由命。而在现代社会中的情况恰恰与此相反：人们可以保留传统的东西，但却不做传统的奴隶，并且敢于摈弃一切不必要的或阻碍文明继续进步的东西；门第关系在社会生活的一切领域中都是无足轻重的，因为人们在地理上的流动已使家庭纽带松弛了；社会成员不听天由命，而是勇往

---

① 费孝通主编：《社会学概论》，天津：天津人民出版社1984年版，第282页。

直前和富有革新精神。①

对于现代化的认识，还有其他许多观点，如冷纳（D. Lerner）谈到了如下五个方面的标准。在经济方面，一定是要能自我生长、自我支持的，具有一个不断成长的经济体系；在政治方面，政治体系一定是要大多数人参与（participation）的；在一般信仰或思想方面，一定是相当世俗化的（secular），不受一般传统、神圣或者神秘的（sacred）思想的控制；在社会方面，其社会系统一定要有相当大的流动性（mobility）；在人格方面，一定要能很好地对前几个方面进行调适，从而建立起能不断应付变迁的人格系统。②

另一位为中国人所熟悉的社会学家英克尔斯（A. Inkeles）考虑的重点是上述冷纳的最后一方面，他从人的角度来理解现代化，在大量调查的基础上总结出现代人的十二个特点：现代人准备和乐于接受他未经历过的新的生活经验、新的思想观念、新的行为方式；准备接受社会的改革和变化；思路广阔、头脑开放，尊重并意愿考虑各方面的不同意见、看法；注重现在与未来，守时惜时；强烈的个人效能感，对人和社会的能力充满信心，办事讲求效率；重计划；重知识；可依赖性和信任感；重视专门技术，有愿意根据技术水平高低来领取不同报酬的心理基础；乐于让自己及其后代选择离开传统所尊敬的职业，对教育的内容和传统智慧敢于挑战；相互了解、尊重和自尊；了解生产及其过程。③

---

① 安德鲁·韦伯斯特著，陈一筠译：《发展社会学》，北京：华夏出版社1991年版，第29页。

② 转引自李亦园《人类的视野》，上海：上海文艺出版社1996年版，第109页。

③ 殷陆君编译：《人的现代化》，成都：四川人民出版社1985年版，第22—34页。

需要指出的是，早期现代化理论主要是为发展中国家设计的。持这种观点的学者们认为，处于亚洲、非洲、拉丁美洲等地的低度发展国家要想发展成为高度发展国家，必须采纳欧美发达国家的科学技术、经济模式及政治理念，使自己国家的经济、政治、文化等方面发生结构性改变，这样才能最终达到欧美国家的发展水平。不可否认，现代化理论在发展中国家产生了相当大的影响，也确实促成一些国家开展这方面的实践，从而在经济、技术、政治等领域的"发展指标"上靠近了上述研究现代化问题的学者所提出的尺度。但是，这种现代化理论在骨子里却带有明显的民族自我中心主义（ethnocentrism）的色彩。它将人类社会分作传统与现代的两极，以西方国家为现代的模范，号召大量的非西方国家通过现代化的途径向其靠拢。

自20世纪60年代末期以来，人们对早期现代化理论进行了深入的反思，发现其理论基础有许多重大缺陷。譬如对传统与现代的两分法就过于牵强，其实是把十分复杂的现象简单化。"传统"与"现代"这两个用语不能表明各种社会间存在的巨大差异。即使为了讨论的方便而采用这两个用语，现代化理论中认为传统与现代水火不相容的观点也是错误的。"有足够的证据表明，经济的增长和现代的到来并不一定意味着人们将抛弃所谓'传统的'行为方式、价值观或信念……认为传统的文化有碍于经济发展，这一观点也是成问题的。"[①] 如果要从传统与现代的关系上把握现代化，可将其视为从传统中滋生现代化、在现代化中不忘传统的总归纳。

早期现代化理论的最大问题，可能是忽视了历史上殖民主义和帝国主义对广大亚非拉国家的统治和剥削以及由此造成的

[①] 安德鲁·韦伯斯特著，陈一筠译：《发展社会学》，北京：华夏出版社1991年版，第35—37页。

经济权力和政治权力等方面的不平等。实际上,现代化理论在当代社会中仍然起到了维护这种不平等的客观效果。"它把高度发展的现代(欧美)社会和第三世界的低度发展社会视为可以各自独立发展之自足的社会体系,把两者之间的关系看成是前者为后者的模范、文化价值的扩散者、启迪教育者,而不是把两者看成世界体系中交互相联的部分,这其实是为西方资本主义体系必须扩张到全球各角落榨取利益以求体系之生存的帝国主义本质,提供了意识形态的假面具。"①

现实中的情况是,在世界格局中权力的不平等使得各国资源占有的比例失调。以往流行的观点认为,非西方国家也可以达到欧美国家的那种发展高度甚至比那水平还高。"这种观点忽视了一个简单的事实,即西方世界的生活水平是以不可再得到的资源的消费率为基础的。……例如,北美人口还不到世界人口的10%,但在20世纪70年代早期,他们却消费了世界年产量大约66%的铜、煤、油。这类数字说明,希望世界上大多数人在最近的将来都能达到像西方世界的生活水平,这是不现实的。至少西方世界的国家将不得不大大削减他们对不可复生的资源的消费量。"②但起码到目前为止,西方世界并没有显示出削减资源消耗的迹象。

按照现代化理论指出的方向走下去,还会发现一个问题,那就是全人类都到达了同一个目的地,人类社会都成了同样标准化、规格化的社会。李亦园在回顾了一些现代化问题专家的意见后便产生了这样的疑惑:"试想所有的人类都没有了差异,

---

① 杭之:《一苇集》,北京:生活·读书·新知三联书店1991年版,第4—5页。
② 威廉·A. 哈维兰著,王铭铭等译:《当代人类学》,上海:上海人民出版社1987年版,第584—585页。

所有的人都没有自己的性格，所有的文化都没有自己的特点——都像一个模型印出来的，就像蚂蚁、蜜蜂一样，那样的文化，那样的人类，是不是好？"[1] 他的意见当然是不好，因为那不是世界大同的真意，人之可贵就在于他有个性，完全相同就不像人类的社会了。

其实，问题的关键还不在于像不像，而是在文化上完全一样的人类社会能不能长期存在下去。人类学在研究人类食物获取方式时比较了狩猎—采集、初级农业、畜牧业和集约农业等诸种类型，结果发现畜牧业和集约农业虽然在效率上超过了狩猎—采集和初级农业，但发生食物短缺的情形也超过了后者。其原因很可能是畜牧业和集约农业在食物获取上过分依赖单一的品种。而天有不测风云，一旦遇到某种灾害如病虫害使作物减产、流行疾患使牲畜死亡，经营畜牧业和集约农业的社群反不如狩猎—采集社群和初级农业社群安全性高。

由此，联想到生物多样性（biological diversity）的问题。所谓生物多样性，是指地球上陆地、水域、海洋中所有的生物（包括各种动物、植物和微生物）以及它们所拥有的遗传基因和它们所构成的生态系统之间的丰富度、多样化、变异性和复杂性的总称。[2] 目前，全球生物多样性丧失的情况十分严重。其中，热带森林生物的灭绝数量最多，据估计，地球上约有1000万种生物，热带森林的物种占了50%—90%。而照如今热带森林的砍伐速度，今后30年内大约有5%—10%的热带森林物种可能消失。在地中海气候区，如美国西部、非洲南部、智利中部和澳大利亚西南部，至少有10%的动植物物种处在危险之中。

---

[1] 李亦园：《人类的视野》，上海：上海文艺出版社1996年版，第112页。
[2] 陈灵芝主编：《中国的生物多样性》，北京：科学出版社1993年版，第1页。

全球淡水系统物种资源消失也十分惊人。墨西哥流域所有本地鱼类已经灭绝；马来西亚原有的 266 种鱼也已灭绝了一半。海洋生物多样性的丧失也出现了全球性危机，大马哈鱼、海龟、海鸟、鲨鱼、巨蛤、大鲸等海洋生物正在遭到大量捕杀，河湾、盐沼、海草层等沿海生态系统已经严重退化。①

面对生物多样性的严重丧失，世界各国的有识之士已经行动了起来。因为生物多样性关系到生命能否在地球上持续存在的根本问题。生物遗传学告诉我们，遗传基因越是丰富多样，其适应能力就越强，在遭遇到环境变化时生命便可得以维持。若是基因的品种单一且不具备变异性，遭遇环境变化时就缺乏适应能力，生命就可能因此终结。基于这种认识，1992 年联合国环境与发展大会签署了《生物多样性公约》；1993 年联合国环境规划署、世界资源研究所及国际自然与资源保护联盟等机构又主持编写了《全球生物多样性策略》。这些文件提出，人类应通过不减少基因与物种的多样化或者不毁坏重要的环境和生态系统的方式保护和利用生物资源，以保证生物多样性的持续发展。

从生物多样性可以引出对文化多样性（cultural diversity）的思考。在西方国家的一些都市中很早就有关于文化多样性的讨论，但其所涉及的只是有限区域内多种文化并存的问题，更准确地说这是一个文化多元性（cultural pluralism）的问题。我们这里所说的文化多样性与生物多样性一样，是从全球范围着眼的问题。对于整个人类的发展来说，到底是文化多样性更有利呢，还是文化单一性更有利？前面提到的人类食物获取的例子已经给出了有启示性的回答，有关生物多样性的研究又为此提

---

① 转引自张友新、果永毅《行动比什么都重要——评述〈全球生物多样性策略〉》，《人民日报》1993 年 7 月 3 日。

供了理论上的解说。在人类学中，一贯提倡文化相对观（cultural relativity）的人认为，每种文化的合理性都应放在该文化的背景中看待。因此，对待任何文化都不能持民族自我中心的偏见，不能以为某一种文化一定就高于其他文化。这是文化间相处的基本准则，结合生物多样性问题来考虑，文化相对观实际上又有了保证人类社会持续发展的意义。当人类所处的环境发生变化的时候，多样性的文化就像多样性的基因一样具有极大的调整、适应和变异的潜力，"这种多样性的价值不仅在于它们丰富了我们的社会生活，还在于为社会的更新和适应性变化提供了资源"。①

越来越多的人认识到，人类要在这地球上很好地生存和延续就必须建设一个持续发展的社会（sustainable society），而"建设一个持续发展社会，无论经济和社会都需要来个根本变化，即经济发展重点和人口政策都需要来个大改变"。② 1987年的世界环境与发展委员会提出了既满足当代人的需要，又不对后代人满足其需要的能力构成危害的发展这样一个可持续发展（sustainable development）的概念。我国政府和人民也积极加入到探寻可持续发展道路的行动中。作为对全球《21世纪议程》的呼应，中国政府于1994年提出了《中国21世纪议程——中国21世纪人口、环境与发展白皮书》，系统阐述了中国在人口、环境、经济、社会等方面坚持可持续发展的战略与方针。当然，中国有自己特定的历史文化传统和国情现状，中国未来的发展不可能与别人一样。前中国科学院院长周光召便明确提出，当

---

① P. K. 博克著，余兴安译：《多元文化与社会进步》，沈阳：辽宁人民出版社1988年版，第149页
② 莱斯特·R. 布朗著，祝有三译：《建设一个持续发展的社会》，北京：科学技术文献出版社1984年版，第5页。

今的中国"必须走一条符合中国国情的、非西方传统的现代化道路，即适度消费、资源节约型的现代化道路"。① 现任中国科学院院长路甬祥也指出，中国要走有自己特色的发展之路，"实施'科教兴国'和'可持续发展战略'，而不能简单地照搬照抄外国发展模式，更不能模仿美国的生活方式，不能建设西方民主和国家治理模式"。② 我们以为，这种认识正是文化多样性思想的体现。

"文化多样性观念的出现，是世纪之交国际社会观念变革中最重要的现象，甚至可以说是全人类的一次思想解放，它所针对的正是千百年来帝国霸权消灭多样性所造成的后果，它所批判的正是将文化差异放大为'文明冲突'的西方文明观。"③ 在文化多样性的思考方面，费孝通有过十六字的概括，即他在1990年日本东京"东亚社会研究国际讨论会"上补充发言里提出的"各美其美，美人之美，美美与共，天下大同"。④ 据他新近的解释："'各美其美'就是不同文化中的不同人群对自己传统的欣赏。这是处于分散、孤立状态的人群所必然具有的心理状态。'美人之美'就是要求我们了解别人文化的优势和美感。这是不同人群接触中要求合作共存时必须具备的对不同文化的相互态度。'美美与共'就是在'天下大同'的世界里，不同人群在人文价值上取得共识以促使不同的人文类型和平共处。"⑤

---

① 周光召：《〈人与自然研究丛书〉总序》，见黄鼎成、王毅、康晓光《人与自然关系导论》，武汉：湖北科技出版社1997年版。

② 路甬祥：《跨世纪的展望与思考》，《光明日报》1997年8月15日。

③ 郝时远：《寄语新世纪：霸权的终结与民族的和解》，《世界民族》2001年第1期。

④ 北京大学社会学人类学研究所编《东亚社会研究》，北京大学出版社1993年版，第165页。

⑤ 费孝通：《跨文化的席米纳》，《读书》1997年第10期。

按照理解，天下大同并不是世界上所有的文化都变得整齐划一，而只是各民族各地区的人们在认识上达成了一致，这种一致表现为能容忍不同人文价值的存在并进而能欣赏不同的人文价值。

前面已经提到人类学中的文化相对观，这种观念与文化多样性思想有一定的相通之处，但对文化相对观的强调有时会导致文化相对主义，即只谈论文化的相对性而不积极进行文化间的沟通和交流。今天所处的时代，已告别了封闭与隔绝，人群之间文化之间的接触已是不可避免的大趋势。人们所要寻找的是在文化间沟通交流过程中的和平共处原则。所谓的"美美与共"境界，是要通过各个文化的相互接触、对话有时甚至是相互争论、斗争才能达到的。

文化多样性的意义并不仅仅是简单地让各个人群、各个文化和平的并存，而是要结合可持续发展的思想，积极促进人群间、文化间的交流与沟通，充分调动起人类的总体智慧资源来应付所面临的生存问题。坚持文化的多样性就是承认每一种文化都具有自己特殊的智慧、独到的适应策略和别具匠心的解决问题的能力。有一句著名的广告词说："让我们做得更好！"（Let's make things better.）若能有效地利用文化的多样性，何愁人类不能做得更好。在人类未来发展的态度上，"罗马俱乐部"曾被视作是悲观论的代表，但他们也认为，"只要能够明智地运用各种资源，最主要的是人力资源，那么人类就可以摆脱危机，而且几乎可以实事求是地按照自己的愿望去建立未来世界"[1]。应该相信，人类社会是能走上一条持续发展的道路的，因为人类是有意识的物种并且他已经意识到了威胁着自己的是什么。

---

[1] 奥雷利奥·佩西著，王帼君译：《未来一百年》，北京：中国展望出版社1984年版，"序言"第2页。